微课堂学电脑

Excel 2013 公式·函数与数据分析

文杰书院　编著

清华大学出版社
北　京

内 容 简 介

本书是"微课堂学电脑"系列丛书的一个分册,以通俗易懂的语言、精挑细选的实用技巧、翔实生动的操作案例,全面介绍了 Excel 2013 公式·函数与数据分析的基础知识,主要内容包括 Excel 快速入门与应用、Excel 公式与函数基础知识、公式审核与错误处理、文本函数与逻辑函数、日期函数与时间函数、数学与三角函数、财务函数、统计函数、查找与引用函数、数据库函数、图表应用、数据处理与分析、数据透视表和数据透视图等方面的知识、技巧及应用案例。

本书可以作为有一定 Excel 基础操作知识的读者学习公式、函数与数据分析的自学教程和参考指导书籍,既可以作为函数速查工具手册,又可以作为函数应用案例宝典,适合广大电脑爱好者及各行各业人员作为学习 Excel 的自学手册使用,同时还可以作为大、中专相关专业和电脑短训班的电脑基础培训教材。

图书在版编目(CIP)数据

Excel 2013 公式·函数与数据分析/文杰书院编著. —北京:清华大学出版社,2017(2020.9 重印)
(微课堂学电脑)
ISBN 978-7-302-47481-4

Ⅰ. ①E… Ⅱ. ①文… Ⅲ. ①表处理软件 Ⅳ. ①TP391.13

中国版本图书馆 CIP 数据核字(2017)第 142049 号

责任编辑:魏 莹 李玉萍
封面设计:杨玉兰
责任校对:李玉茹
责任印制:沈 露
出版发行:清华大学出版社
    网　　址:http://www.tup.com.cn, http://www.wqbook.com
    地　　址:北京清华大学学研大厦 A 座　　邮　编:100084
    社 总 机:010-62770175　　邮　购:010-62786544
    投稿与读者服务:010-62776969, c-service@tup.tsinghua.edu.cn
    质量反馈:010-62772015, zhiliang@tup.tsinghua.edu.cn
印 装 者:三河市龙大印装有限公司
经　　销:全国新华书店
开　　本:185mm×260mm　　印 张:22　字 数:535 千字
版　　次:2017 年 7 月第 1 版　　印 次:2020 年 9 月第 2 次印刷
定　　价:58.00 元

产品编号:067788-01

致读者

　　"微课堂学电脑"系列丛书立足于"全新的阅读与学习体验"，整合电脑和手机同步视频课程推送功能，提供了全程学习与工作技术指导服务，汲取了同类图书作品的成功经验，帮助读者从图书开始学习基础知识，进而通过微信公众号和互联网站进一步深入学习与提高。

　　我们力争打造一个线上和线下互动交流的立体化学习模式，为您量身定做一套完美的学习方案，为您奉上一道丰盛的学习盛宴！创造一个全方位多媒体互动的全景学习模式，是我们一直以来的心愿，也是我们不懈追求的动力，愿我们为您奉献的图书和视频课程可以成为您步入神奇电脑世界的钥匙，并祝您在最短时间内能够学有所成、学以致用。

▶▶ 这是一本与众不同的书

　　"微课堂学电脑"系列丛书汇聚作者 20 年技术之精华，是读者学习电脑知识的新起点，是您迈向成功的第一步！本系列丛书涵盖电脑应用各个领域，为各类初、中级读者提供全面的学习与交流平台，适合学习计算机操作的初、中级读者，也可作为大中专院校、各类电脑培训班的教材。热切希望通过我们的努力能满足读者的需求，不断提高我们的服务水平，进而达到与读者共同学习、共同提高的目的。

- ➢ **全新的阅读模式**：看起来不累，学起来不烦琐，用起来更简单。
- ➢ **进阶式学习体验**：基础知识+专题课堂+实践经验与技巧+有问必答。
- ➢ **多样化学习方式**：看书学、上网学、用手机自学。
- ➢ **全方位技术指导**：PC 网站+手机网站+微信公众号+QQ 群交流。
- ➢ **多元化知识拓展**：免费赠送配套视频教学课程、素材文件、PPT 课件。
- ➢ **一站式 VIP 服务**：在官方网站免费学习各类技术文章和更多的视频课程。

▶▶ 全新的阅读与学习体验

　　我们秉承"打造最优秀的图书、制作最优秀的电脑学习软件、提供最完善的学习与工作指导"的原则，在本系列图书编写过程中，聘请电脑操作与教学经验丰富的老师和来自工作一线的技术骨干倾力合作编著，为您系统化地学习和掌握相关知识与技术奠定扎实的基础。

致读者

1. 循序渐进的高效学习模式

本套图书特别注重读者学习习惯和实践工作应用，针对图书的内容与知识点，设计了更加贴近读者学习的教学模式，采用"基础知识学习+专题课堂+实践经验与技巧+有问必答"的教学模式，帮助读者从初步了解到掌握到实践应用，循序渐进地成为电脑应用高手与行业精英。

2. 简洁明了的教学体例

为便于读者学习和阅读本书，我们聘请专业的图书排版与设计师，根据读者的阅读习惯，精心设计了赏心悦目的版式，全书图案精美、布局美观。在编写图书的过程中，注重内容起点低、操作上手快、讲解言简意赅，读者不需要复杂的思考，即可快速掌握所学的知识与内容。同时针对知识点及各个知识板块的衔接，科学地划分章节，知识点分布由浅入深，符合读者循序渐进与逐步提高的学习习惯，从而使学习达到事半功倍的效果。

(1) 本章要点：以言简意赅的语言，清晰地表述了本章即将介绍的知识点，读者可以有目的地学习与掌握相关知识。

(2) 基础知识：主要讲解本章的基础知识、应用案例和具体知识点。读者可以在大量的实践案例练习中，不断提高操作技能和经验。

(3) 专题课堂：对于软件功能和实际操作应用比较复杂的知识，或者难于理解的内容，进行更为详尽的讲解，帮助读者拓展、提高与掌握更多的技巧。

(4) 实践经验与技巧：主要介绍的内容为与本章内容相关的实践操作经验及技巧，读者通过学习，可以不断提高自己的实践操作能力和水平。

(5) 有问必答：主要介绍与本章内容相关的一些知识点，并对具体操作过程中可能遇到的常见问题给予必要的解答。

▷▷ 图书产品和读者对象

"微课堂学电脑"系列丛书涵盖电脑应用各个领域，为各类初、中级读者提供了全面的学习与交流平台，帮助读者轻松实现对电脑技能的了解、掌握和提高。本系列图书本次共计出版 14 个分册，具体书目如下：

- ➤ 《Adobe Audition CS6 音频编辑入门与应用》
- ➤ 《计算机组装·维护与故障排除》
- ➤ 《After Effects CC 入门与应用》
- ➤ 《Premiere CC 视频编辑入门与应用》

- 《Flash CC 中文版动画设计与制作》
- 《Excel 2013 电子表格处理》
- **《Excel 2013 公式·函数与数据分析》**
- 《Dreamweaver CC 中文版网页设计与制作》
- 《AutoCAD 2016 中文版入门与应用》
- 《电脑入门与应用(Windows 7+Office 2013 版)》
- 《Photoshop CC 中文版图像处理》
- 《Word·Excel·PowerPoint 2013 三合一高效办公应用》
- 《淘宝开店·装修·管理与推广》
- 《计算机常用工具软件入门与应用》

▶▶ 完善的售后服务与技术支持

为了帮助您顺利学习、高效就业,如果您在学习与工作中遇到疑难问题,欢迎来信与我们及时交流与沟通,我们将全程免费答疑。希望我们的工作能够让您更加满意,希望我们的指导能够为您带来更大的收获,希望我们可以成为志同道合的朋友!

1. 关注微信公众号——获取免费视频教学课程

读者关注微信公众号"文杰书院",不但可以学习最新的知识和技巧,同时还能获得免费网上专业课程学习的机会,可以下载书中所有配套的视频资源。

获得免费视频课程的具体方法为:扫描右侧二维码关注"文杰书院"公众号,同时在本书前言末页找到本书唯一识别码,例如 2016017,然后将此识别码输入到官方微信公众号下面的留言栏并点击【发送】按钮,读者可以根据自动回复提示地址下载本书的配套教学视频课程资源。

2. 访问作者网站——购书读者免费专享服务

我们为读者准备了与本书相关的配套视频课程、学习素材、PPT 课件资源和在线学习资源,敬请访问作者官方网站"文杰书院"免费获取,网址:http://www.itbook.net.cn。

扫描右侧二维码访问作者网站,除可以获得本书配套视频资源以外,还能获得更多的网上免费视频教学课程,以及免费提供的各类技术文章,让读者能汲取来自行业精英的经验分享,获得全程一站式贵宾服务。

3. 互动交流方式——实时在线技术支持服务

为方便学习，如果您在使用本书时遇到问题，可以通过以下方式与我们取得联系。

QQ 号码：18523650

读者服务 QQ 群号：185118229 和 128780298

电子邮箱：itmingjian@163.com

文杰书院网站：www.itbook.net.cn

最后，感谢您对本系列图书的支持，我们将再接再厉，努力为读者奉献更加优秀的图书。衷心地祝愿您能早日成为电脑高手！

编　者

前言

Excel 2013 是 Office 2013 中最重要的家族成员，它比以往的老版本功能更强大、操作更人性化、设计更专业、使用更方便，已经被广泛地应用于数据管理、财务统计、金融等多个领域。为了帮助初学者快速掌握 Excel 2013 公式、函数与数据分析，以便在日常的学习和工作中学以致用，我们编写了这本《Excel 2013 公式·函数与数据分析》。

本书根据初学者的学习习惯，采用由浅入深的方式，通过大量的实例，全面介绍了 Excel 2013 的公式、函数和数据分析的功能、应用以及一些实用的技巧性操作。读者还可通过本书配套的多媒体视频教学进行学习。

本书结构清晰、内容丰富，全书共 13 章，主要包括 3 方面的知识。

1. 基础知识

第 1~3 章，主要介绍了 Excel 2013 的基础知识，包括认识 Excel 2013 工作界面、工作簿与工作表的基本操作、Excel 公式与函数的基础知识以及公式审核与错误处理方面的相关知识。

2. 公式与函数的应用

第 4~10 章，主要介绍了 Excel 中公式与函数的使用方法，包括文本函数与逻辑函数、日期函数与时间函数、数学与三角函数、财务函数、统计函数、查找与引用函数和数据库函数方面的知识及应用举例。

3. 图表与数据分析

第 11~13 章，主要介绍了数据分析与处理方面的知识，包括图表应用、数据的筛选、数据的排序、数据的分类汇总、合并计算、分级显示数据和使用数据透视表与数据透视图分析数据方面的知识及操作方法。

本书由文杰书院组织编写，参与本书编写的有李军、罗子超、袁帅、文雪、肖微微、李强、高桂华、蔺丹、张艳玲、李统财、安国英、贾亚军、蔺影、李伟、冯臣、宋艳辉等。

为方便学习，读者可以访问网站 http://www.itbook.net.cn 获得更多学习资源，如果您在使用本书时遇到问题，可以加入 QQ 群 128780298 或 185118229，也可以发邮件至 itmingjian@163.com 与我们交流和沟通。

为了方便读者快速获取本书的配套视频教学课程、学习素材、PPT 教学课件和在线学

习资源，读者可以在文杰书院网站中搜索本书书名，或者扫描右侧的二维码，在打开的本书技术服务支持网页中，选择相关的配套学习资源。

我们提供了本书配套学习素材和视频课程，请关注**微信公众号**"**文杰书院**"免费获取。读者还可以订阅 **QQ 部落**"**文杰书院**"进一步学习与提高。

我们真切希望读者在阅读本书之后，可以开阔视野，增长实践操作技能，并从中学习和总结操作的经验和规律，达到灵活运用的水平。鉴于编者水平有限，书中疏漏和考虑不周之处在所难免，热忱欢迎读者予以批评、指正，以便我们编写更好的图书。

编　者

2016007

目录

第1章

Excel 快速入门与应用

❖ Excel 的启动与退出

❖ 工作簿的基本操作

本章要点

❖ 工作表的基本操作

❖ 单元格的基本操作

❖ 专题课堂——格式化工作表

本章主要内容

　　本章主要介绍 Excel 的启动与退出、工作簿的基本操作、工作表的基本操作和单元格的基本操作方面的知识与技巧。在本章的最后还将针对实际的工作需求，讲解格式化工作表的方法。通过本章的学习，读者可以掌握 Excel 快速入门与应用方面的知识，为深入学习 Excel 2013 公式、函数与数据分析知识奠定基础。

Excel 2013 公式·函数与数据分析

Section
1.1 Excel 的启动与退出

　　如果准备使用 Excel 2013 进行函数、图表与数据分析编辑操作，则首先需要掌握启动与退出 Excel 2013 的方法，同时还需要熟悉 Excel 2013 的工作界面。本节详细介绍 Excel 的启动与退出和工作界面的相关知识及操作方法。

1.1.1 启动 Excel

微课堂 0分34秒

　　Excel 2013 安装到计算机中后，用户可以通过操作系统桌面上的快捷方式图标来快速启动 Excel 2013，也可以通过选择【开始】菜单中的菜单项来启动 Excel 2013。下面将详细介绍启动 Excel 的操作方法。

1 通过桌面的快捷方式图标启动 　　　　　　　　　》》》

　　安装完 Excel 2013 软件后，一般会在系统桌面上创建一个快捷方式图标，用户可以通过该快捷方式图标启动 Excel。下面详细介绍通过桌面的快捷方式图标启动 Excel 的方法。

操作步骤 >> Step by Step

第1步 Excel 程序安装完成后，用户可以选择将程序的快捷方式图标显示在桌面上。需要启动 Excel 2013 时，双击该快捷方式图标即可，如图 1-1 所示。

第2步 可以看到系统会启动 Excel 2013 应用程序。通过以上步骤即可完成通过快捷方式图标来启动 Excel 2013 的操作，如图 1-2 所示。

图 1-1

图 1-2

2 通过【开始】菜单中的菜单项启动 >>>

如果准备启动 Excel 2013，用户还可以通过选择【开始】菜单中的菜单项来启动 Excel 2013。下面详细介绍通过【开始】菜单中的菜单项来启动 Excel 2013 的操作方法。

操作步骤 >> Step by Step

第1步 在 Windows 7 操作系统桌面左下角，**1.** 单击【开始】按钮，**2.** 在弹出的【开始】菜单中选择【所有程序】菜单项，如图 1-3 所示。

第2步 打开【所有程序】列表，**1.** 选择 Microsoft Office 2013 菜单项，**2.** 在子菜单中选择 Excel 2013 菜单项，如图 1-4 所示。

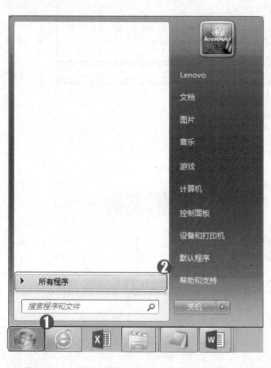

图 1-3

图 1-4

第3步 可以看到系统会启动 Excel 2013 应用程序。通过以上操作步骤即可完成通过【开始】菜单启动 Excel 2013 的操作，如图 1-5 所示。

■ 指点迷津

在 Excel 启动界面中，选择【打开其他工作簿】菜单项，即可进入到【打开】界面，用户可以选择准备打开的工作簿。

图 1-5

Excel 2013 公式·函数与数据分析

1.1.2 熟悉 Excel 2013 工作界面

启动 Excel 2013 后，用户可以单击其界面右侧的【空白工作簿】菜单项，新建一个工作簿，即可显示 Excel 2013 的工作界面。熟悉工作界面中的内容有助于表格数据的编辑操作。Excel 2013 的工作界面中包含多种工具。用户通过使用这些工具、菜单或按钮，可以完成多种运算分析工作。下面详细介绍 Excel 2013 的工作界面，如图 1-6 所示。

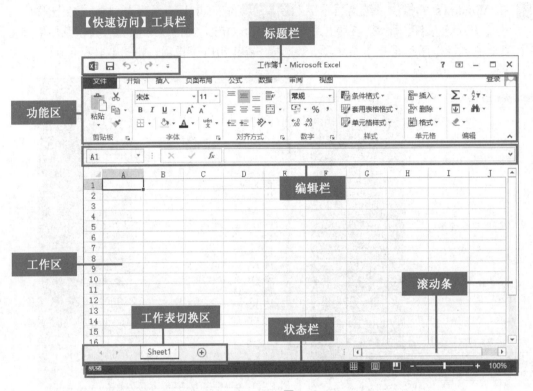

图 1-6

1 【快速访问】工具栏 >>>

【快速访问】工具栏位于 Excel 2013 工作界面的左上方，用于快速执行一些操作。在默认情况下，【快速访问】工具栏中包括 3 个按钮，分别是【保存】按钮、【撤销键入】按钮和【重复键入】按钮。在 Excel 2013 的使用过程中，用户可以根据实际工作需要，添加或删除【快速访问】工具栏中的按钮，如图 1-7 所示。

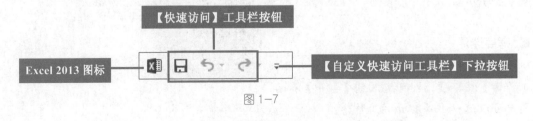

图 1-7

2　标题栏　　　　　　　　　　　　　　　　　　　　　　　》》》

标题栏位于 Excel 2013 工作界面的最上方，用于显示当前正在编辑的电子表格和程序名称。拖动标题栏可以改变窗口的位置，用鼠标双击标题栏可最大化或还原窗口。在标题栏的右侧，是【帮助】按钮 ❓ 、【功能区显示选项】按钮 🗗 、【最小化】按钮 ━ 、【最大化】按钮 ▢ /【还原】按钮 ▣ 和【关闭】按钮 ✕ ，用于执行获得 Excel 的相关知识帮助、切换功能区显示、窗口的最小化、最大化、向下还原和关闭操作，如图 1-8 所示。

图 1-8

3　功能区　　　　　　　　　　　　　　　　　　　　　　　》》》

功能区位于标题栏的下方，用于显示常用的操作命令。在默认情况下由 8 个选项卡组成，分别为【文件】、【开始】、【插入】、【页面布局】、【公式】、【数据】、【审阅】和【视图】。每个选项卡由若干组组成，每个组中由若干功能相似的按钮、下拉列表框和【启动器】按钮 ▣ 组成，如图 1-9 所示。

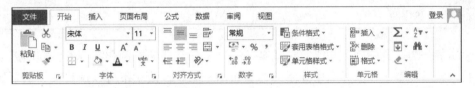

图 1-9

4　工作区　　　　　　　　　　　　　　　　　　　　　　　》》》

工作区位于 Excel 2013 程序窗口的中间，默认为表格排列状，是 Excel 2013 对数据进行分析对比的主要工作区域。用户在此区域可以向表格中输入内容并对内容进行编辑，以及插入图片、设置格式及效果等，如图 1-10 所示。

图 1-10

Excel 2013 公式·函数与数据分析

5 编辑栏

>>>

编辑栏位于工作区上方，其主要功能是显示或编辑所选单元格中的内容。用户可以在编辑栏中对单元格中的数值进行函数计算等操作，如图 1-11 所示。

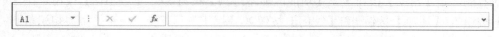

图 1—11

6 状态栏

>>>

状态栏位于 Excel 2013 程序窗口的最下方，主要用于显示工作表中的单元格状态，还可以通过单击视图切换按钮选择工作表的视图模式。在状态栏的最右侧，用户可以通过拖动显示比例滑块或单击【放大】按钮➕和【缩小】按钮➖，调整工作表的显示比例，如图 1-12 所示。

图 1—12

7 滚动条

>>>

滚动条分为垂直滚动条和水平滚动条，分别位于文档的右侧和右下方。拖动滚动条上的滑块，可以调整工作表界面中显示的内容，即拖动垂直滚动条可以调整页面上下显示的区域，拖动水平滚动条可以调整页面左右显示的区域，如图 1-13 所示。

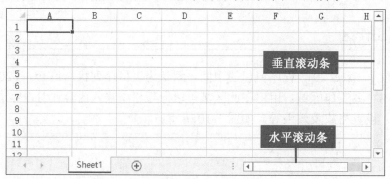

图 1—13

8 工作表切换区

>>>

工作表切换区位于 Excel 2013 工作区的左下方，其中包括工作表切换按钮和工作表标签两个部分。单击工作表切换按钮可调整工作表标签区域的显示幅度，单击【新建工作表】

按钮⊕，即可快速新建一个工作表，如图 1-14 所示。

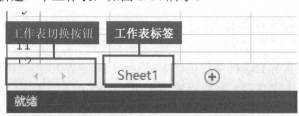

图 1-14

✪ **知识拓展**

　　功能区显示在表格编辑区域上方。如果想在窗口中显示更多的数据内容，用户可以选择隐藏功能区。隐藏功能区的方法是：在功能区的任意空白位置右击，在弹出的快捷菜单中选择【折叠功能区】菜单项，即可将功能区隐藏。

1.1.3　退出 Excel

　　启动 Excel 2013 程序后，如果暂时不需要继续使用该程序，那么可以将其退出，以便节约计算机资源供其他程序正常运行。退出 Excel 2013 程序的常用方法有多种，下面分别予以详细介绍。

1　单击【关闭】按钮退出 Excel 2013

　　在 Excel 2013 程序窗口中，单击标题栏右侧控制按钮区域中的【关闭】按钮 ×，即可完成关闭 Excel 2013 文档的操作，如图 1-15 所示。

图 1-15

2　通过程序图标退出 Excel 2013

　　在 Excel 2013 程序窗口中，右击【快速访问】工具栏左侧的 Excel 图标，在弹出的

微 课 堂 学 电 脑

Excel 2013 公式·函数与数据分析

快捷菜单中选择【关闭】菜单项，即可完成退出 Excel 2013 的操作，如图 1-16 所示。

3　使用右键快捷菜单退出

在系统桌面使用鼠标右击任务栏中的 Microsoft Excel 2013 缩略图标，在弹出的快捷菜单中选择【关闭窗口】菜单项，也可以完成退出 Excel 2013 的操作，如图 1-17 所示。

图 1-16

图 1-17

Section 1.2 工作簿的基本操作

　　工作簿是 Excel 管理数据的文件单位，相当于人们日常工作中的"文件夹"，以独立的文件形式存储在磁盘上。所有新建的 Excel 工作表都保存在工作簿中。工作簿的基本操作包括创建新工作簿、输入数据、保存和关闭工作簿以及打开保存的工作簿等。

1.2.1　创建新工作簿

0分26秒

　　要使用工作簿，首先应建立一个空白工作簿以供用户编辑使用。创建新工作簿的方法也有多种，下面分别予以详细介绍。

1　利用【新建】菜单项

在 Excel 2013 中，工作簿是指用来存储并处理工作数据的文件，一个工作簿中可以包含多张工作表。下面具体介绍利用【新建】菜单项新建工作簿的操作方法。

操作步骤　>>　**Step by Step**

第 1 步　启动 Excel 2013 程序，在功能区中，选择【文件】选项卡，如图 1-18 所示。

图 1-18

第 2 步　在打开的 Backstage 视图中，*1.* 选择【新建】菜单项，*2.* 在【可用模板】区域中选择【空白工作簿】菜单项，如图 1-19 所示。

图 1-19

第 3 步　系统会创建一个名为"工作簿 2"的空白新建工作簿，如图 1-20 所示。通过以上步骤即可完成利用【新建】菜单项新建空白工作簿的操作。

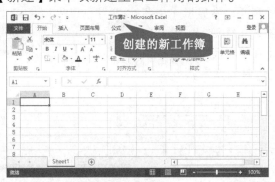

图 1-20

■ 指点迷津

选择【文件】选项卡后即可打开 Backstage 视图。Backstage 视图是用于对文档执行操作的命令集，可以很方便地管理文档。

2　通过【快速访问】工具栏　>>>

如果用户对新创建的工作簿并没有特殊要求，可以通过【快速访问】工具栏方便、快捷地创建一个新的空白工作簿。下面具体介绍操作方法。

Excel 2013 公式·函数与数据分析

操作步骤 >> **Step by Step**

第1步 在【快速访问】工具栏中，**1.** 单击【自定义快速访问工具栏】下拉按钮 ▼，**2.** 在弹出的下拉菜单中选择【新建】菜单项，如图 1-21 所示。

图 1-21

第2步 在【快速访问】工具栏中单击新添加的【新建】按钮 □，如图 1-22 所示。

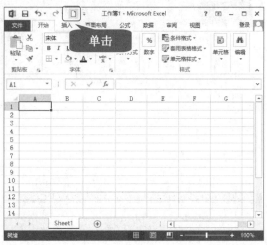

图 1-22

第3步 Excel 2013 程序窗口中显示一个名为"工作簿 2"的空白新建工作簿，如图 1-23 所示。通过上述步骤即可完成通过【快速访问】工具栏新建空白工作簿的操作。

■ 指点迷津

通过【快速访问】工具栏，用户还可以添加【打开】、【保存】、【电子邮件】、【快速打印】等按钮。

图 1-23

1.2.2 输入数据

 微课堂
0 分 20 秒

使用 Excel 2013 程序在日常办公中对数据进行处理，首先应学会向工作表的单元格中输入各种类型的数据和文本；用户可以根据具体需要，向工作表输入文本、数值、日期与时间以及各种专业数据。下面详细介绍在 Excel 工作表中输入数据的操作方法。

1 输入文本

在单元格中输入最多的内容就是文本信息，如输入工作表的标题、图表中的内容等。

下面详细介绍其操作方法。

操作步骤 >> **Step by Step**

第1步 在工作表中，**1.** 单击准备输入文本的单元格，如 D2 单元格，**2.** 在编辑栏的编辑框中，输入准备输入的文本，如"第一季度"，如图 1-24 所示。

第2步 按 Enter 键，即可完成在 Excel 2013 工作簿中输入文本的操作，如图 1-25 所示。

图 1-24

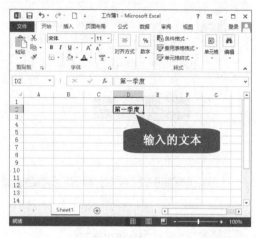

图 1-25

2 输入数值

在 Excel 2013 工作表的单元格中，可以输入整数、小数或分数、科学计数法数值等。下面分别详细介绍输入各类数据的操作方法。

1) 输入整数

使用鼠标双击准备输入数值的单元格，然后在该单元格中输入准备输入的数字，如 26，最后按 Enter 键，即可完成输入整数的操作，如图 1-26 所示。

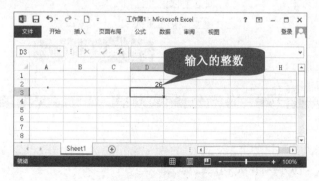

图 1-26

2) 输入分数

在单元格中可以输入分数。如果按照普通方式输入分数，那么 Excel 2013 会将其转换

Excel 2013 公式·函数与数据分析

为日期格式，如在单元格中输入"2/3"，Excel 2013 会将其转换为"2 月 3 日"；在单元格中输入分数时，须在分子前面加一个空格键，如"-2/3"（"-"代表键盘上的空格键），这样 Excel 2013 会将该数据作为一个分数处理，如图 1-27 所示。

3) 输入科学计数法数值

当在单元格中输入很大或很小的数值时，输入的内容和单元格显示的内容就可能不同，因为在 Excel 2013 中系统自动用科学计数法显示输入的数；但是在编辑栏中显示的内容与输入的内容一致，如图 1-28 所示。

图 1-27　　　　　　　　　　　　　　　图 1-28

3　输入日期和时间

在 Excel 2013 的单元格中，用户可以手动输入日期和时间，Excel 2013 会自动识别日期和时间的格式。在同一单元格中，用户还可以同时输入日期与时间，但日期与时间之间需要使用空格键隔开，否则将会被视为文本。如在单元格中输入"2016/5/11 10:46"（注意日期与时间之间用空格键隔开），即可在 Excel 2013 中显示 2016/5/11 10:46，如图 1-29 所示。

图 1-29

1.2.3　保存和关闭工作簿

对工作簿进行编辑后，应该将其保存以便再次使用、查阅或者修改。为了节约计算机内存资源，工作簿编辑完成并保存后，可以将其关闭。下面详细介绍保存和关闭工作簿的操作方法。

1 保存工作簿 >>>

完成一个工作簿文件的建立、编辑后，需要将工作簿保存到磁盘上，以便保存工作结果。保存工作簿的另一个重要意义在于，可以避免由于断电等意外事故造成数据丢失的情况。下面将详细介绍保存工作簿的操作方法。

1) 首次保存工作簿

对新创建的工作簿完成编辑，第一次对该工作簿进行保存时，需要选择文档在计算机中的保存路径。下面介绍首次保存工作簿的操作方法。

操作步骤 >> **Step by Step**

第 1 步 在功能区中，选择【文件】选项卡，如图 1-30 所示。

图 1-30

第 2 步 打开 Backstage 视图，选择【保存】菜单项，如图 1-31 所示。

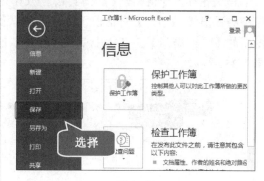

图 1-31

第 3 步 进入【另存为】界面，用户可以选择将此文档保存的目标路径，单击【浏览】按钮，如图 1-32 所示。

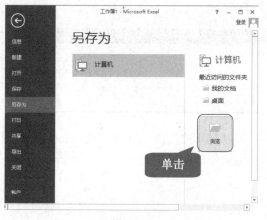

图 1-32

第 4 步 弹出【另存为】对话框，*1.* 选择工作簿保存的位置，*2.* 在【文件名】文本框中输入工作簿的名称，如"日期与时间"，*3.* 单击【保存】按钮，如图 1-33 所示。

图 1-33

Excel 2013 公式·函数与数据分析

第5步 返回到工作簿，可以看到标题栏中的电子表格名称已变为"日期与时间"。这样即可完成首次保存工作簿的操作，如图 1-34 所示。

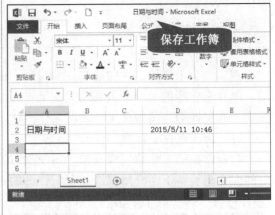

图 1-34

■ **指点迷津**

在编辑工作表数据的过程中，用户也要不间断地保存自己表格的内容，此时可以按 Ctrl+S 组合键快速保存。

2）普通保存

首次保存工作簿后，工作簿将被存放在计算机的硬盘中。当用户再次保存该工作簿时，将不会弹出【另存为】对话框，工作簿将默认保存在首次保存的位置。在 Excel 2013 程序窗口的【快速访问】工具栏中单击【保存】按钮 ，即可完成普通保存工作簿的操作，如图 1-35 所示。

图 1-35

2   关闭工作簿   ▶▶▶

如果用户已经编辑完一个工作簿并保存后，可以将其关闭，但并不退出 Excel 2013 程序，以便其他工作簿继续工作。下面详细介绍关闭工作簿的操作方法。

...

操作步骤 >> Step by Step

第1步 在 Backstage 视图中，选择【关闭】菜单项，如图 1-36 所示。

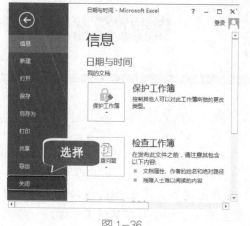

图 1-36

第2步 可以看到工作簿已经被关闭。通过上述步骤即可完成关闭工作簿的操作，如图 1-37 所示。

图 1-37

1.2.4　打开保存的工作簿

微课堂 0分32秒

如果准备再次浏览或编辑已经保存的工作簿，那么首先应该学会打开工作簿。下面介绍打开保存的工作簿的操作方法。

操作步骤 >> Step by Step

第1步 在 Backstage 视图中，**1.** 选择【打开】菜单项，**2.** 选择【计算机】菜单项，**3.** 单击【浏览】按钮，如图 1-38 所示。

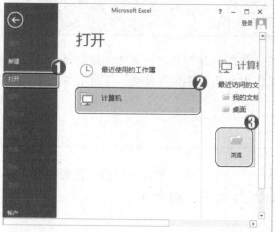

图 1-38

第2步 弹出【打开】对话框，**1.** 选择准备打开工作簿的目标路径，**2.** 选择准备打开的工作簿，如"日期与时间"，**3.** 单击【打开】按钮，如图 1-39 所示。

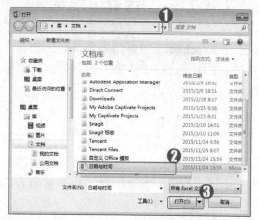

图 1-39

Excel 2013 公式·函数与数据分析

第3步 可以看到选择的工作簿已被打开，通过上述方法即可完成打开保存的工作簿的操作，如图1-40所示。

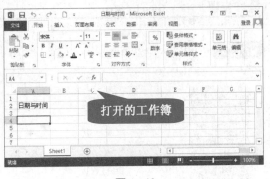

图1-40

■ 指点迷津

除了通过执行【打开】操作来打开工作簿外，用户还可以打开保存 Excel 文件的文件夹，双击需要打开的工作簿，这同样可以打开工作簿。

 知识拓展

按住 Ctrl 键，同时在桌面上拖动要复制的工作簿，释放鼠标后，用户即可看到复制了一个工作簿的副本。用户还可以选中要复制的工作簿文件，按 Ctrl+C 组合键将其复制到剪贴板上，然后选择合适的位置，按 Ctrl+V 组合键，这样也可以复制工作簿。

Section
1.3 **工作表的基本操作**

导读 工作表包含在工作簿内，工作簿的操作实际上是针对工作簿内每张工作表的操作。工作表的基本操作包括选取工作表、重命名工作表、添加与删除工作表和复制与移动工作表等。本节详细介绍工作表基本操作的相关知识及操作方法。

1.3.1 **选取工作表**

微课堂
1分06秒

在 Excel 2013 中，如果准备在工作表中进行数据的分析处理，首先应选择某一张工作表开始工作。选择工作表一般分为选择单张工作表和选择多张工作表，下面分别予以详细介绍。

1 **选择一张工作表** >>>

在 Excel 2013 中，选择一张工作表的操作十分简单，单击准备使用的工作表标签，即可选中该工作表，被选中的工作表显示为活动状态，如图1-41所示。

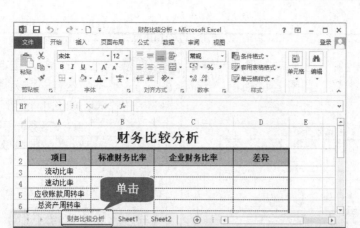

图 1-41

2　选择两张或者多张相邻的工作表

如果准备选择两张或者两张以上相邻的工作表，可以使用 Shift 键来完成。下面详细介绍其操作方法。

操作步骤　>>　**Step by Step**

第1步 单击准备同时选中多张工作表中的第一张工作表标签，如图 1-42 所示。

图 1-42

第2步 按住 Shift 键，单击准备同时选中多张工作表中的最后一张工作表标签，这样即可选择两张或多张相邻的工作表，如图 1-43 所示。

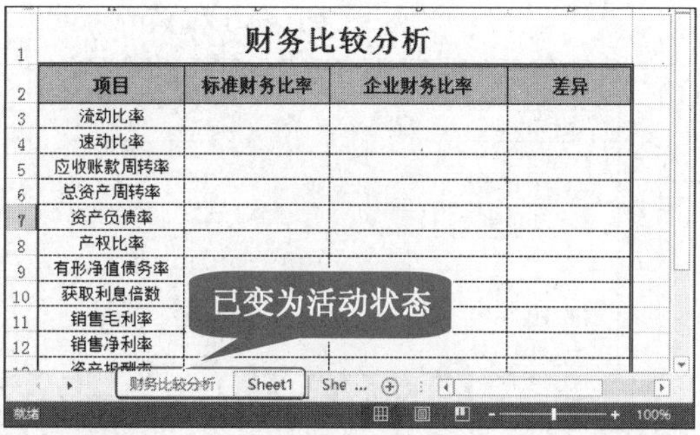

图 1-43

3　选择两张或者多张不相邻的工作表

如果准备选择两张或者多张不相邻的工作表，可以使用 Ctrl 键来完成。下面详细介绍其操作方法。

Excel 2013 公式·函数与数据分析

操作步骤 >> Step by Step

第1步 单击准备同时选中多张工作表中的第一张工作表标签，如图 1-44 所示。

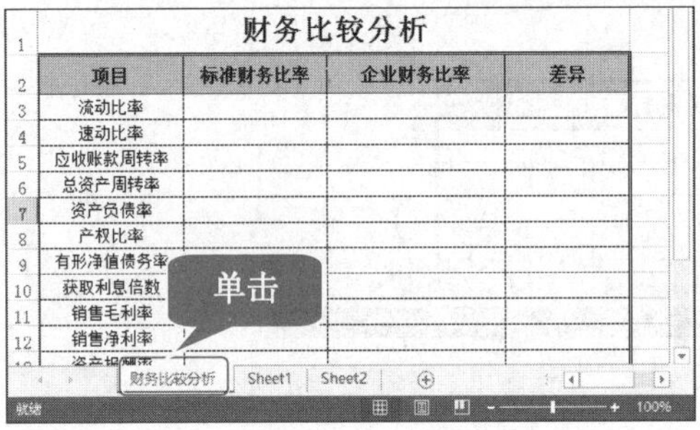

第2步 按住 Ctrl 键，单击准备选择的不相邻工作表标签，这样即可选择两张或多张不相邻的工作表，如图 1-45 所示。

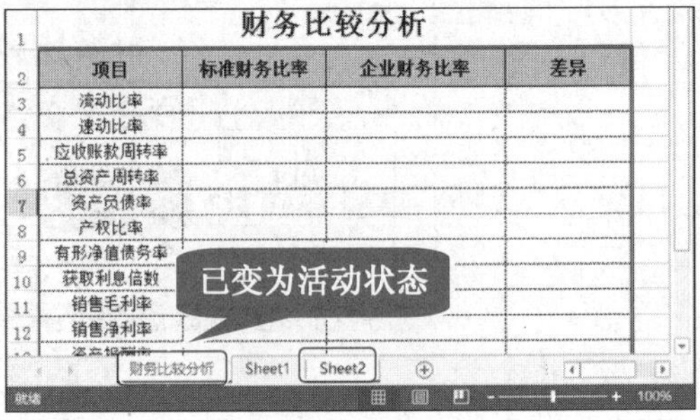

图 1-44

图 1-45

4 选择所有工作表

如果准备选择所有工作表，可以通过单击鼠标右键来完成。下面详细介绍选择所有工作表的操作方法。

操作步骤 >> Step by Step

第1步 **1.** 使用鼠标右击任意一张工作表标签，**2.** 在弹出的快捷菜单中，选择【选定全部工作表】菜单项，如图 1-46 所示。

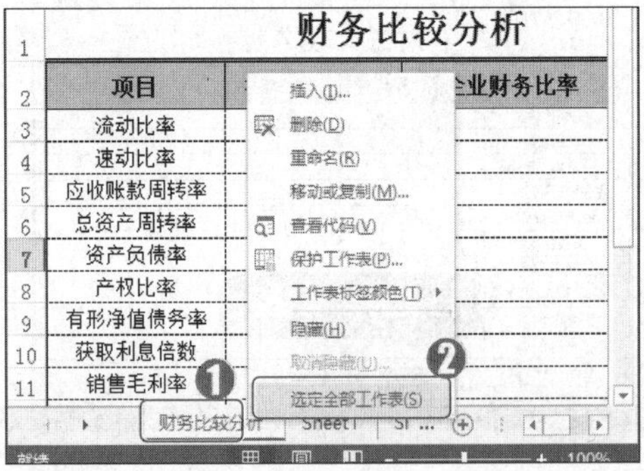

第2步 可以看到所有的工作表都已变为活动状态，这样即可完成选择所有工作表的操作，如图 1-47 所示。

图 1-46

图 1-47

1.3.2 重命名工作表

微课堂
0分31秒

在 Excel 2013 工作簿中，工作表的默认名称为"Sheet+数字"，如 Sheet1。用户可以根据实际工作需要对工作表名称进行修改。下面具体介绍其操作方法。

操作步骤　>>　**Step by Step**

第1步　**1.** 使用鼠标右击准备重命名工作表的标签，**2.** 在弹出的快捷菜单中，选择【重命名】菜单项，如图 1-48 所示。

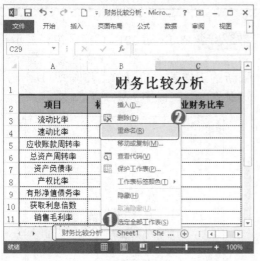

图 1-48

第2步　此时可以看到被选中的工作表标签显示为可编辑状态，如图 1-49 所示。

图 1-49

第3步　在工作表标签文本框中，输入准备使用的工作表名称，如"财务状况"，然后按 Enter 键，如图 1-50 所示。

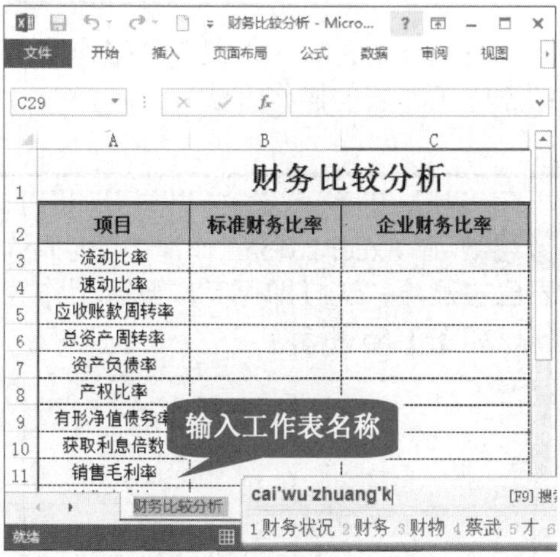

图 1-50

第4步　可以看到选中的工作表标签已重新命名，这样即可完成重命名工作表的操作，如图 1-51 所示。

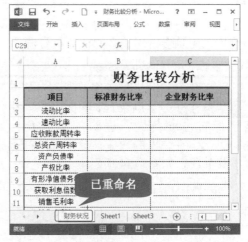

图 1-51

1.3.3　添加与删除工作表

微课堂
0分33秒

　　Excel 2013 创建一个新的工作簿后，默认情况下工作簿中的工作表数为一张，用户可以根据个人需要对工作表进行添加与删除的操作。下面分别介绍其操作方法。

Excel 2013 公式·函数与数据分析

1 添加工作表

Excel 2013 工作簿中默认的工作表数为一张，为了工作的需要，用户可以添加新的工作表。下面详细介绍添加工作表的操作方法。

操作步骤 >> Step by Step

第1步 打开需要添加工作表的工作簿，单击工作表标签区域的【新建工作表】按钮⊕，如图 1-52 所示。

图 1-52

第2步 在 Excel 2013 切换区中，显示新建的工作表标签，在工作表区域，显示一张新的工作表。通过以上步骤即可完成添加新工作表的操作，如图 1-53 所示。

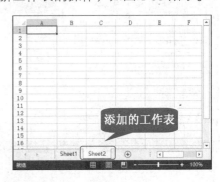

图 1-53

2 删除工作表

在工作簿中，不需要的工作表应将其及时删除，否则日积月累，不但会使工作簿不方便管理，而且会占用较多的计算机资源。下面介绍删除工作表的操作方法。

操作步骤 >> Step by Step

第1步 打开需要删除工作表的工作簿，**1.** 使用鼠标右击准备进行删除的工作表，如 Sheet2，**2.** 在弹出的快捷菜单中，选择【删除】菜单项，如图 1-54 所示。

图 1-54

第2步 在 Excel 2013 工作簿中，选择的工作表已被删除，这样即可完成删除工作表的操作，如图 1-55 所示。

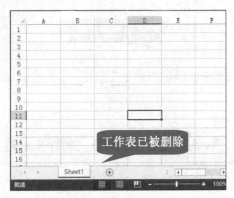

图 1-55

知识拓展

选中准备删除的工作表标签，在功能区中选择【开始】选项卡，在【单元格】组中单击【删除】下拉按钮，在弹出的下拉菜单中选择【删除工作表】菜单项，也可完成删除工作表的操作。

■ 指点迷津

在工作表中选择任意一个单元格，然后选择【开始】选项卡，在【单元格】组中，单击【删除】按钮，系统会弹出一个下拉菜单，在其中选择【删除工作表】菜单项即可通过功能区删除工作表。

1.3.4　复制与移动工作表

1分 01 秒

为了工作的需要，有时候工作表需要经常进行一些复制和移动的操作。下面详细介绍复制和移动工作表的操作方法。

1　工作表的复制

复制工作表是指在原工作表数据的基础上，再创建一张与原工作表具有相同内容的工作表。下面详细介绍复制工作表的操作方法。

操作步骤 >> Step by Step

第1步　在工作表切换区中，**1.** 右击准备复制的工作表标签，**2.** 在弹出的快捷菜单中，选择【移动或复制】菜单项，如图 1-56 所示。

第2步　弹出【移动或复制工作表】对话框，**1.** 选择准备复制的工作表，**2.** 选中左下方的【建立副本】复选框，**3.** 单击【确定】按钮，如图 1-57 所示。

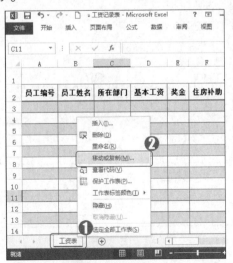

图 1-56

图 1-57

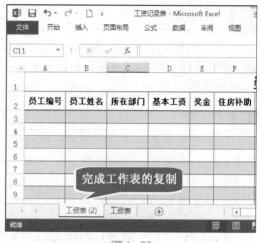

Excel 2013 公式·函数与数据分析

第3步 可以看到系统会自动创建一个名为"工资表(2)"的工作表，并且源工作表数据已被复制到其中，这样即可完成在 Excel 2013 工作簿中复制工作表的操作，如图 1-58 所示。

■ 指点迷津

　　按住 Ctrl 键的同时，按住鼠标左键选择准备复制的工作表标签，并按照水平方向拖动鼠标，在工作表标签上方会出现黑色小三角标志▼，表示可以复制工作表。拖动至目标位置后，释放鼠标左键，也可完成复制工作表的操作。

图 1-58

2　　**工作表的移动**　　▶▶▶

　　移动工作表是指在不改变工作表数量的情况下，对工作表的位置进行调整。下面详细介绍移动工作表的操作方法。

操作步骤　**>>**　**Step by Step**

第1步 在工作表切换区中，**1.** 使用鼠标右击准备移动的工作表标签，**2.** 在弹出的快捷菜单中，选择【移动或复制】菜单项，如图 1-59 所示。

图 1-59

第2步 弹出【移动或复制工作表】对话框，**1.** 选择【(移至最后)】选项，**2.** 单击【确定】按钮，如图 1-60 所示。

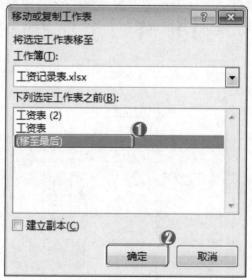

图 1-60

第3步 返回到工作表中，可以看到选择的"工资表(2)"工作表已被移动到最后，这样即可完成移动工作表的操作，如图1-61所示。

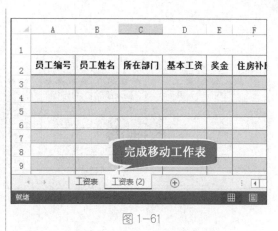

图1-61

■ 指点迷津

选中要移动的工作表，拖动鼠标，在鼠标指针上方会出现一个黑色的下三角形状，当该形状指向工作表要移动到的位置后，释放鼠标，即可完成使用鼠标移动工作表的操作。

知识拓展

通过工作簿的视图操作，用户可以更加方便地查看工作簿数据以及在几个文件之间进行切换和共享数据。方法是选择【视图】选项卡，然后在【工作簿视图】组中选择不同的视图方式对工作簿进行查看。

Section 1.4　单元格的基本操作

 单元格是表格中行与列的交叉部分，它是组成表格的最小单位。单个数据的输入和修改都是在单元格中进行的。本节详细介绍单元格基本操作的相关知识。

1.4.1　选取单元格

微课堂
0分41秒

在对单元格进行各种设置和操作前，首先需要学习选取单元格。在工作表中，可以选取一个、多个和全部单元格。下面分别予以详细介绍。

1　选取一个单元格　>>>

单击准备选取的单元格，即可完成选取一个单元格的操作，如图1-62所示。

2　选取连续多个单元格　>>>

选取第一个单元格后，按住 Shift 键同时选取目标单元格最后一个单元格，即可完成选取连续多个单元格的操作，如图1-63所示。

Excel 2013 公式·函数与数据分析

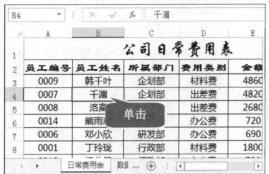

图 1-62   图 1-63

3   选取不连续多个单元格

单击准备选取的第一个单元格，然后按住 Ctrl 键同时单击其他准备选取的单元格，即可完成选取不连续多个单元格的操作，如图 1-64 所示。

4   选取全部单元格

单击 Excel 2013 工作表左上角的【全选】按钮 ▢ ，即可完成选取全部单元格的操作，如图 1-65 所示。

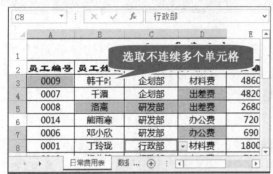

图 1-64   图 1-65

1.4.2   插入单元格

微课堂
1 分 32 秒

在 Excel 2013 工作表中，插入单元格操作包括插入一个单元格、插入整行单元格和插入整列单元格。下面分别予以详细介绍。

1   插入一个单元格

在单元格中输入数据后，可以根据自己的需求，在单元格周围插入一个单元格。下面介绍插入一个单元格的操作方法。

操作步骤 >> **Step by Step**

第 1 步　在 Excel 2013 工作表中，*1.* 选择目标单元格(准备在其上方插入一个单元格)，*2.* 选择【开始】选项卡，*3.* 在【单元格】组中，单击【插入】下拉按钮 ▼ ，*4.* 在弹出的下拉菜单中，选择【插入单元格】菜单项，如图 1-66 所示。

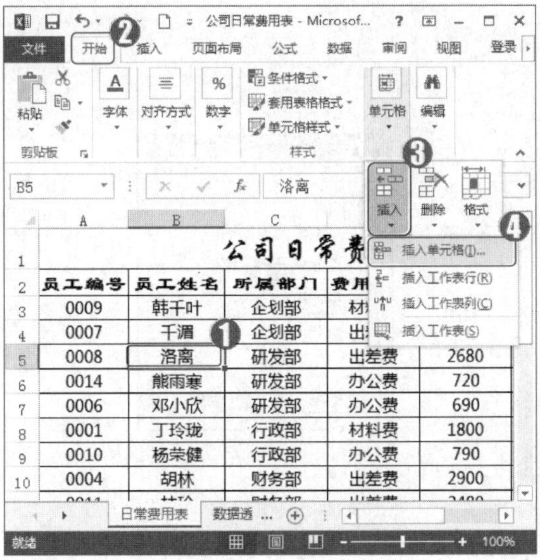

第 2 步　弹出【插入】对话框，*1.* 在【插入】区域中，选中准备插入的单选按钮，如选中【活动单元格下移】单选按钮，*2.* 单击【确定】按钮，如图 1-67 所示。

图 1-66

图 1-67

第 3 步　选择的单元格已被下移，并在其上方插入一个单元格，这样即可完成插入一个单元格的操作，如图 1-68 所示。

■ 指点迷津

　　在【插入】对话框中，如果用户选中【活动单元格右移】单选按钮，那么插入的单元格会在其选择位置的左侧。

图 1-68

2　插入整行单元格

　　插入整行单元格是指在已选单元格的上方插入整行单元格区域。下面具体介绍在 Excel 2013 工作表中插入整行单元格的操作方法。

Excel 2013 公式·函数与数据分析

操作步骤 >> **Step by Step**

第1步 在 Excel 2013 工作表中，**1.** 右击准备插入整行单元格的起始单元格，如 A8 单元格，**2.** 在弹出的快捷菜单中，选择【插入】菜单项，如图 1-69 所示。

第2步 弹出【插入】对话框，**1.** 在【插入】区域中，选中【整行】单选按钮，**2.** 单击【确定】按钮，如图 1-70 所示。

图 1-69

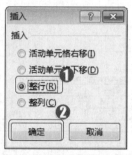

图 1-70

第3步 选择的单元格已被下移，并在其上方插入一行单元格，这样即可完成插入整行单元格的操作，如图 1-71 所示。

■ 指点迷津

在工作表的标题栏中，单击【帮助】按钮 **?**，可以弹出【Excel 帮助】对话框，在其中的搜索栏文本框中，用户可以输入在 Excel 2013 中遇到的疑难问题，然后按 Enter 键，系统会自动解答问题。

图 1-71

3 插入整列单元格

在 Excel 2013 工作表中，用户也可以插入整列单元格。插入整列单元格是指在已选单元格的左侧插入整列单元格。下面介绍插入整列单元格的操作方法。

操作步骤　>>　**Step by Step**

第1步　在 Excel 2013 工作表中，**1.** 选择目标单元格(准备在其左侧插入列)，**2.** 选择【开始】选项卡，**3.** 在【单元格】组中，单击【插入】下拉按钮 ▾ ，**4.** 在弹出的下拉菜单中，选择【插入工作表列】菜单项，如图 1-72 所示。

第2步　可以看到选择的单元格左侧已经插入整列单元格，这样即可完成插入整列单元格的操作，如图 1-73 所示。

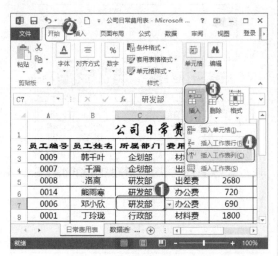

图 1-72

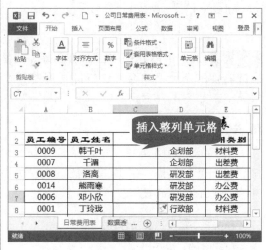

图 1-73

1.4.3　删除单元格

微课堂　0分45秒

在 Excel 2013 工作表中，删除单元格包括删除一个单元格、删除连续多个单元格、删除不连续的多个单元格、删除整行单元格和删除整列单元格。下面将详细介绍。

1　删除一个单元格

>>>

在 Excel 2013 工作表中，如果准备不再使用单元格数据，用户可将其删除。下面介绍删除一个单元格的操作方法。

操作步骤　>>　**Step by Step**

第1步　在 Excel 2013 工作表中，**1.** 选择准备删除的单元格，**2.** 选择【开始】选项卡，**3.** 在【单元格】组中，单击【删除】下拉按钮 ▾ ，**4.** 在弹出的下拉菜单中，选择【删除单元格】菜单项，如图 1-74 所示。

第2步　弹出【删除】对话框，**1.** 在【删除】区域中选中准备删除的单选按钮，如选中【右侧单元格左移】单选按钮，**2.** 单击【确定】按钮，如图 1-75 所示。

Excel 2013 公式·函数与数据分析

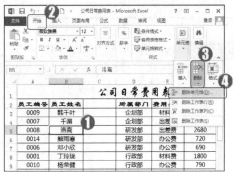

图 1-74

图 1-75

第3步 选中的单元格内容已被删除，被替换成右侧的单元格内容，这样即可删除一个单元格，如图 1-76 所示。

■ 指点迷津

在 Excel 2013 工作表中，单击准备清除内容的一个单元格，按 Delete 键，可以快速清除此单元格中的数据。

图 1-76

2　删除连续多个单元格 >>>

如果连续多个单元格中的数据有误或无用，那么可以删除连续多个单元格。下面具体介绍删除连续多个单元格的操作方法。

操作步骤 >> Step by Step

第1步 单击准备删除的连续多个单元格的起始单元格，待鼠标指针变为 ✚ 形状时，按住并拖动鼠标指针至准备删除的目标单元格，如图 1-77 所示。

第2步 在工作表中，**1.** 选择【开始】选项卡，**2.** 在【单元格】组中，单击【删除】按钮 ，如图 1-78 所示。

图 1-77

图 1-78

第 3 步 选中的连续多个单元格已被删除，通过以上步骤即可完成删除连续多个单元格的操作，如图 1-79 所示。

■ 指点迷津

使用鼠标右击准备进行删除单元格区域的起始单元格，然后在弹出的快捷菜单中，选择【删除】菜单项，系统即可弹出【删除】对话框，用户可以在其中进行删除一个、整行或整列单元格的操作。

图 1-79

---

3 删除不连续的多个单元格 »»»

在 Excel 2013 工作表中，如果准备删除不连续的多个单元格，那么首先应该选中不连续的多个单元格。下面介绍删除不连续的多个单元格的操作方法。

操作步骤 »» Step by Step

第 1 步 **1.** 在工作表中选择准备删除的不连续多个单元格(单击准备删除单元格中的一个单元格，按住 Ctrl 键同时选择其他单元格)，**2.** 在【单元格】组中，单击【删除】按钮，如图 1-80 所示。

第 2 步 选择的不连续多个单元格已被删除，这样即可在工作表中删除不连续的多个单元格，如图 1-81 所示。

图 1-80

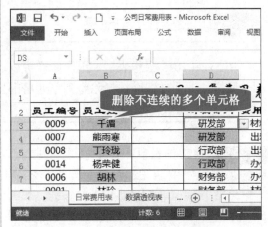

图 1-81

Excel 2013 公式·函数与数据分析

4 删除整行单元格

在 Excel 2013 工作表中，通过【单元格】组中的【删除】按钮 ，可以删除整行单元格。下面介绍删除整行单元格数据的操作方法。

操作步骤 >> Step by Step

第1步 在工作表中，**1.** 将鼠标指针移动至准备删除整行单元格的行标题上，此时鼠标指针变为 形状，单击选中整行单元格，**2.** 在【单元格】组中，单击【删除】下拉按钮 ，**3.** 弹出下拉菜单，选择【删除工作表行】菜单项，如图 1-82 所示。

第2步 选中的整行单元格数据已被删除，这样即可完成在 Excel 2013 工作表中删除整行单元格数据的操作，如图 1-83 所示。

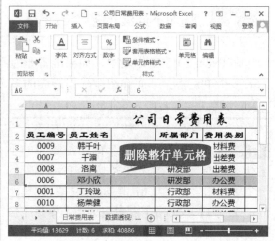

图 1-82

图 1-83

5 删除整列单元格

在 Excel 2013 工作表中，用户同样可以通过【单元格】组中的【删除】按钮 删除整列单元格。下面详细介绍删除整列单元格的操作方法。

操作步骤 >> Step by Step

第1步 在工作表中，**1.** 选择准备进行删除整列单元格中的任意一个单元格，**2.** 在【单元格】组中，单击【删除】下拉按钮 ，**3.** 弹出下拉菜单，选择【删除工作表列】菜单项，如图 1-84 所示。

第2步 选择的整列单元格已被删除，这样即可在 Excel 2013 工作表中完成删除整列单元格数据的操作，如图 1-85 所示。

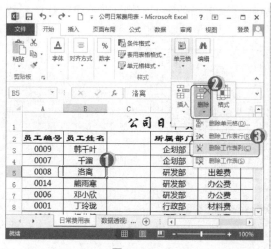

图 1-84

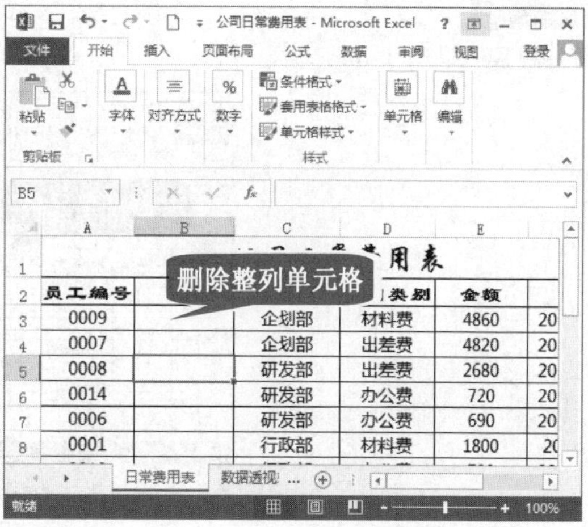

图 1-85

1.4.4　复制与移动单元格

微课堂
0 分 29 秒

　　在编辑工作表时，常常需要将单元格中的内容进行复制与移动。Excel 2013 程序设置了很多非常实用的菜单和命令，用户可以使用这些菜单、命令来完成复制与移动数据的操作。下面以移动单元格为例介绍其操作方法。

操作步骤 >> Step by Step

第 1 步　在工作表中，**1.** 选中准备进行移动数据的单元格，**2.** 选择【开始】选项卡，**3.** 在【剪贴板】组中，单击【剪切】按钮，如图 1-86 所示。

第 2 步　在工作表中，**1.** 选中准备移动表格数据的目标单元格，**2.** 在【剪贴板】组中，单击【粘贴】按钮，如图 1-87 所示。

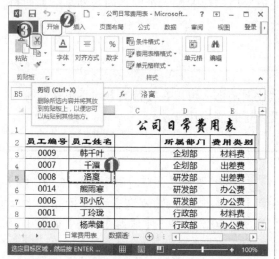

图 1-86

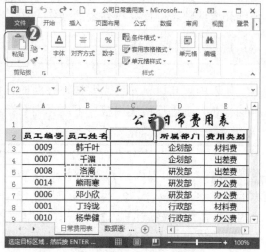

图 1-87

Excel 2013 公式·函数与数据分析

第3步 原位置的表格数据已被移动至数据单元格的目标位置，这样即可完成移动单元格的操作，如图 1-88 所示。

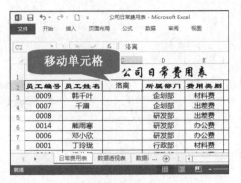

图 1-88

Section 1.5 专题课堂——格式化工作表

导读 使用 Excel 2013，用户可以根据不同的需要，对工作表中的数据设置不同的格式，这些设置包括调整表格行高与列宽、设置文本格式、设置对齐方式、添加表格边框和自动套用格式等。本节将详细介绍格式化工作表的相关知识及操作方法。

1.5.1 调整表格行高与列宽

微课堂 1分04秒

当工作表单元格的内容超过单元格的高度和宽度后，工作表就会变得不美观，并且对数据的显示也会造成影响。这时用户可以根据需要适当地调整表格的行高与列宽。下面将详细介绍调整表格行高与列宽的操作方法。

1 调整表格行高

如果用户知道单元格需要调整行高的具体数据，那么可以在【行高】对话框中对单元格的行高大小进行精确调整。下面详细介绍设置行高的操作方法。

操作步骤 >> Step by Step

第1步 在工作表中，**1.** 选择准备设置行高的单元格，如 A1，**2.** 在【单元格】组中单击【格式】下拉按钮，**3.** 弹出下拉菜单，在【单元格大小】子菜单中，选择【行高】菜单项，如图 1-89 所示。

第2步 弹出【行高】对话框，**1.** 在【行高】文本框中，输入准备设置行高的大小值，如 50，**2.** 单击【确定】按钮，如图 1-90 所示。

图 1-89

图 1-90

第3步　返回到工作表界面，可以看到已经调整成了所设置大小的行高，这样即可完成调整表格行高的操作，如图 1-91 所示。

■ 指点迷津

选中要调整行高的单元格，然后单击【开始】选项卡【单元格】组中的【格式】下拉按钮，在弹出的下拉菜单中选择【自动调整行高】菜单项，可以完成自动调整单元格行高的操作。

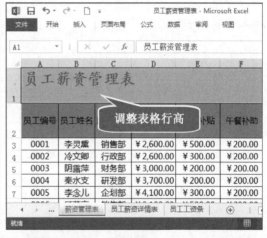

图 1-91

2　调整表格列宽

在 Excel 2013 工作表中，如果单元格的宽度不足以显示整个数据时，那么 Excel 会采用科学计数法表示或填充成"########"；如果列被加宽，整个数据则会显示在单元格中。下面详细介绍调整列宽的操作方法。

操作步骤　>>　Step by Step

第1步　在工作表中，*1.* 选择准备设置列宽的单元格，*2.* 在【单元格】组中单击【格式】下拉按钮，*3.* 在弹出的下拉菜单中，选择【列宽】菜单项，如图 1-92 所示。

第2步　弹出【列宽】对话框，*1.* 在【列宽】文本框中，输入准备设置列宽的大小值，如 30，*2.* 单击【确定】按钮，如图 1-93 所示。

Excel 2013 公式·函数与数据分析

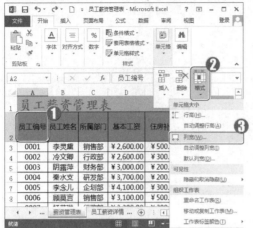

图 1-92

图 1-93

第3步 返回到工作表界面，可以看到已经调整成了所设置大小的列宽，这样即可完成调整表格列宽的操作，如图 1-94 所示。

■ 指点迷津

选中要调整列宽的单元格，然后单击【开始】选项卡【单元格】组中的【格式】下拉按钮，在弹出的下拉菜单中选择【自动调整列宽】菜单项，可以完成自动调整单元格列宽的操作。

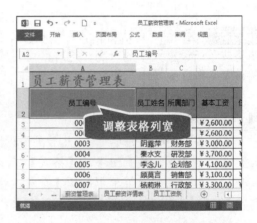

图 1-94

1.5.2　设置文本格式

0 分 57 秒

Excel 2013 为用户提供了一系列设置文本格式的功能，如设置字体、字号、文本颜色等。通过设置文本格式，不仅使工作表中的数据更加醒目与突出，而且也可以使表格版面更加美观。下面详细介绍设置文本格式的操作方法。

专家解读

如果用户不满足当前所设置的文本格式时，可以单击【字体】组右下角的启动器按钮，在弹出的【设置单元格格式】对话框中，选中【普通字体】复选框，即可撤销所设置的文本格式。

操作步骤 >> **Step by Step**

第1步 在工作表中，**1.** 选择准备设置格式的单元格，**2.** 选择【开始】选项卡，**3.** 在【字体】组中单击【字体】下拉按钮，**4.** 在弹出的下拉列表中，选择准备设置的字体格式，如选择【华文琥珀】，如图 1-95 所示。

图 1-95

第2步 可以看到选择的单元格字体已被改变，**1.** 继续选择该单元格，**2.** 选择【开始】选项卡，**3.** 在【字号】组中单击【字号】下拉按钮，**4.** 在弹出的下拉列表中，选择准备应用的字号，如图 1-96 所示。

图 1-96

第3步 可以看到选择的单元格字号已被改变，**1.** 继续选择该单元格，**2.** 选择【开始】选项卡，**3.** 在【字体】组中单击【字体颜色】下拉按钮，**4.** 在弹出的下拉列表中，选择准备使用的字体颜色，如图 1-97 所示。

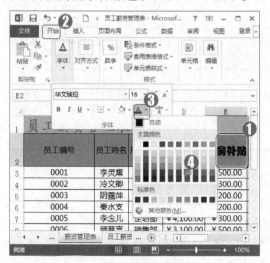

图 1-97

第4步 返回到工作表界面，可以看到已经将选中单元格中的文本颜色改变，这样即可完成设置文本格式的操作，如图 1-98 所示。

图 1-98

Excel 2013 公式 · 函数与数据分析

1.5.3 设置对齐方式

微课堂
0分21秒

为了使表格中的数据排列整齐，增加表格整体的美观性，可以为单元格设置对齐方式。文本基本对齐包括左对齐、右对齐、居中对齐、顶端对齐、底端对齐和垂直居中 6 种情况。下面以设置文本左对齐为例，介绍设置对齐方式的操作方法。

操作步骤 >> Step by Step

第1步 在工作表中，**1.** 选择准备设置对齐方式的单元格，**2.** 选择【开始】选项卡，**3.** 在【对齐方式】组中，单击【左对齐】按钮 ≡ ，如图 1-99 所示。

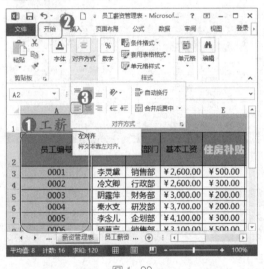

图 1-99

第2步 可以看到所选单元格中的数据已经按照文本左对齐方式排列，这样即可完成设置对齐方式的操作，如图 1-100 所示。

图 1-100

1.5.4 添加表格边框

微课堂
0分41秒

为了使表格数据之间层次鲜明，易于阅读，用户可以为表格中不同的部分添加边框。下面详细介绍添加表格边框的操作方法。

操作步骤 >> Step by Step

第1步 在工作表中，**1.** 选择准备设置表格边框的单元格区域，**2.** 选择【开始】选项卡，**3.** 在【单元格】组中，单击【格式】下拉按钮 ，**4.** 在弹出的【格式】下拉菜单中，选择【设置单元格格式】菜单项，如图 1-101 所示。

第2步 弹出【设置单元格格式】对话框，**1.** 选择【边框】选项卡，**2.** 在【预置】区域中，单击【外边框】按钮 ，**3.** 在【边框】区域中，选择准备使用的边框线，**4.** 单击【确定】按钮，如图 1-102 所示。

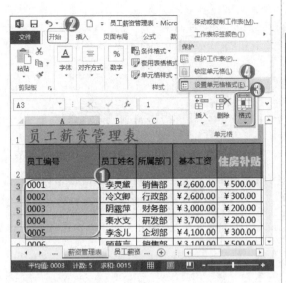

图 1-101

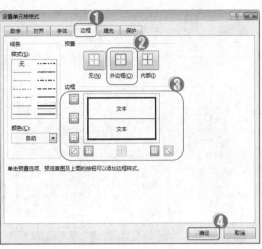

图 1-102

第 3 步　返回到工作表界面，可以看到，已经为选中的单元格区域设置了表格边框，这样即可完成添加表格边框的操作，如图 1-103 所示。

■ **指点迷津**

　　选择准备设置表格边框的单元格区域，选择【开始】选项卡，在【字体】组中，单击【边框】下拉按钮⊞·，在弹出的下拉列表中，根据需要选择所需的边框线，即可快速地利用功能区设置边框。

图 1-103

1.5.5　自动套用格式

微课堂
0 分 35 秒

　　快速套用单元格样式是指，一整套可以快速应用于已选单元格区域或整个工作表的内置格式和设置的集合。在 Excel 2013 中，使用快速套用表格样式可以在单元格区域中添加多种单元格。下面详细介绍自动套用格式的操作方法。

操作步骤　>>　Step by Step

第 1 步　在工作表中，**1.** 选择准备套用单元格格式的单元格区域，**2.** 选择【开始】选项卡，**3.** 在【样式】组中，单击【套用表格格式】按钮，如图 1-104 所示。

第 2 步　弹出套用表格样式库，在其中选择准备套用的表格样式，如选择【表样式中等深浅 12】，如图 1-105 所示。

Excel 2013 公式·函数与数据分析

图 1-104

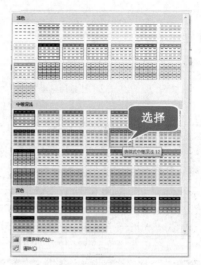

图 1-105

第3步 弹出【套用表格式】对话框，单击【确定】按钮，如图 1-106 所示。

第4步 返回工作表中，可以看到选择的单元格区域已被自动套用所选择的格式，这样即可完成自动套用格式的操作，如图 1-107 所示。

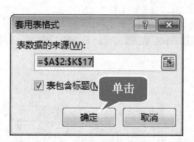

图 1-106

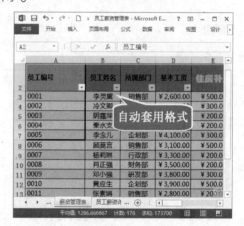

图 1-107

Section

1.6 实践经验与技巧

在本节的学习过程中，将侧重介绍与本章知识点有关的实践经验及技巧，主要内容包括更改工作表标签颜色、重命名工作簿、隐藏与显示工作表等方面的知识与操作技巧。

1.6.1　更改工作表标签颜色

微课堂
0 分 23 秒

为工作表标签设置颜色，可以方便查找所需要的工作表；同时还可以将同类的工作表标签设置成同一种颜色，以区分类别。下面详细介绍设置工作表标签颜色的操作方法。

操作步骤 >> Step by Step

第1步 在工作表中，**1.** 使用鼠标右击准备设置颜色的工作表标签，**2.** 在弹出的快捷菜单中选择【工作表标签颜色】菜单项，**3.** 在子菜单中选择准备应用的颜色，如图 1-108 所示。

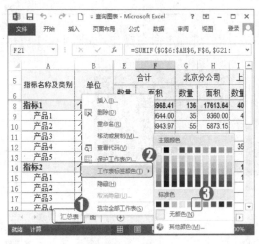
图 1-108

第2步 返回到工作簿界面，可以看到工作表标签的颜色已经发生了改变，这样即可完成设置工作表标签颜色的操作，如图 1-109 所示。

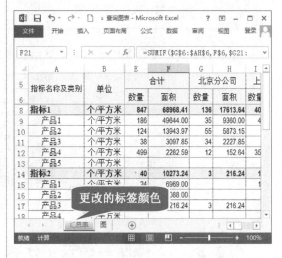
图 1-109

➡ 一点即通

单击 Excel 2013 程序右下角的【显示比例】按钮 100%，系统会弹出【显示比例】对话框，用户可以在该对话框中选择缩放比例，并且还可以自定义显示比例。

1.6.2　重命名工作簿

微课堂
0 分 19 秒

重命名工作簿通常有两种方法：一是通过快捷菜单重命名；二是通过快捷键重命名。下面将详细介绍。

1　通过快捷菜单重命名

使用鼠标右击需要进行重命名的工作簿，在弹出的快捷菜单中选择【重命名】菜单项，即可对工作簿重命名，如图 1-110 所示。

Excel 2013 公式·函数与数据分析

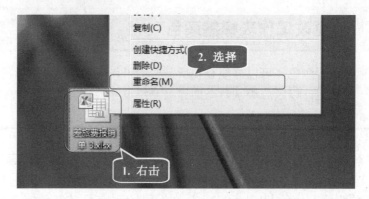

图 1-110

2　通过快捷键重命名　　　　　　　　　　　　　　>>>

选中需要进行重命名的工作簿，然后按 F2 键，即可进行重命名操作，如图 1-111 所示。

图 1-111

1.6.3　隐藏与显示工作表

微课堂
0 分 44 秒

在 Excel 2013 工作簿中，可以根据实际工作需求对相应的工作表进行隐藏与显示的操作。下面分别予以详细介绍。

1　隐藏工作表　　　　　　　　　　　　　　　　　>>>

为了确保工作表的安全，不轻易被别人看到，可以将工作表进行隐藏。下面详细介绍隐藏工作表的操作方法。

操作步骤　>>　**Step by Step**

第 1 步　在工作表中，**1.** 使用鼠标右击准备隐藏的工作表标签，**2.** 在弹出的快捷菜单中，选择【隐藏】菜单项，如图 1-112 所示。

第 2 步　可以看到已经将选中的工作表隐藏起来，这样即可完成隐藏工作表的操作，如图 1-113 所示。

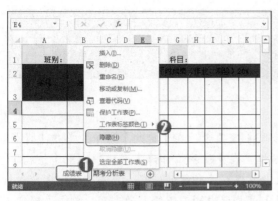

图 1-112

图 1-113

2 显示工作表

如果想再次使用或者编辑已经隐藏的工作表，可以取消其隐藏，让工作表显示出来。下面详细介绍显示工作表的操作方法。

操作步骤 >> Step by Step

第 1 步 在工作表中，**1.** 使用鼠标右击任意工作表标签，**2.** 在弹出的快捷菜单中，选择【取消隐藏】菜单项，如图 1-114 所示。

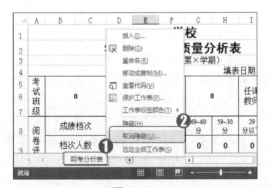

图 1-114

第 2 步 弹出【取消隐藏】对话框，**1.** 在【取消隐藏工作表】列表框中，选择准备显示的工作表标签，**2.** 单击【确定】按钮，如图 1-115 所示。

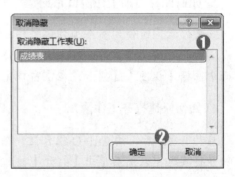

图 1-115

第 3 步 可以看到被隐藏的工作表标签已经显示出来，这样即可完成显示工作表的操作，如图 1-116 所示。

■ 指点迷津

按 Ctrl+Page Up 组合键，即可快速激活上一张工作表。

图 1-116

Section

1.7 有问必答

1. 如何保护工作簿?

在 Excel 2013 窗口的功能区中,选择【审阅】选项卡,在【更改】组中,单击【保护工作簿】按钮,弹出【保护结构和窗口】对话框,在【保护工作簿】区域中选中【结构】和【窗口】复选框,在【密码】文本框中输入准备保护工作簿的密码,单击【确定】按钮,弹出【确认密码】对话框,在【重新输入密码】文本框中输入刚输入的密码,单击【确定】按钮。通过上述方法即可完成保护工作簿的操作。如果用户需要解除对工作簿的保护,可以单击【保护工作簿】按钮,系统会弹出一个对话框,输入密码即可解除保护。

2. 如何保护工作表?

右击需要设置保护的工作表标签,在弹出的快捷菜单中,选择【保护工作表】菜单项。弹出【保护工作表】对话框,选中【保护工作表及锁定的单元格内容】复选框,在【取消工作表保护时使用的密码】文本框中输入准备使用的密码,单击【确定】按钮。弹出【确认密码】对话框,在【重新输入密码】文本框中输入刚刚设置的密码,单击【确定】按钮。返回到工作表界面,可以看到工作表的部分功能被禁止,如【插入】选项卡中的所有命令被禁止,这样即可完成保护工作表的操作。

3. 如何保存当前工作窗口布局?

如果经常同时使用多个工作簿工作,那么可以创建一个工作区文件(.xlw 文件),下次可以同时打开这些工作簿继续上次的工作。其操作方法为:保存所有工作簿,在 Excel 主界面中选择【视图】选项卡,在【窗口】组中单击【保存工作区】按钮即可。

4. 如何快速打开工作簿?

启动 Excel 后,按 Ctrl+O 组合键,在弹出的【打开】对话框中找到需要打开的工作簿文件并将其选中,然后单击【打开】按钮,即可将选中的工作簿打开。

5. 如何更改工作簿的视图?

Excel 2013 默认的视图方式是普通视图。如果需要更改工作簿的视图可以通过以下方法来实现:在 Excel 2013 主界面中,选择【视图】选项卡,在【工作簿视图】组中,选中一种视图方式即可。

第 2 章

Excel 公式与函数基础知识

本章主要内容

本章主要介绍认识公式与函数、单元格引用、公式中的运算符及其优先级、输入与编辑公式、函数的结构和种类、输入函数的方法方面的知识与技巧。在本章的最后还将针对实际的工作需求，讲解定义和使用名称的方法。通过本章的学习，读者可以掌握 Excel 公式与函数方面的基础知识，为深入学习 Excel 2013 公式、函数与数据分析知识奠定基础。

导读　　在 Excel 中，理解并掌握公式与函数的相关概念、选项设置和操作方法，是进一步学习和运用公式与函数的基础，同时也有助于用户在实际工作中的综合运用，提高办公效率。本节详细介绍公式与函数的相关基础知识及操作。

2.1.1　什么是公式

公式是 Excel 工作表中进行数值计算的等式。公式输入是以"="开始的。简单的公式有加、减、乘、除等计算。

通常情况下，公式由函数、参数、常量和运算符组成。下面详细介绍公式的组成部分。

➤ 函数：在 Excel 中包含的许多预定义公式，可以对一个或多个数据执行运算，并返回一个或多个值。函数可以简化或缩短工作表中的公式。

➤ 参数：函数中用来执行操作或计算单元格和单元格区域的数值。

➤ 常量：指在公式中直接输入的数字或文本值，并且不发生改变的数值。

➤ 运算符：用来连接公式中准备进行计算的符号或标记，可以表达公式内执行计算的类型。

2.1.2　什么是函数

在 Excel 中，虽然使用公式可以完成各种计算，但是对于有些复杂的运算，如果使用函数将会更加简便，而且便于理解和维护。

所谓函数，是指在 Excel 中包含的许多预定义的公式。函数也是一种公式，可以进行简单或复杂的计算，是公式的组成部分，它可以像公式一样直接输入。不同的是，函数使用一些称为参数的特定数值(每一个函数都有其特定的语法结构、参数类型等)，按特定的顺序或结构进行计算。

使用函数可以提高工作效率，如在工作表中常用的 SUM 函数。用于对单元格区域进行求和运算，虽然可以通过创建如"=B3+C3+D3+E3+F3+G3"公式来计算单元格中数值的总和，但是利用函数可以编写更加简短的完成同样功能的公式"=SUM(B3:G3)"。

在 Excel 2013 中，调用函数时需要遵守 Excel 为函数制定的语法结构，否则将会产生语法错误。函数的语法结构由等号、函数名称、参数、括号、逗号组成，下面详细介绍其组成部分，如图 2-1 所示。

图 2-1

➤ 等号：函数一般以公式的形式出现，必须在函数名称前面输入"＝"。

➤ 函数名称：用来标识调用功能函数的名称。

➤ 参数：参数可以是数字、文本、逻辑值和单元格引用，也可以是公式或其他函数。

➤ 括号：用来输入函数参数，各参数之间需要用逗号(必须是半角状态下的逗号)隔开。

➤ 逗号：各参数之间用来表示间隔的符号。

Section 2.2 单元格引用

　　单元格引用是 Excel 2013 中的术语，指单元格在表中坐标位置的标识。单元格的引用包括相对引用、绝对引用和混合引用 3 种。本节详细介绍单元格引用的相关知识及操作方法。

2.2.1 相对引用

微课堂　0分51秒

　　相对引用是指复制公式时单元格地址随之发生变化，如 C1 单元格有公式"=A1+B1"；当将公式复制到 C2 单元格时变为"=A2+B2"，当将公式复制到 D1 单元格时变为"=B1+C1"。下面详细介绍进行相对引用的操作方法。

操作步骤　>>　Step by Step

第 1 步　在工作表中，**1.** 选择准备输入公式的单元格，如选择 G3 单元格，**2.** 在编辑栏的编辑框中输入单元格公式，**3.** 单击【输入】按钮 ✔，如图 2-2 所示。

第 2 步　此时可以看到在单元格中，系统会自动计算结果。单击【剪贴板】组中的【复制】按钮，如图 2-3 所示。

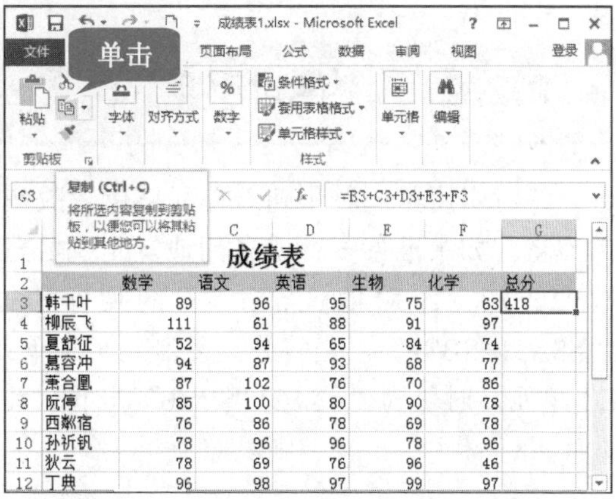

图 2-2

图 2-3

Excel 2013 公式·函数与数据分析

第3步 完成复制后，**1.** 选择准备粘贴公式的单元格，**2.** 在【剪贴板】组中，单击【粘贴】按钮，如图 2-4 所示。

第4步 此时在已选中的单元格中，系统会自动计算出结果，并且在编辑框中显示公式，如图 2-5 所示。

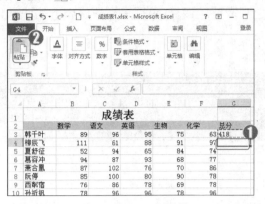

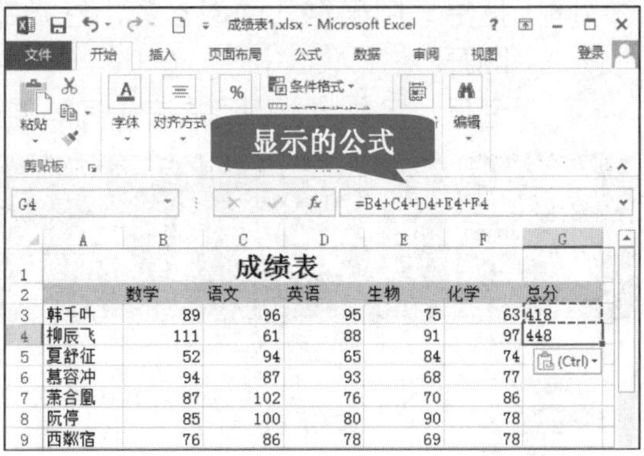

图 2-4

图 2-5

第5步 **1.** 单击准备粘贴相对引用公式的单元格，**2.** 单击【剪贴板】组中的【粘贴】按钮，如图 2-6 所示。

第6步 此时已经选中的单元格中的公式再次发生改变。通过以上操作，即可完成相对引用，如图 2-7 所示。

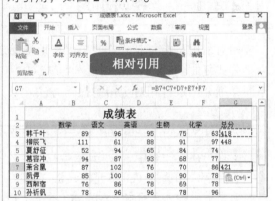

图 2-6

图 2-7

2.2.2 绝对引用

微课堂

0分44秒

绝对引用是一种不随着单元格位置改变而改变的引用形式，并且总是在特定位置引用单元格。如果准备多行或多列地复制或填充公式，绝对引用将不会随单元格位置的改变而改变。加上绝对地址符"$"的列标和行号为绝对地址。例如，C1 单元格有公式"=$A$1+$B$1"，当将公式复制到 C2 单元格时仍为"=$A$1+$B$1"，当将公式复制到 D1 单元格时仍为"=$A$1+$B$1"。下面具体介绍绝对引用的操作方法。

操作步骤 >> Step by Step

第1步　在工作表中，**1.** 选择准备输入公式的单元格，如 G5 单元格，**2.** 输入绝对引用公式"=$D$5+$E$5+$F$5"，**3.** 单击【输入】按钮 ✔，如图 2-8 所示。

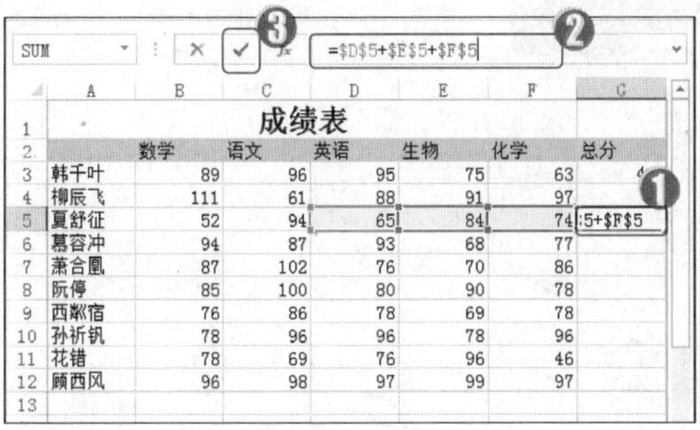

图 2-8

第2步　此时在已经选中的单元格中，系统会自动计算出结果。单击【剪贴板】组中的【复制】按钮 🖺，如图 2-9 所示。

图 2-9

第3步　**1.** 选择准备粘贴绝对引用公式的单元格，如 H7 单元格，**2.** 在【剪贴板】组中，单击【粘贴】按钮 🖺，如图 2-10 所示。

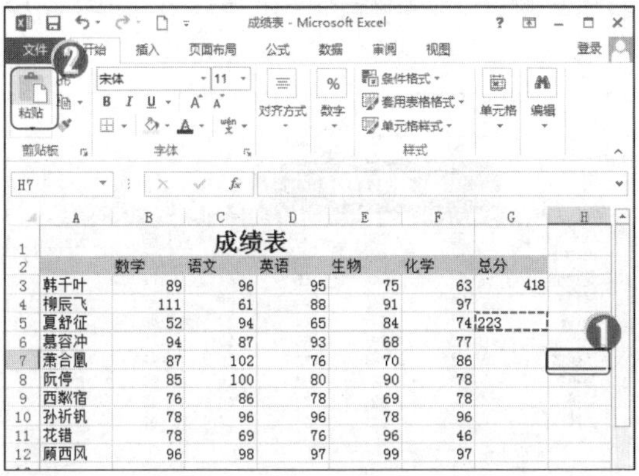

图 2-10

第4步　单元格 G5 中的公式被粘贴到单元格 H7 中，因为是绝对引用，所以公式仍然是"=$D$5+$E$5+$F$5"，没有随单元格的改变而发生变化。这样即可完成使用绝对引用，如图 2-11 所示。

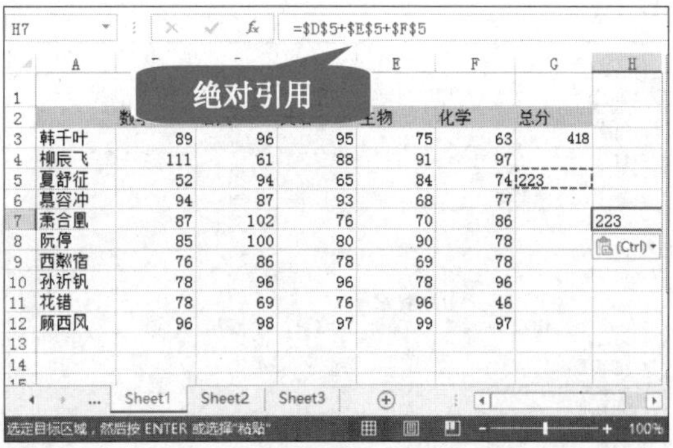

图 2-11

2.2.3　混合引用

微课堂
0 分 55 秒

　　混合引用是指引用绝对列和相对行或引用绝对行和相对列，其中引用绝对列和相对行采用$A1、$B1 等表示，引用绝对行和相对列采用 A$1、B$1 等表示。如 C1 单元格有公式"=$A1+B$1"，当将公式复制到 C2 单元格时变为"=$A2+B$1"；当复制到 D1 单元格时变为"=$A1+C$1"。下面详细介绍混合引用的方法。

Excel 2013 公式·函数与数据分析

操作步骤 >> Step by Step

第1步 在工作表中，**1.** 选择准备引用绝对行和相对列的单元格，如 G7 单元格，**2.** 在编辑栏中，输入绝对行和相对列的引用公式 "=D$7+E$7+F$7"，**3.** 单击【输入】按钮 ✓，如图 2-12 所示。

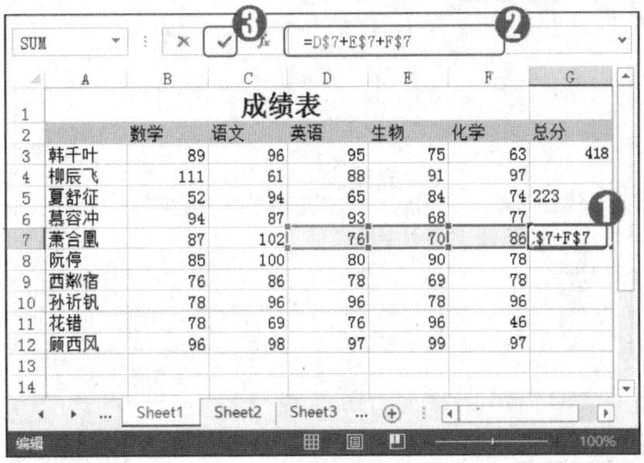

图 2-12

第2步 此时在已经选中的单元格中，系统会自动计算出结果。单击【剪贴板】组中的【复制】按钮，如图 2-13 所示。

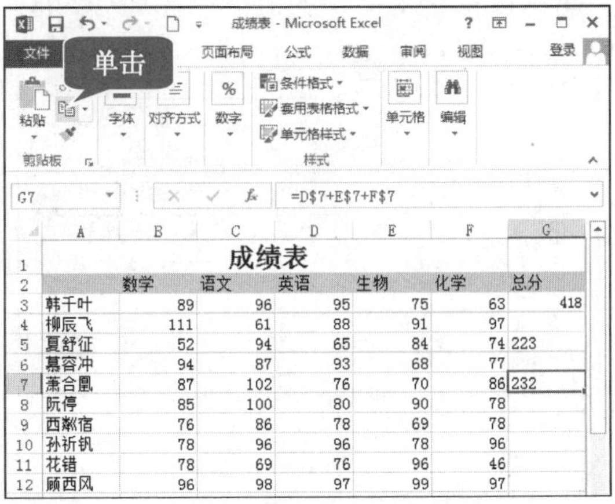

图 2-13

第3步 在编辑区中，**1.** 选择准备粘贴引用公式的单元格，如单元格 H9，**2.** 在【剪贴板】组中，单击【粘贴】按钮，如图 2-14 所示。

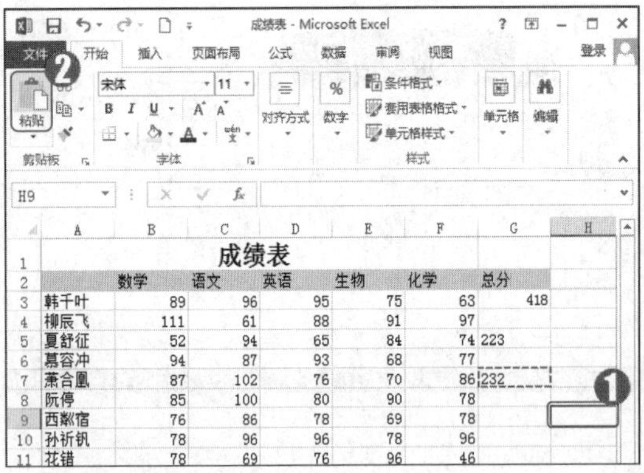

图 2-14

第4步 此时公式在已经粘贴的单元格中，行标题不变，而列标题发生变化，通过以上方法，即可完成混合引用的操作，如图 2-15 所示。

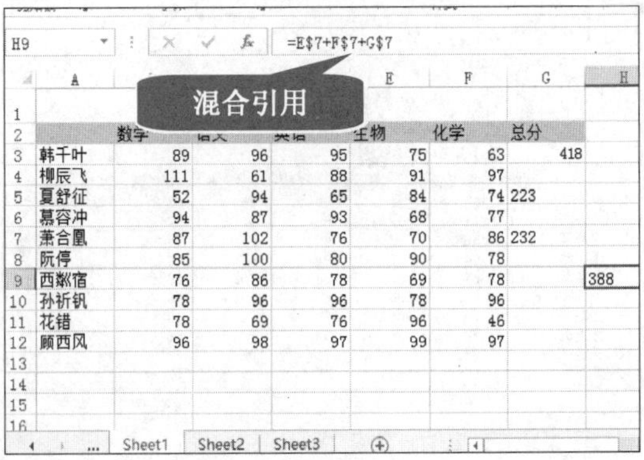

图 2-15

2.2.4 改变引用类型

1分04秒

在 Excel 2013 中输入公式时，正确地使用 F4 键，用户可以在相对引用和绝对引用之间进行切换。下面以计算总分的公式 "=B3+C3+D3+E3+F3" 为例，介绍改变引用类型的方法。

操作步骤 >> **Step by Step**

第 1 步　选择单元格 G3，在公式编辑栏中可以看到 G3 单元格中的公式为 "=B3+C3+D3+E3+F3"，双击此单元格，如图 2-16 所示。

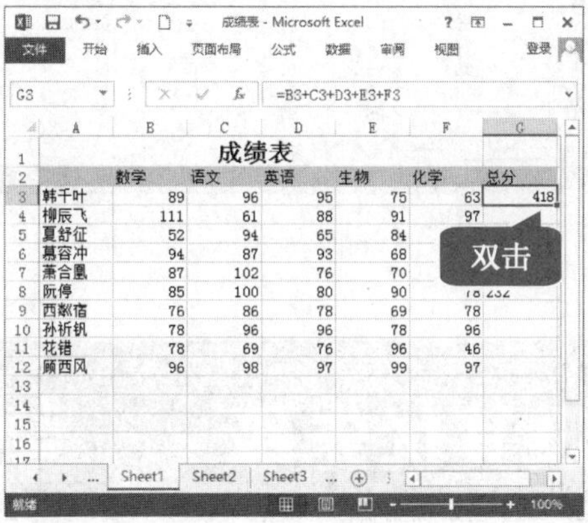

图 2-16

第 2 步　选中 G3 单元格中的公式，然后按 F4 键，该公式内容就会变为 "=$B$3+$C$3+$D$3+$E$3+$F$3"，表示对横行、纵行单元格均进行了绝对引用，如图 2-17 所示。

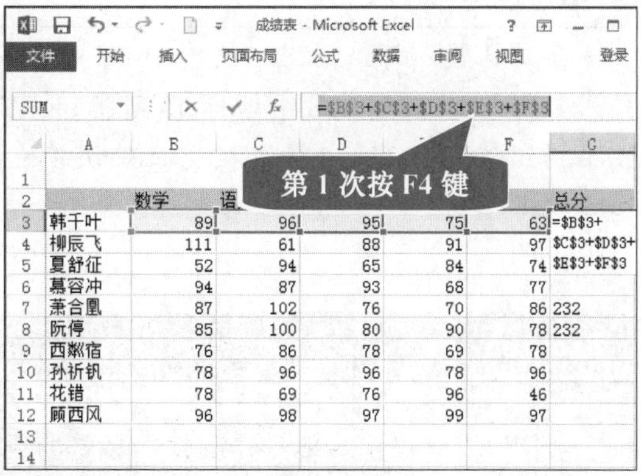

图 2-17

第 3 步　第 2 次按 F4 键，公式内容则变为 "=B$3+C$3+D$3+E$3+F$3"，表示对横行进行绝对引用，对纵行进行相对引用，如图 2-18 所示。

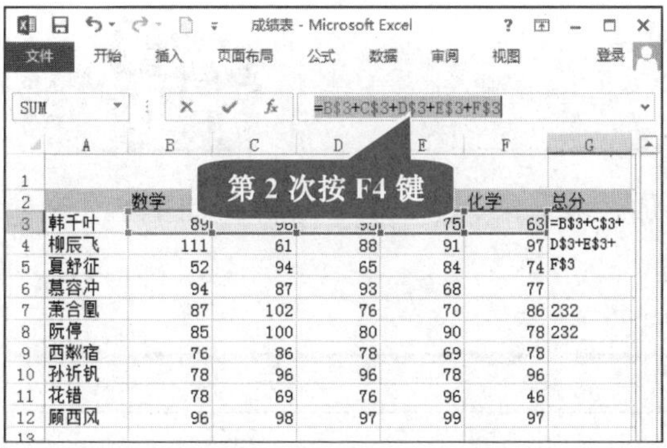

图 2-18

第 4 步　第 3 次按 F4 键，公式内容则变为 "=$B3+$C3+$D3+$E3+$F3"，表示对横行进行相对引用，对纵行进行绝对引用，如图 2-19 所示。

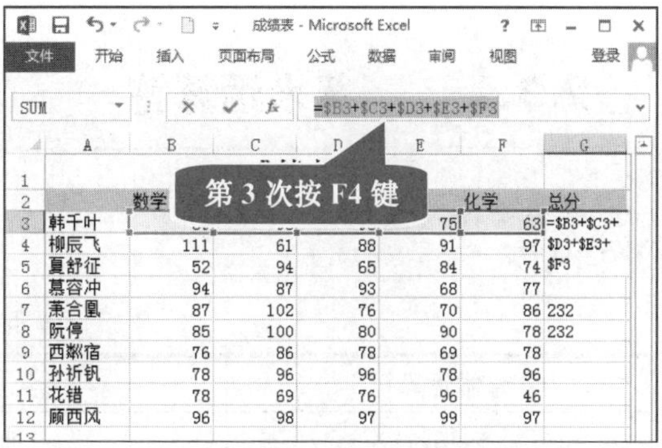

图 2-19

知识拓展：R1C1 引用样式

Excel 还经常用到 R1C1 引用样式。在 R1C1 样式中，R 后面的数字为行号，C 后面的数字为列号，通过指定的行、列来引用单元格。

第5步 第4次按F4键时，公式则会恢复到初始状态"=B3+C3+D3+E3+F3"，即对横行、纵行的单元格均进行相对引用，如图2-20所示。

图 2-20

■ 指点迷津

在默认情况下，Excel使用A1格式引用数据源。它是引用字母标识(列标)和数字标识(行号)，通过横纵相交来确认单元格。

Section 2.3 公式中的运算符及其优先级

导读 公式是对工作表中的数值执行计算的等式，以等号"="开头。在输入公式时，用于连接各个数据的符号称作运算符，不同类型的运算符，可以对公式中的元素进行特定类型的运算，并且在计算时有一个默认的次序，但可以通过使用括号来改变运算顺序。运算符可分为算术运算符、比较运算符、文本运算符以及引用运算符4种。本节详细介绍公式中的运算符及其优先级的相关知识。

2.3.1 算术运算符

微课堂 0分12秒

算术运算符用来完成基本的数学运算，如加、减、乘、除。算术运算符的基本含义如表2-1所示。

表 2-1

算术运算符	含　义	示　例
+(加号)	加法	7+2
−(减号)	减法或负号	8-6；-6
*(星号)	乘法	3*7
/(正斜号)	除法	8/2
%(百分号)	百分比	68%
^(脱字号)	乘方	6^2
!(阶乘)	连续乘法	3!=3*2*1

2.3.2　比较运算符

微课堂 0分12秒

比较运算符用于比较两个数值间的大小关系，并产生逻辑值 TRUE(真)或 FALSE(假)。比较运算符的基本含义如表 2-2 所示。

表 2—2

比较运算符	含　义	示　例
=(等号)	等于	A1=B1
>(大于号)	大于	A1>B1
<(小于号)	小于	A1<B1
>=(大于等于号)	大于或等于	A1>=B1
<=(小于等于号)	小于或等于	A1<=B1
<>(不等号)	不等于	A1<>B1

2.3.3　引用运算符

微课堂 0分14秒

引用运算符是对多个单元格区进行合并计算的运算符，如"F1=A1+B1+C1+D1"，使用引用运算符后，可以将公式变更为"F1=SUM(A1:D1)"。引用运算符的基本含义如表 2-3 所示。

表 2—3

引用运算符	含　义	示　例
:(冒号)	区域运算符，生成对两个单元格之间所有单元格的引用	A1:A2
,(逗号)	联合运算符，用于将多个引用合并为一个引用	SUM(A1:A2,A3:A4)
(空格)	交集运算符，生成在两个引用中共有的单元格引用	SUM(A1:A6 B1:B6)

2.3.4　文本运算符

微课堂 0分20秒

文本运算符是可以将一个或多个文本连接为一个组合文本的运算符号。文本运算符使用和号"&"连接一个或多个文本字符串，从而产生新的文本字符串。文本运算符的基本含义如表 2-4 所示。

表 2—4

文本运算符	含　义	示　例
&(和号)	将两个文本连接起来产生一个连续的文本值	"美"&"好"得到"美好"

2.3.5　运算符的优先级

运算优先级是指一个公式中含有多个运算符的情况下 Excel 的运算顺序。如果一个公式中的若干运算符都具有相同的优先顺序，那么 Excel 2013 将按照从左到右的顺序依次地进行计算。如果不希望 Excel 从左到右依次进行计算，那么需更改求值的顺序。例如"7+8+6+3*2"，Excel 2013 将先进行乘法运算，然后再进行加法运算。如果使用括号将公式修改为"(7+8+6+3)*2"，那么 Excel 2013 将先计算括号里的数值。下面详细介绍运算符的优先级，如表 2-5 所示。

表 2-5

优 先 级	运算符类型	说　明
1	引用运算符	:(冒号)
2		(空格)
3		,(逗号)
4	算术运算符	-(负数)
5		%(百分比)
6		^(乘方)
7		*和/(乘和除)
8		+和-(加和减)
9	文本运算符	&(连接两个文本字符串)
10	比较运算符	=
11		<、>
12		<=
13		>=
14		<>

在 Excel 2013 中，使用公式可以提高在工作表中的输入速度、降低工作强度，同时可以最大限度地避免在输入过程中可能出现的错误。本节将详细介绍输入与编辑公式的相关知识及操作方法。

2.4.1　输入公式

在 Excel 2013 工作表中，输入公式可以在编辑栏中，也可以在单元格中。下面分别予

以详细介绍。

1　在编辑栏中输入公式　>>>

在 Excel 2013 工作表中，用户可以通过编辑栏输入公式。下面详细介绍在编辑栏中输入公式的操作方法。

操作步骤　>>　Step by Step

第 1 步　在工作表中，**1.** 单击准备输入公式的单元格，如 G3 单元格，**2.** 单击编辑栏的编辑框，如图 2-21 所示。

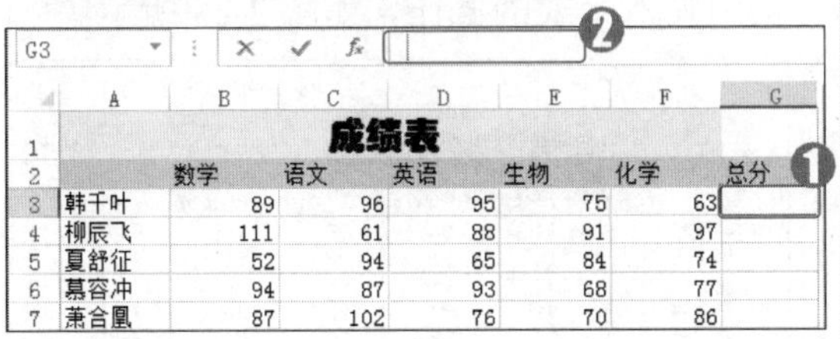

图 2-21

第 2 步　在编辑框中输入准备应用的公式，如 "=B3+C3+D3+E3+F3"，如图 2-22 所示。

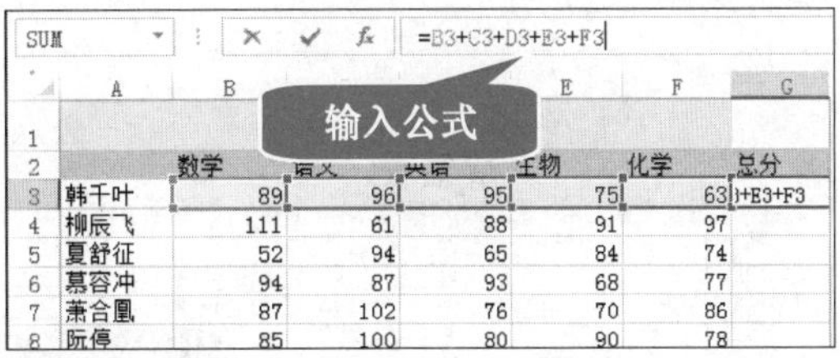

图 2-22

第 3 步　单击编辑栏中的【输入】按钮 ✔，如图 2-23 所示。

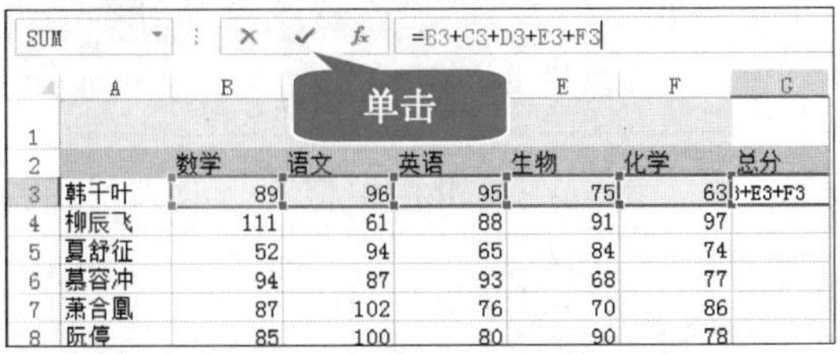

图 2-23

第 4 步　通过以上方法，即可完成在编辑栏中输入公式的操作，如图 2-24 所示。

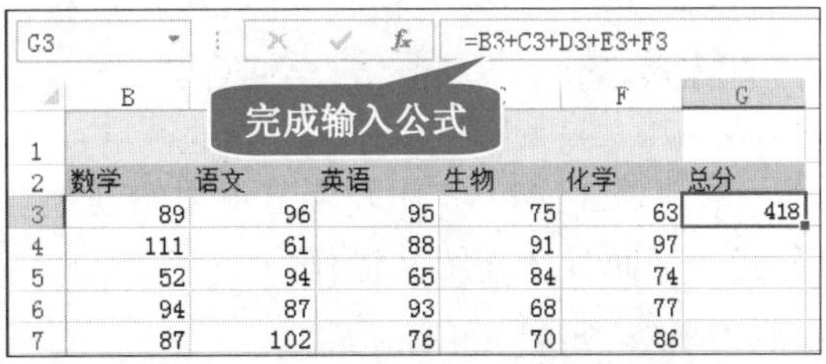

图 2-24

2　直接在单元格中输入公式　>>>

在 Excel 2013 工作表中，用户也可以直接在单元格中进行公式的输入。下面详细介绍在单元格中输入公式的操作方法。

◉ 知识拓展：快速完成输入公式的计算操作

完成输入准备使用的公式后，用户可以直接按 Enter 键，快速完成公式的计算操作。

操作步骤　>>　Step by Step

第 1 步　双击准备输入公式的单元格，如双击 G3 单元格，如图 2-25 所示。

第 2 步　此时可以在单元格内输入公式 "=B3+C3+D3+E3+F3"，如图 2-26 所示。

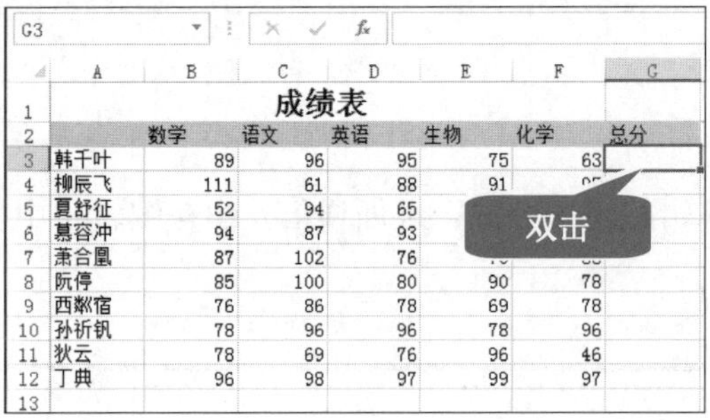

Excel 2013 公式·函数与数据分析

图 2-25

图 2-26

第3步 单击工作表中除 G3 外的任意单元格，如图 2-27 所示。

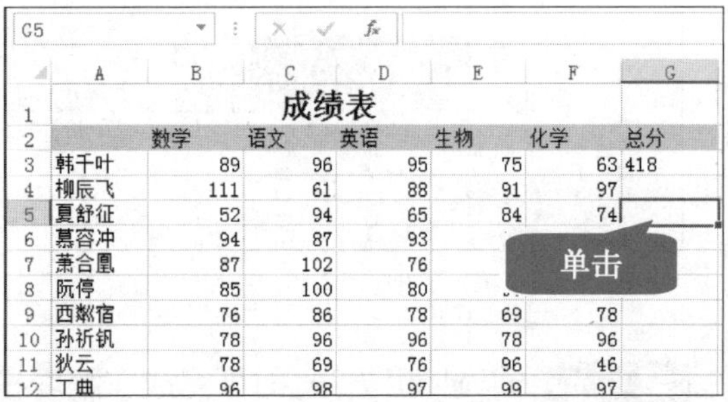

第4步 通过以上方法，即可完成在单元格中输入公式的操作，如图 2-28 所示。

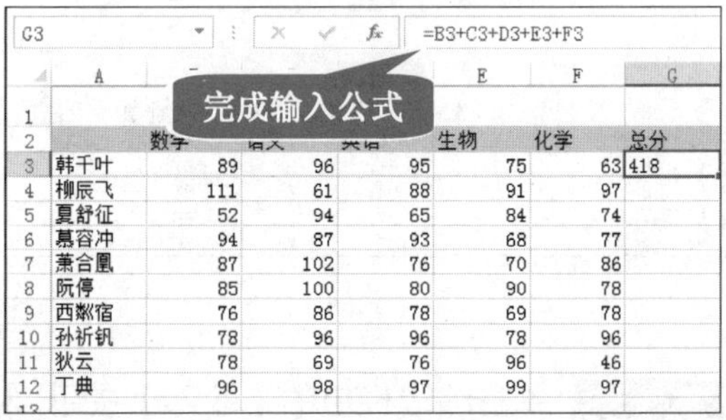

图 2-27

图 2-28

2.4.2 修改公式

微课堂
0分31秒

在 Excel 2013 工作表中，如果错误地输入了公式，可以在编辑栏中将其修改为正确的公式。下面具体介绍其操作方法。

操作步骤 >> Step by Step

第1步 在工作表中，**1.** 选择准备修改公式的单元格，**2.** 单击编辑栏的编辑框，使包含公式的单元格显示为选中状态，如图 2-29 所示。

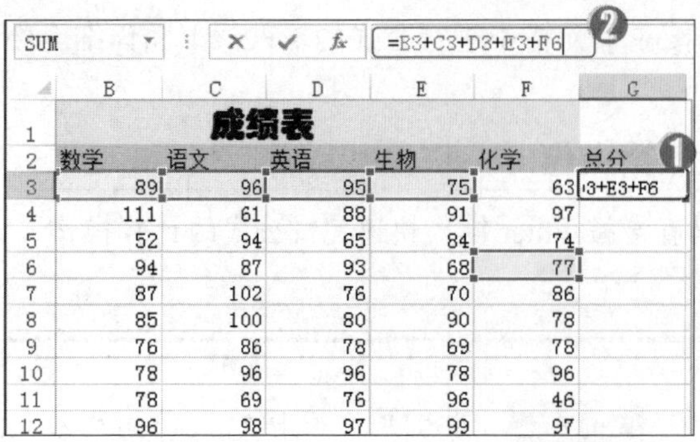

第2步 使用 Backspace 键删除错误的公式，然后重新输入正确的公式，如图 2-30 所示。

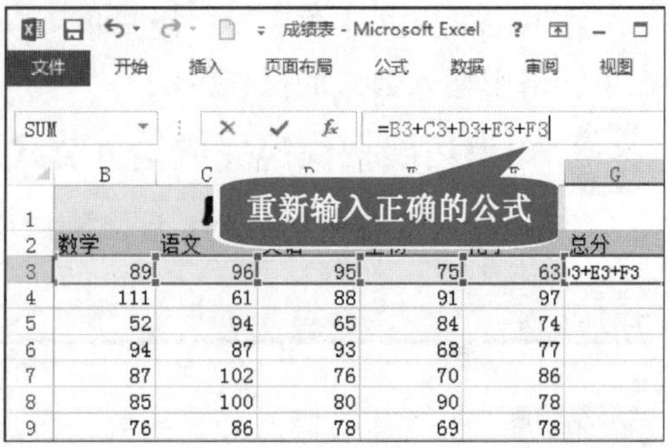

图 2-29

图 2-30

第 3 步 正确的公式输入完成后，单击编辑栏中的【输入】按钮 ✔，如图 2-31 所示。

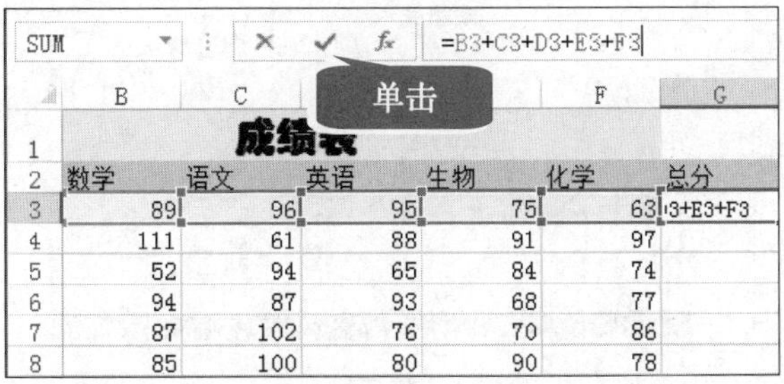

图 2-31

第 4 步 可以看到正确公式所表示的数值显示在单元格内，这样即可完成修改公式的操作，如图 2-32 所示。

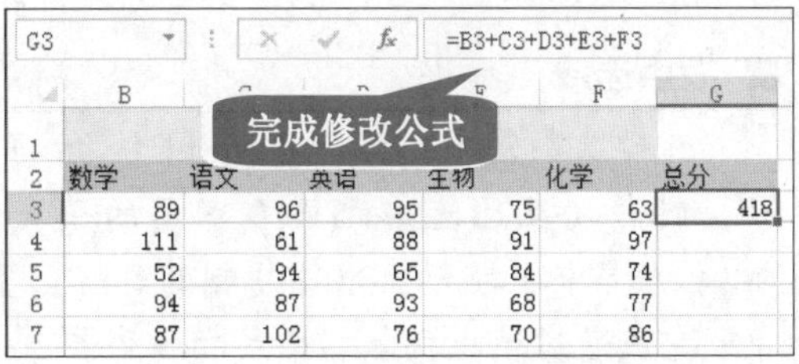

图 2-32

2.4.3　公式的复制与移动

微课堂
0分41秒

在 Excel 2013 工作表中，可以将指定的单元格及其所有属性移动或者复制到其他目标单元格。下面详细介绍复制和移动公式的操作方法。

1　复制公式

复制公式是把公式从一个单元格复制至另一个单元格，原单元格中包含的公式仍保留。下面介绍复制公式的操作方法。

操作步骤 >> Step by Step

第 1 步 在工作表中，*1.* 选择准备复制公式的单元格，双击此单元格，*2.* 选择【开始】选项卡，*3.* 单击【剪贴板】组中的【复制】按钮🖺，如图 2-33 所示。

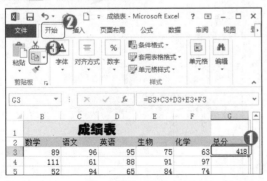

图 2-33

第 2 步 *1.* 选择准备粘贴公式的目标单元格，如 G8 单元格，*2.* 单击【剪贴板】组中的【粘贴】按钮🖺，如图 2-34 所示。

图 2-34

Excel 2013 公式·函数与数据分析

第3步 通过以上步骤，即可完成复制公式的操作，如图 2-35 所示。

■ 指点迷津

选择准备复制公式的单元格，然后将鼠标指针移动至已选单元格右下角的填充柄上，按住鼠标并拖动至准备复制的目标位置，即可完成通过填充柄复制公式的操作。

图 2-35

2 移动公式

移动公式是把公式从一个单元格移动至另一个单元格，原单元格中包含的公式不保留。下面介绍移动公式的操作方法。

操作步骤 >> Step by Step

第1步 选择准备移动公式的单元格，将鼠标指针移动至单元格的边框上，鼠标指针会变为 ✛ 形状，如图 2-36 所示。

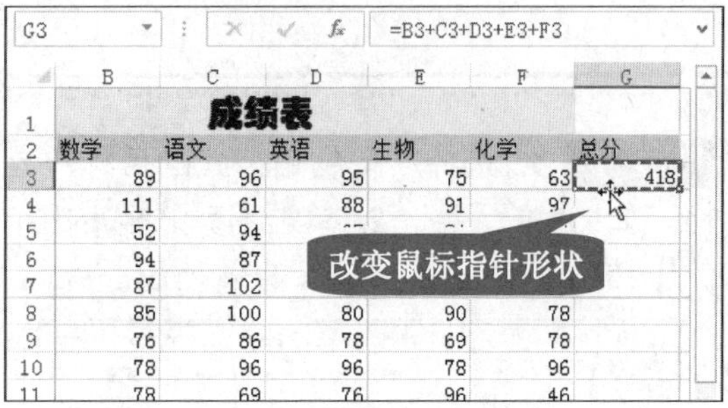

改变鼠标指针形状

图 2-36

第2步 按住鼠标左键，将单元格公式拖曳至目标单元格，如 F14 单元格，如图 2-37 所示。

拖动

图 2-37

第3步 释放鼠标左键，这样即可完成移动公式的操作，如图 2-38 所示。

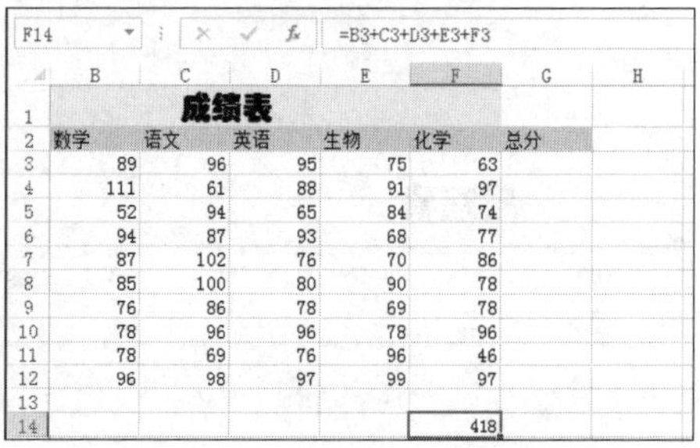

■ 指点迷津

在 Excel 2013 工作表中，公式中使用的是相对引用单元格，复制的公式中引用的单元格将随着目标单元格位置的变化而发生变化。如果不希望引用的单元格发生变化，那么应使用绝对引用单元格。

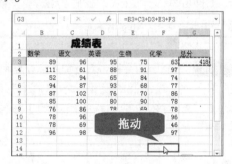

图 2-38

2.4.4　公式的隐藏

微课堂 1 分 08 秒

为了不让其他人看到某个计算结果的公式，可以隐藏该公式。隐藏公式后的单元格，其中的公式也不会显示在编辑栏中，下面详细介绍隐藏公式的操作方法。

操作步骤 >> Step by Step

第 1 步　在工作表中，**1.** 选择要隐藏公式的单元格或单元格区域，**2.** 右击选择的区域，在弹出的快捷菜单中选择【设置单元格格式】菜单项，如图 2-39 所示。

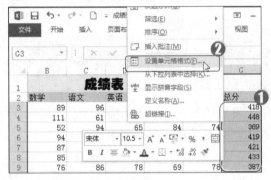

图 2-39

第 2 步　弹出【设置单元格格式】对话框，**1.** 选择【保护】选项卡，**2.** 选中【隐藏】复选框，**3.** 单击【确定】按钮，如图 2-40 所示。

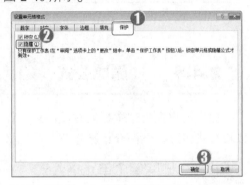

图 2-40

第 3 步　返回到工作表中，**1.** 选择【审阅】选项卡，**2.** 单击【更改】组中的【保护工作表】按钮，如图 2-41 所示。

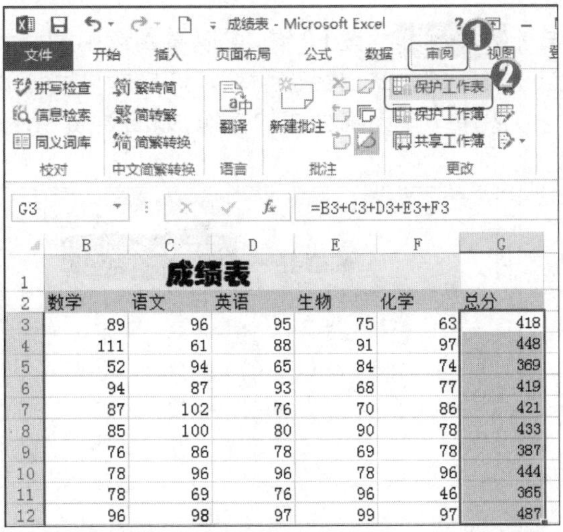

图 2-41

第 4 步　弹出【保护工作表】对话框，**1.** 在【取消工作表保护时使用的密码】文本框中输入密码，**2.** 单击【确定】按钮，如图 2-42 所示。

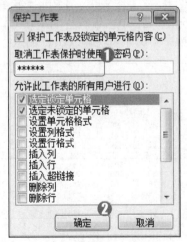

图 2-42

Excel 2013 公式·函数与数据分析

第5步 弹出【确认密码】对话框，**1.** 在【重新输入密码】文本框中再次输入刚才的密码，**2.** 单击【确定】按钮，如图 2-43 所示。

第6步 在 Excel 工作表中，选择刚才设置的包含公式的单元格区域，此时在编辑栏中将不显示其相应的公式，这样即可完成隐藏公式的操作，如图 2-44 所示。

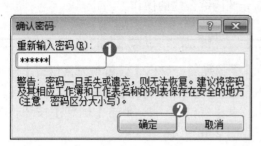

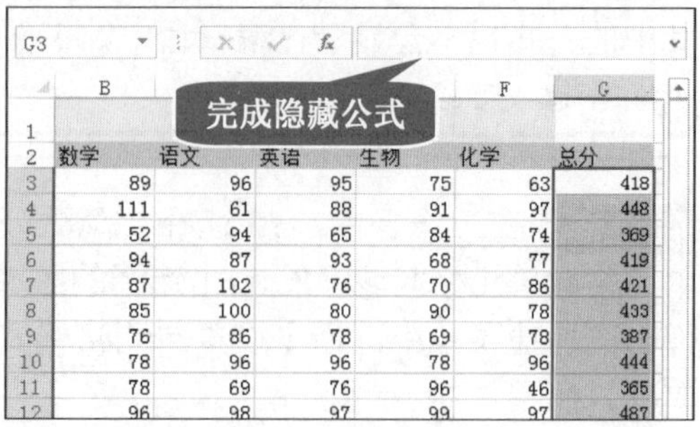

图 2-43

图 2-44

2.4.5 删除公式

微课堂
0分22秒

如果用户在处理数据的时候，只需保留单元格内的数值，而不需要保留公式格式，可以将公式删除。下面介绍删除单个单元格公式和删除多个单元格公式的方法。

1 删除单个单元格公式

在 Excel 2013 工作表中，如果用户需要删除单个单元格中的公式，可以使用 F9 键完成。下面详细介绍操作方法。

操作步骤 >> Step by Step

第1步 在工作表中，**1.** 选择准备删除公式的单元格，**2.** 单击编辑栏的编辑框，使包含公式的单元格显示为选中状态，如图 2-45 所示。

第2步 按 F9 键，可以看到选中的单元格中的公式已经被删除，这样即可完成删除单个单元格公式的操作，如图 2-46 所示。

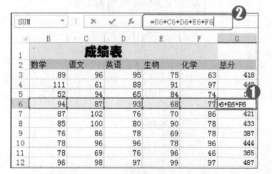

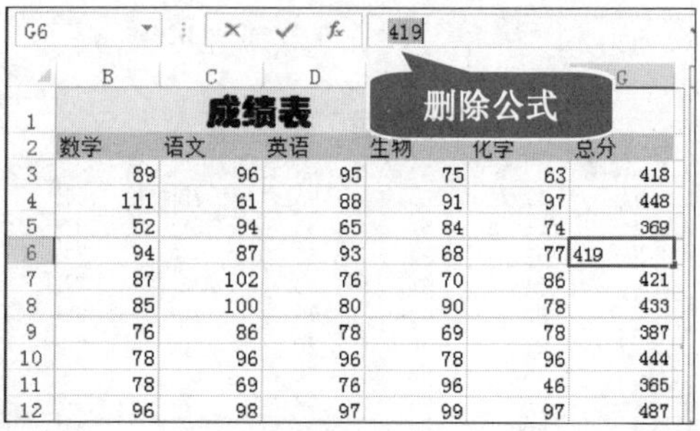

图 2-45

图 2-46

2　删除多个单元格公式　　　　　　》》》

在 Excel 2013 工作表中，还可以对多个单元格同时进行公式删除。下面详细介绍删除多个单元格公式的操作。

操作步骤　>>　Step by Step

第1步　在工作表中，**1.** 选择准备删除公式的多个单元格，**2.** 使用鼠标左键将选中的多个单元格移动至空白处，如图 2-47 所示。

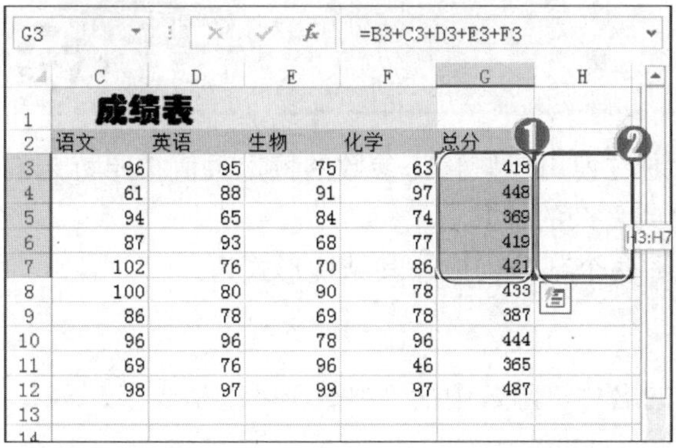

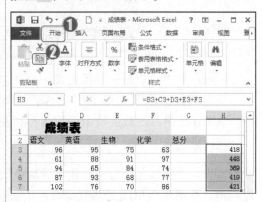

图 2-47

第2步　在工作表中，**1.** 选择【开始】选项卡，**2.** 单击【剪贴板】组中的【复制】按钮，如图 2-48 所示。

图 2-48

第3步　在工作表中，**1.** 选中多个单元格之前所在的单元格位置，**2.** 单击【剪贴板】组中的【粘贴】下拉按钮，**3.** 在弹出的下拉菜单中，选择【值】选项，如图 2-49 所示。

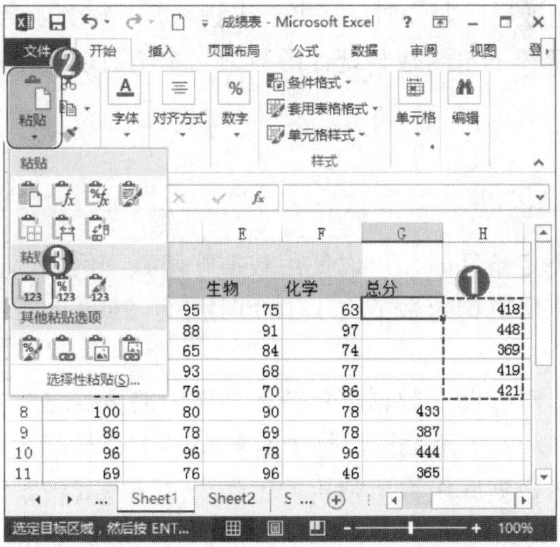

图 2-49

第4步　可以看到选中的多个单元格内包含的公式已经被删除，通过以上方法即可完成删除多个单元格公式的操作，如图 2-50 所示。

图 2-50

函数的结构和种类

导读　在 Excel 2013 中，可以使用内置函数对数据进行分析和计算。函数计算数据的方式与公式计算数据的方式大致相同。函数的使用不仅简化了公式，而且节省了时间，从而提高了工作效率。本节详细介绍有关函数的基础知识。

2.5.1　函数的结构

微课堂　0 分 17 秒

Excel 中的函数是一些预定义的公式，通过使用一些称为参数的特定数值按照特定的顺序或结构执行计算。函数可用于执行简单或复杂的计算。

在 Excel 中，函数主要由函数名称和参数两个部分构成，其结构形式为：

函数名(参数 1,参数 2,参数 3,…)

其中，"函数名"为需要执行运算函数的名称，函数中的"参数"可以是数字、文本、逻辑值、数组、引用或是其他函数。

一个完整的函数通常是以"="开始，后面紧跟函数名称和左括号，然后以逗号分隔输入参数，最后是右括号。

2.5.2　函数的种类

微课堂　0 分 18 秒

Excel 函数一共有 11 类，分别是数据库函数、日期与时间函数、工程函数、财务函数、信息函数、逻辑函数、查找和引用函数、数学和三角函数、统计函数、文本函数以及用户自定义函数，下面分别予以详细介绍。

1　数据库函数　>>>

当需要分析数据清单中的数值是否符合特定条件时，可以使用数据库函数。例如，在一个包含销售信息的数据清单中，可以计算出所有销售数值大于 1000 且小于 2500 的行或记录的总数。

Microsoft Excel 共有 12 个数据函数用于对存储在数据清单或数据库中的数据进行分析。这些函数的统一名称为 Dfunctions，也称为"D 函数"，每个函数均有 3 个相同的参数：database、field 和 criteria。这些参数指向数据库函数所使用的工作表区域。其中参数 database 为工作表上包含数据清单的区域，参数 field 为需要汇总的列的标志。参数 criteria 为工作表上包含指定条件的区域。

2　日期与时间函数

顾名思义，通过日期与时间函数，可以在公式中分析和处理日期的值和时间的值。

3　工程函数

工程函数用于工程分析。这类函数中的大多数可分为 3 种类型：对复数进行处理的函数、在不同的数字系统(如十进制系统、十六进制系统、八进制系统和二进制系统)间进行数值转换的函数、在不同的度量系统中进行数值转换的函数。

4　财务函数

财务函数可以进行一般的财务计算，如确定贷款的支付额、投资的未来值或净现值，以及债券或息票的价值。财务函数中常见的参数如表 2-6 所示。

表 2-6

财务函数常见参数	作　用
未来值 (fv)	在所有付款发生后的投资或贷款的价值
期间数 (nper)	投资的总支付期间数
付款 (pmt)	对于一项投资或贷款的定期支付数额
现值 (pv)	在投资期初的投资或贷款的价值
利率 (rate)	投资或贷款的利率或贴现率
类型 (type)	付款期间内进行支付的间隔，如在月初或月末

5　信息函数

信息函数包含一组称为 IS 的函数，在单元格满足条件时返回 TRUE。例如，如果单元格包含一个偶数值，ISEVEN 函数返回 TRUE。

如果需要确定某个单元格区域中是否存在空白单元格，可使用 COUNTBLANK 函数对单元格区域中的空白单元格进行计数，或者使用 ISBLANK 函数确定区域中的某个单元格是否为空。

6　逻辑函数

使用逻辑函数，可以进行真、假值判断，或者进行复合检验。例如，可以使用 IF 函数确定条件为真还是假，并由此返回不同的数值。

7　查找和引用函数

当需要在数据清单或表格中查找特定数值，或者需要查找某一单元格的引用时，可以使用查找和引用函数。例如，如果需要在表格中查找与第一列中的值相匹配的数值，可以使用 VLOOKUP 工作表函数。

8 数学和三角函数 >>>

通过数学和三角函数，可以处理简单的计算，如对数字取整、计算单元格区域中的数值总和。

9 统计函数 >>>

统计函数用于对数据区域进行统计分析。例如，统计函数可以提供由一组给定值绘制出的直线的相关信息，如直线的斜率和 Y 轴截距，或构成直线的实际点数值。

10 文本函数 >>>

通过文本函数，用户可以在公式中处理文字串。例如，可以改变文本大小写或确定文字串的长度，并且可以将日期插入文字串中或连接在文字串上。

11 用户自定义函数 >>>

如果要在公式或计算中使用特别复杂的计算，而函数又无法满足需要，则需要创建自定义函数。这些函数称为用户自定义函数，可以通过 Visual Basic for Applications 来创建。

Section 2.6 输入函数的方法

在 Excel 2013 中，输入函数的方法有多种，用户可以像输入公式一样直接在单元格或编辑栏中输入函数，也可以通过【插入函数】对话框来选择需要输入的函数。本节介绍输入函数方面的相关知识。

2.6.1 直接输入函数

微课堂
0分19秒

如果用户知道 Excel 中某个函数的使用方法或含义，可以直接在单元格或编辑栏中进行输入。与输入公式相同，输入函数时首先在单元格中输入"＝"，然后输入函数的主体，最后在括号中输入参数。在输入的过程中，还可以根据参数工具提示来保证参数输入的正确性。下面详细介绍直接输入函数的操作方法。

操作步骤 >> **Step by Step**

第1步　在工作表中，**1.** 选中准备输入函数的单元格，**2.** 在编辑栏的编辑框中输入函数，如输入"=SUM(B3:D3)"，**3.** 单击【输入】按钮 ✔，如图 2-51 所示。

图 2-51

第2步　此时在选中的单元格内，系统自动计算出结果，通过以上方法即可完成手动输入函数的操作，如图 2-52 所示。

图 2-52

2.6.2　通过【插入函数】对话框输入函数

微课堂　1分14秒

　　如果用户对 Excel 中的内置函数不熟悉，可以通过【插入函数】对话框来输入函数。在【插入函数】对话框中将显示用户所选择函数的说明信息，通过说明信息，即可判断该函数的类型以及作用。下面详细介绍其操作方法。

操作步骤 >> **Step by Step**

第1步　在工作表中，**1.** 选择准备输入函数的单元格，**2.** 选择【公式】选项卡，**3.** 在【函数库】组中，单击【插入函数】按钮 *fx*，如图 2-53 所示。

图 2-53

第2步　弹出【插入函数】对话框，**1.** 在【或选择类别】下列列表中选择【常用函数】选项，**2.** 在【选择函数】列表框中选择准备插入的函数，如 SUM，**3.** 单击【确定】按钮，如图 2-54 所示。

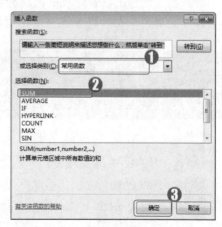

图 2-54

Excel 2013 公式·函数与数据分析

第3步　弹出【函数参数】对话框，在 SUM 区域中，单击 Number1 文本框右侧的【压缩】按钮，如图 2-55 所示。

图 2-55

第4步　返回到工作表中，**1.** 在编辑区选择准备引用的单元格区域，**2.** 在【函数参数】对话框中，单击【展开】按钮，如图 2-56 所示。

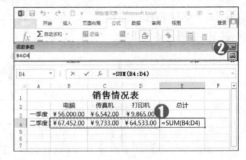

图 2-56

第5步　返回【函数参数】对话框，Number1 文本框中显示刚刚添加的参数，单击【确定】按钮，如图 2-57 所示。

图 2-57

第6步　返回到工作表中，此时可以看到目标单元格中显示了计算的结果。通过以上步骤即可完成通过【插入函数】对话框输入函数的操作，如图 2-58 所示。

图 2-58

 知识拓展

如果在【选择函数】列表框中没有合适的函数，用户可以在【或选择类别】下拉列表中选择其他类别，然后再查找需要输入的函数。

Section
2.7 专题课堂——定义和使用名称

用定义的名称可以帮助用户搜索定位数据单元格区域，而定义的名称最显著的作用是作为函数的参数。使用定义的简短名称作为函数的参数，可以代替大范围的数据引用，从而简化公式。本节详细介绍定义和使用名称的相关知识及操作方法。

2.7.1　定义名称

0 分 23 秒

在 Excel 2013 中，用户可以通过 3 种方法来定义单元格或单元格区域的名称。下面将详细介绍几种定义名称的操作方法。

1　使用【名称框】文本框定义名称　>>>

在 Excel 2013 中，用户可以直接利用工作表中的名称框来快速地为需要定义名称的单元格或单元格区域定义名称。下面具体介绍使用名称框定义名称的操作方法。

操作步骤　>>　Step by Step

第 1 步　在工作表中，**1.** 选中准备创建名称的单元格区域，**2.** 将鼠标指针移动至【名称框】文本框中，然后单击进入编辑状态，如图 2-59 所示。

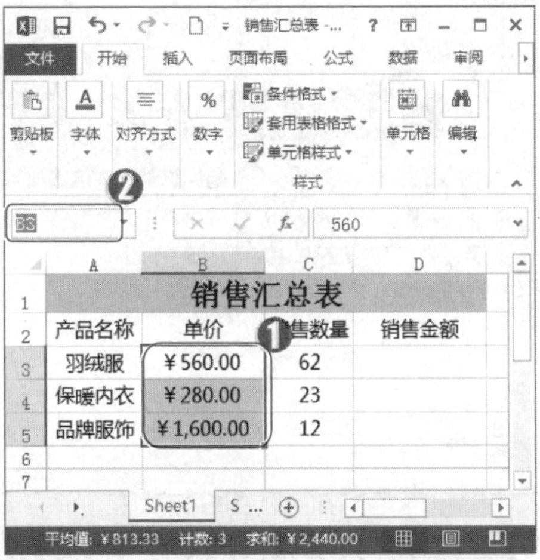

第 2 步　在【名称框】文本框中输入准备定义的名称，如 "产品单价"，然后按 Enter键，即完成创建名称，如图 2-60 所示。

图 2-59

图 2-60

2　使用【定义名称】按钮创建名称　>>>

Excel 2013 除了使用名称框定义单元格名称外，还可以使用【定义名称】按钮 定义名称来进行创建名称的操作。

操作步骤　>>　Step by Step

第 1 步　在工作表中，**1.** 选中准备创建名称的单元格区域，**2.** 选择【公式】选项卡，**3.** 单击【定义的名称】组中的【定义名称】按钮，如图 2-61 所示。

第 2 步　弹出【新建名称】对话框，**1.** 在【名称】文本框中输入准备创建名称的名字，如输入 "销售数量区域"，**2.** 单击【确定】按钮，如图 2-62 所示。

Excel 2013 公式·函数与数据分析

图 2-61

图 2-62

第3步 可以看到选择的单元格区域已被定义名称为"销售数量区域"。通过以上步骤即可完成使用【定义名称】按钮创建名称，如图 2-63 所示。

■ 指点迷津

如果正在修改当前单元格区域中的内容，则不能为该单元格区域命名。

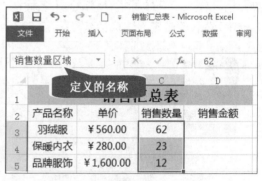

图 2-63

---

3 **使用【名称管理器】对话框创建名称** >>>

使用 Excel 2013 创建名称，用户还可以通过【名称管理器】对话框来实现。下面具体介绍使用【名称管理器】对话框创建名称的操作方法。

操作步骤 >> **Step by Step**

第1步 在工作表中，*1.* 选中准备创建名称的单元格区域，*2.* 选择【公式】选项卡，*3.* 在【定义的名称】组中，单击【名称管理器】按钮，如图 2-64 所示。

第2步 弹出【名称管理器】对话框，在中间列出了已定义的名称。单击对话框左上角的【新建】按钮，如图 2-65 所示。

图 2-64

图 2-65

第 3 步 弹出【新建名称】对话框 **1.** 在【名称】文本框中，输入准备命名单元格区域的名称，如"销售金额区域"，**2.** 单击【确定】按钮，如图 2-66 所示。

第 4 步 返回至【名称管理器】对话框，此时列表中出现刚命名的单元格区域名称"销售金额区域"。单击对话框右下角的【关闭】按钮，如图 2-67 所示。

图 2-66

图 2-67

Excel 2013 公式·函数与数据分析

第5步 返回工作表，可以看到选择的单元格区域已被定义名称为"销售金额区域"。通过上述步骤即可完成使用【名称管理器】对话框创建名称的操作，如图 2-68 所示。

■ **指点迷津**

在【名称管理器】对话框中，单击【编辑】按钮，系统会弹出【编辑名称】对话框。在该对话框中，用户可以更改名称、备注和引用位置，但不能更改名称的使用范围。

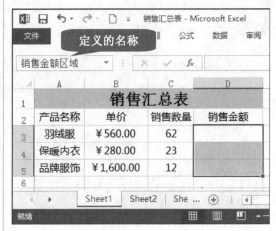

图 2-68

2.7.2 根据所选内容一次性创建多个名称

微课堂
0分40秒

用户可以一次性定义多个名称，但这种方式只能使用工作表中默认的行标识或列标识来作为名称。下面具体介绍其操作方法。

操作步骤 >> **Step by Step**

第1步 在工作表中，**1.** 选中准备创建名称的单元格区域，**2.** 选择【公式】选项卡，**3.** 在【定义的名称】组中，单击【根据所选内容创建】按钮，如图 2-69 所示。

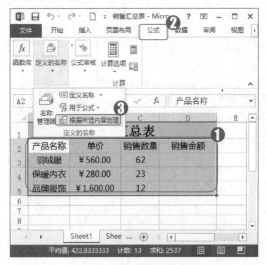

图 2-69

第2步 弹出【以选定区域创建名称】对话框，**1.** 在【以下列选定区域的值创建名称】区域下方，选中作为名称的复选框，**2.** 单击【确定】按钮，如图 2-70 所示。

图 2-70

第3步 完成设置后，在【名称框】下拉列表中，可以看到一次性创建的多个名称，这样即可完成根据所选内容一次性创建多个名称的操作，如图2-71所示。

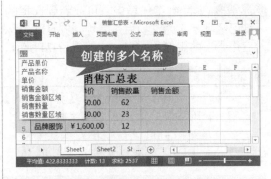

图2-71

■ 指点迷津

使用此方法创建的名称仅引用包含值的单元格，并且不包括现有行和列标签。

☕ **专家解读**

在工作表中定义名称后，若要删除已定义的名称，则可以在打开的【名称管理器】对话框中选中要删除的名称，单击【删除】按钮即可删除定义的名称。

2.7.3 让定义的名称只应用于当前工作表

微课堂 0分39秒

在默认状态下，工作簿中的所有名字都是工作簿级的，即定义的变量适用于整个工作簿。如果想要定义只适用于某张工作表的名称，即工作表级的名称，这是可以实现的，而且在日常工作中经常需要使用这种方式。下面详细介绍其操作方法。

操作步骤 >> **Step by Step**

第1步 在工作表中，**1.** 选中准备定义名称的单元格区域，**2.** 选择【公式】选项卡，**3.** 在【定义的名称】组中，单击【定义名称】按钮，如图2-72所示。

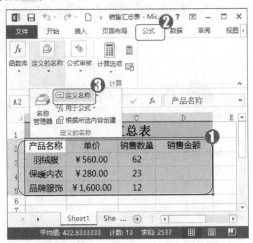

图2-72

第2步 弹出【新建名称】对话框，**1.** 在【名称】文本框中输入准备应用的名称，如"项目"，**2.** 单击【范围】下拉按钮，在其下拉列表中选择Sheet1，**3.** 单击【确定】按钮，如图2-73所示。

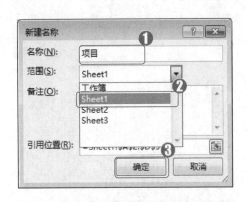

图2-73

Excel 2013 公式·函数与数据分析

第3步 返回到工作表中，可以看到选择的区域已经被定义为"项目"名称，并且此名称只应用于当前工作表即Sheet1，如图2-74所示。

图2-74

■ 指点迷津

在【新建名称】对话框中的【引用位置】文本框中，如果使用默认选中单元格的位置，系统会使用绝对引用；如果在文本框中输入的是公式或者函数，则会使用相对引用。

Section 2.8 实践经验与技巧

导读 在本节的学习过程中，将侧重介绍与本章知识点有关的实践经验及技巧，主要内容包括将公式定义为名称、将公式结果转换为数值和快速显示工作表中的所有公式方面的知识与操作技巧。

2.8.1 将公式定义为名称

微课堂 1分0秒

使用 Excel 中的定义名称功能，还可以将公式定义为名称，方便用户再次输入，但其方法与定义普通单元格名称的方法有所区别。下面介绍将公式定义为名称的方法。

操作步骤 >> Step by Step

第1步 打开"员工薪资管理表"工作簿，**1.** 选中准备定义公式名称的单元格，**2.** 按Ctrl+C组合键，复制窗口编辑栏中的公式，**3.** 选择【公式】选项卡，**4.** 单击【定义的名称】组中的【定义名称】按钮，如图2-75所示。

图2-75

第2步 弹出【新建名称】对话框，**1.** 在【名称】文本框中，输入准备使用的公式名称，**2.** 在【引用位置】区域中，粘贴刚刚复制的公式，**3.** 单击【确定】按钮，如图2-76所示。

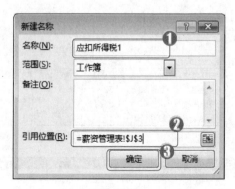

图2-76

第 3 步 返回工作表，**1.** 选择准备使用公式的单元格，**2.** 在【定义的名称】组中，单击【用于公式】下拉按钮，**3.** 在弹出的下拉列表中，选择新建的公式名称"应扣所得税1"，如图 2-77 所示。

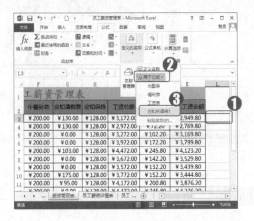

图 2-77

第 5 步 单击编辑栏中的【输入】按钮 ✓，系统会自动计算出结果，这样即可完成将公式定义为名称的操作，如图 2-79 所示。

■ **指点迷津**

不能将字母 C、c、R 或 r 用作已定义名称，因为当在【名称】或【定位】文本框中输入这些字母中的两个时，会将它们作为当前选定的单元格选择行或列的简略表示法。

第 4 步 在选中的单元格内，会显示新建的公式名称，如图 2-78 所示。

图 2-78

图 2-79

2.8.2 将公式结果转换为数值

微课堂

0分40秒

使用 Excel 2013 用户可以将单元格中的公式隐藏，只保留公式的计算结果，即将公式结果转换为数值。下面详细介绍其操作方法。

操作步骤 >> Step by Step

第 1 步 打开"成绩表"工作簿，**1.** 右击准备将公式转换为数值的单元格，**2.** 在弹出的快捷菜单中选择【复制】菜单项，如图 2-80 所示。

第 2 步 **1.** 选择目标单元格，如选择 H5 单元格，并使用鼠标右击，**2.** 在弹出的快捷菜单中选择【选择性粘贴】菜单项，如图 2-81 所示。

Excel 2013 公式·函数与数据分析

图 2-80

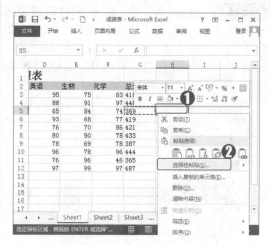

图 2-81

第3步　弹出【选择性粘贴】对话框，*1.* 在【粘贴】区域选中【数值】单选按钮，*2.* 单击【确定】按钮，如图 2-82 所示。

第4步　返回到工作表，可以看到选择的单元格对应的编辑栏中将不再显示公式，而只显示计算结果，这样即可将公式转换为数值，如图 2-83 所示。

图 2-82

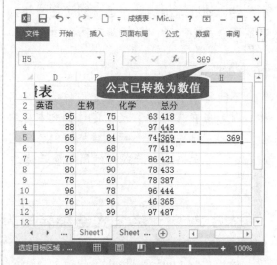

图 2-83

2.8.3　快速显示工作表中的所有公式

0 分 17 秒

如果工作表中的数据大多是由公式生成的，要想快速知道每个单元格中的公式形式，以便编辑修改，可以直接让公式在工作表中进行显示，而不显示其计算结果。

操作步骤 >> Step by Step

第1步　打开"快速显示工作表中的所有公式"工作簿，*1.* 选择【公式】选项卡，*2.* 在【公式审核】组中单击【显示公式】按钮圆，如图 2-84 所示。

第2步　可以看到工作表中的所有计算公式都已经显示出来了，这样即可完成快速显示工作表中所有公式的操作，如图 2-85 所示。

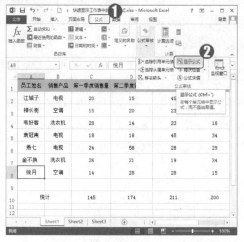

图 2-84

图 2-85

➡ 一点即通

除了通过功能区按钮来显示公式，用户还可以通过快捷键来快速显示公式，按 Ctrl+`(重音符)组合键即可。

Section 2.9　有问必答

1. 如何不让函数提示信息遮挡工作表列标？

在【文件】选项卡中选择【选项】菜单项，打开【Excel 选项】对话框，选择【高级】选项卡，在【显示】区域取消选中【显示函数屏幕提示】复选框，然后单击【确定】按钮，即可关闭信息提示。

2. 如何通过插入函数向导搜索公式所需的函数？

单击【公式】选项卡中的【插入函数】按钮，弹出【插入函数】对话框。在【搜索函数】文本框中输入简要的功能描述，如"十进制"，并单击【转到】按钮或按 Enter 键，在【选择函数】列表框中将列出相关函数列表。选取函数，列表框下方将出现对应的函数简介；选择需要的函数后单击【确定】按钮，即可完成在单元格中插入函数。

3. 如何使用【自动求和】按钮输入函数？

在【公式】选项卡下，单击【自动求和】右侧的下拉按钮，用户可以选择求和、平均值、计数、最大值、最小值 5 个快速输入常用函数的功能，默认为 SUM 求和函数。

4. 如何以图形方式查看名称？

选择【视图】选项卡，在【显示比例】组中单击【显示比例】按钮，打开【显示比例】对话框。选中【自定义】单选按钮，并设置比例为小于 40%，然后单击【确定】按钮。此时 Excel 就会以黑色边框显示名称区域，以蓝色字体显示名称。

5. 如何使用【名称管理器】对话框进行筛选操作？

在【名称管理器】对话框中，单击右上角的【筛选】按钮，打开【筛选】下拉菜单，在该下拉菜单中选择不同的菜单项，可以快速显示名称子集。选择每个菜单项可以打开或关闭筛选操作，这样可以很容易地合并或删除不同的筛选操作以获得所需的结果。

第 **3** 章

公式审核与错误处理

- ❖ 审核公式
- ❖ 公式返回错误及解决方法
- ❖ 专题课堂——处理公式中常见的错误

　　本章主要介绍审核公式和公式返回错误及解决方法方面的知识与技巧。在本章的最后还将针对实际的工作需求，讲解处理公式中常见的错误的方法。通过本章的学习，读者可以掌握公式审核与错误处理方面的知识，为深入学习 Excel 2013 公式、函数与数据分析知识奠定基础。

Section 3.1 审核公式

 使用公式计算时，经常会出现一些问题。为了使公式正常运行，需要采取一些措施来解决问题。利用 Excel 2013 提供的审核功能，可以检查出工作表与单元格之间的关系，并找到错误原因。本节将详细介绍审核公式方面的相关知识及操作方法。

3.1.1 使用公式错误检查功能

微课堂 0分48秒

在一个较大的工程里，要正确查找公式的错误是比较难的。而使用公式错误检查功能，可以快速地查找出工作表内存在的错误，以方便修改为正确的公式。下面详细介绍使用公式错误检查器的操作方法。

操作步骤 >> Step by Step

第1步 在 Excel 工作表中，**1.** 单击包含错误公式的单元格，**2.** 选择【公式】选项卡，**3.** 在【公式审核】组中，单击【错误检查】按钮 ，如图 3-1 所示。

第2步 弹出【错误检查】对话框，单击对话框中的【在编辑栏中编辑】按钮，如图 3-2 所示。

图 3-1

图 3-2

第3步 此时编辑栏的编辑框中出现闪烁的光标，**1.** 在编辑框中输入正确的公式，**2.** 单击【错误检查】对话框中的【继续】按钮，如图 3-3 所示。

第4步 弹出 Microsoft Excel 提示对话框，显示已完成对整个工作表的错误检查，单击【确定】按钮，如图 3-4 所示。

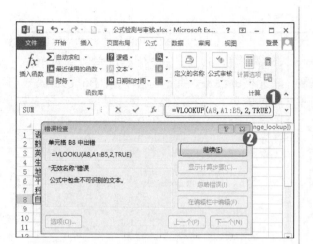

图 3-3

图 3-4

第5步 返回到 Excel 工作表，可以看到错误的公式已被更正并计算出正确的结果。通过以上步骤即可完成错误检查的操作，如图 3-5 所示。

■ 指点迷津

如果用户不能直观看出错误的准确位置，可以在打开的【错误检查】对话框中单击【显示计算步骤】按钮，系统弹出【公式求值】对话框，会提示用户相关错误信息。

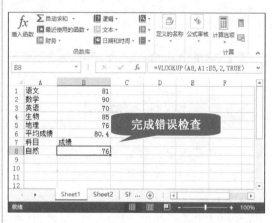

图 3-5

3.1.2　添加追踪箭头追踪引用单元格和从属单元格

微课堂
0分50秒

Excel 2013 可以追踪公式中引用的单元格并以箭头的形式标识引用的单元格，如果不需要使用追踪单元格还可以将其删除，追踪单元格可分为追踪引用单元格和追踪从属单元格两种。下面将分别予以详细介绍。

1　追踪引用单元格

追踪引用单元格是使用箭头形式，指出影响当前所选单元格值的所有单元格。下面详细介绍使用追踪引用单元格的操作方法。

Excel 2013 公式·函数与数据分析

操作步骤 >> **Step by Step**

第1步 在 Excel 工作表中，**1.** 单击任意一个包含公式的单元格，**2.** 选择【公式】选项卡，**3.** 在【公式审核】组中，单击【追踪引用单元格】按钮，如图3-6所示。

图 3-6

第2步 通过以上操作即可完成追踪引用单元格的设置，此时与单元格 B6 包含公式有关的单元格将以蓝色箭头显示，如图 3-7 所示。

图 3-7

---

2 追踪从属单元格

追踪从属单元格是指追踪当前单元格被哪些单元格中的公式所引用的单元格。下面将详细介绍追踪从属单元格的操作方法。

操作步骤 >> **Step by Step**

第1步 在 Excel 工作表中，**1.** 单击任意一个被公式包含的单元格，**2.** 选择【公式】选项卡，**3.** 在【公式审核】组中，单击【追踪从属单元格】按钮，如图3-8所示。

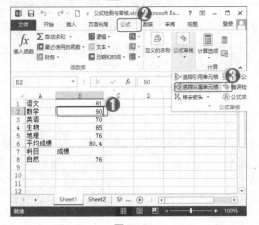

图 3-8

第2步 系统会自动以箭头的形式指出当前单元格被哪些单元格中的公式所引用。通过以上步骤即可完成追踪从属单元格的操作，如图3-9所示。

图 3-9

⊙ 知识拓展

如果用户不再需要查看引用或者从属的单元格，可以选择取消箭头显示，在【公式审核】组中，单击【移去箭头】按钮，即可将工作表内所有追踪引用单元格或从属单元格的指示箭头移除。

3.1.3 监视单元格内容

微课堂
0分50秒

单元格监视一般用于追踪距离较远的单元格，如位于跨工作表的单元格。下面详细介绍监视单元格内容的方法。

操作步骤 >> Step by Step

第1步 在 Excel 工作表中，*1.* 选择【公式】选项卡，*2.* 在【公式审核】组中，单击【监视窗口】按钮，如图 3-10 所示。

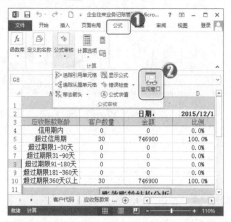

图 3-10

第2步 弹出【监视窗口】窗格，单击【添加监视】按钮，如图 3-11 所示。

图 3-11

第3步 弹出【添加监视点】对话框，单击【压缩】按钮，如图 3-12 所示。

第4步 返回到工作表中，*1.* 在其他工作表中选择准备监视的单元格区域，*2.* 在【添加监视点】对话框中单击【展开】按钮，如图 3-13 所示。

图 3-12

图 3-13

Excel 2013 公式·函数与数据分析

第5步 返回到【添加监视点】对话框，单击【添加】按钮，如图 3-14 所示。

第6步 在【监视窗口】窗格中将显示监视点所在的工作簿和工作表名称以及单元格地址、数据和应用的公式，这样即可监视单元格内容，如图 3-15 所示。

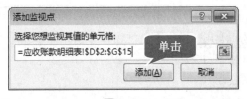

图 3-14

图 3-15

3.1.4 定位特定类型的数据

微课堂 0分31秒

如果准备检查工作表中的某一特定类型数据，可以通过【定位条件】对话框来进行定位。下面详细介绍其操作方法。

操作步骤 >> Step by Step

第1步 打开准备定位特定条件的工作表，按 F5 键，弹出【定位】对话框，单击【定位条件】按钮，如图 3-16 所示。

第2步 弹出【定位条件】对话框，1. 选中准备定位的类型，如选中【公式】单选按钮，2. 单击【确定】按钮，如图 3-17 所示。

图 3-16

图 3-17

第 3 步　返回工作表，系统会自动选中当前工作表中符合指定类型的所有单元格，即选中包含公式的单元格，如图 3-18 所示。

■ **指点迷津**

在【开始】选项卡的【编辑】组中，单击【查找和选择】按钮，在打开的下拉菜单中选择【转到】菜单项，也可以打开【定位条件】对话框。

图 3-18

3.1.5　使用公式求值

微课堂　0分48秒

在计算公式的结果时，对于复杂的公式，可以利用 Excel 2013 提供的公式求值命令，按计算公式的先后顺序查看公式的结果。下面详细介绍使用公式求值的操作方法。

操作步骤　>>　Step by Step

第 1 步　打开准备使用公式求值的工作表，**1.** 选中需要进行公式求值的单元格，如选择 C6 单元格，**2.** 选择【公式】选项卡，**3.** 在【公式审核】组中，单击【公式求值】按钮，如图 3-19 所示。

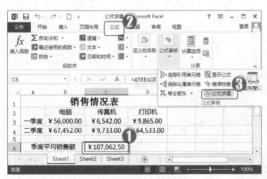

图 3-19

第 2 步　弹出【公式求值】对话框，**1.** 在【求值】文本框中显示公式内容，其中带下划线的部分是下次将计算的部分，**2.** 单击【求值】按钮，如图 3-20 所示。

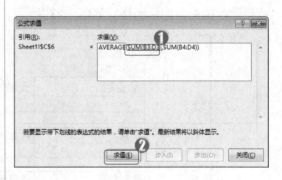

图 3-20

第 3 步　在【公式求值】对话框中，**1.** 显示下一步的计算结果 72407，**2.** 单击【求值】按钮，查看下一步的计算结果，如图 3-21 所示。

第 4 步　在【公式求值】对话框中，**1.** 单击【求值】按钮，直至获得整个公式的最终结果，**2.** 单击【关闭】按钮即可完成操作，如图 3-22 所示。

图 3-21

图 3-22

公式返回错误及解决方法

导读　在公式计算过程中，经常会因为公式输入不正确、引用参数不正确或引用数据不匹配，而出现公式返回错误值，如"#DIV/0!""#N/A""#NAME?""#NULL""#NUM!""#REF!""#VALUE!"和"#####"。本节详细介绍公式返回错误的相关知识及解决方法的相关操作。

3.2.1　"#DIV/0!" 错误及解决方法

微课堂
0分29秒

在进行公式计算时，如果运算结果为"#DIV/0!"错误值，说明在公式中有除数为 0 或者除数为空白的单元格，如图 3-23 所示。

图 3-23

解决方法为检查输入的公式中是否包含除数为 0 的情况；如果除数为一个空白单元格，则 Excel 会将其当作 0 来处理，可以通过修改该单元格的数据或单元格的引用来解决问题。

3.2.2　"#N/A"错误及解决方法

0 分 26 秒

在进行公式计算时，如果运算结果为"#N/A"错误值，那么说明其在公式中引用的数据源不正确或者不可用，此时用户需要重新引用正确的数据源。下面具体介绍"#N/A"错误值的解决办法。

本例中，在使用 VLOOKUP 函数或其他查找函数查找数据时，找不到匹配的值就会返回"#N/A"错误值。如图 3-24 所示，在公式中引用了 B10 单元格的值作为查找源，而 A2:A7 单元格区域中找不到 B10 单元格中指定的值，所以返回了错误值。

	C10		⋮	×	✓	fx	=VLOOKUP(B10,A2:E7,5,FALSE)	
▲	A	B	C	D	E	F	G
1	员工姓名	出生日期	性别	学历	年龄		
2	韩千叶	1987/7/21	男	本科	24		
3	柳辰飞	1987/7/22	女	本科	24		
4	夏舒征	1987/7/23	男	本科	24		
5	慕容冲	1987/7/24	女	本科	24		
6	萧合凰	1987/7/25	男	本科	24		
7	阮停	1987/7/26	女	本科	24		
8							
9		员工姓名	年龄				
10		韩千	#N/A				
11							

图 3-24

解决办法为选中 B10 单元格，将错误的员工姓名更改为正确的"韩千叶"，这样即可解决"#N/A"错误值的问题，如图 3-25 所示。

	B10		⋮	×	✓	fx	韩千叶	
▲	A	B	C	D	E	F	G
1	员工姓名	出生日期	性别	学历	年龄		
2	韩千叶	1987/7/21	男	本科	24		
3	柳辰飞	1987/7/22	女	本科	24		
4	夏舒征	1987/7/23	男	本科	24		
5	慕容冲	1987/7/24	女	本科	24		
6	萧合凰	1987/7/25	男	本科	24		
7	阮停	1987/7/26	女	本科	24		
8							
9		员工姓名	年龄				
10		韩千叶	24				
11							

图 3-25

3.2.3　"#NAME?"错误及解决方法

0 分 32 秒

在进行公式计算时，如果运算结果为"#NAME?"错误值，一般是在公式中输入了错误的函数名，如图 3-26 所示。

此错误是输入的函数名称拼写不正确，双击 D2 单元格，进入公式编辑状态，将 SVMSQ 改成 SUMSQ，然后按 Enter 键，即可得到正确的运算结果，从而解决该问题，如图 3-27 所示。

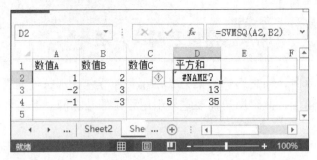

图 3-26

图 3-27

知识拓展

在公式中引用文本时没有加双引号、在公式中引用了没有定义的名称和公式中引用单元格区域时漏掉了冒号（:），运算结果也会出现"#NAME?"错误值的情况。

3.2.4 "#NULL!"错误及解决方法

微课堂
0分26秒

在进行公式计算时，如果运算结果为"#NULL"错误值，原因是在公式中使用了不正确的区域运算符，如图 3-28 所示。

图 3-28

使用鼠标双击 G8 单元格，将公式"=B8+C8+D8+E8 F8"更改为"=B8+C8+D8+E8+F8"，按 Enter 键，即可得到正确的运算结果，从而解决该问题，如图 3-29 所示。

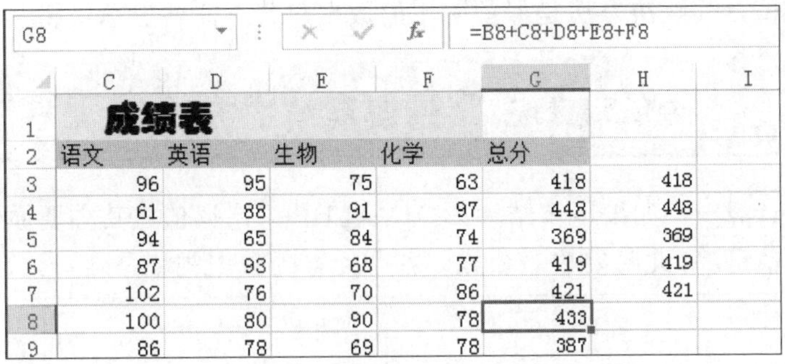

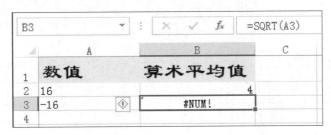

图 3-29

3.2.5 "#NUM!" 错误及解决方法

微课堂
0分15秒

"#NUM!" 错误值，其原因是在公式中使用的函数引用了一个无效的参数。例如，在求某数值的算术平均值时，SQRT 函数中引用的 A3 单元格数值为负数，所以在单元格 B3 中会返回 "#NUM!" 错误值，如图 3-30 所示。

图 3-30

对于此错误值，其解决办法为正确引用函数的参数。

3.2.6 "#REF!" 错误及解决方法

微课堂
0分29秒

"#REF!" 错误值的原因为在公式中引用了无效的单元格。在本例中的 C 列中建立的公式使用了 B 列的数据，当将 B 列删除时，公式找不到可以用于计算的数据，就会出现错误值 "#REF!"，如图 3-31 所示。

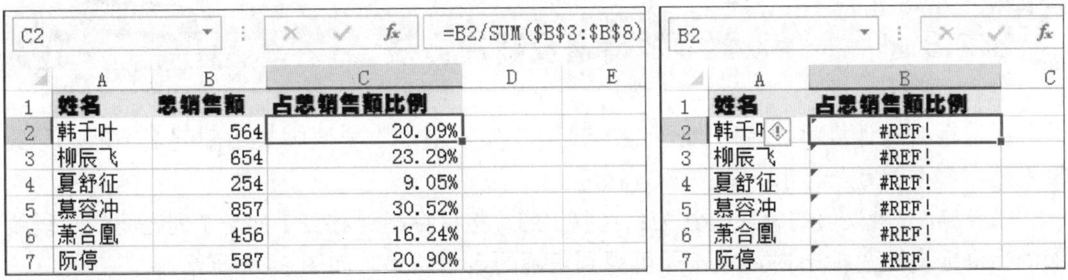

图 3-31

Excel 2013 公式·函数与数据分析

对于此错误值，其解决办法是保留引用的数据，若不需要显示，将其隐藏即可。

3.2.7 "#VALUE!"错误及解决方法

在进行公式计算时，如果运算结果为"#VALUE!"错误值，其主要原因是用文本类型的数据参与了数值运算，此时要检查公式中各个元素的数据类型是否一致，如图3-32所示。

G9				f_x	=B9+C9+D9+E9+F9		
	C	D	E	F	G	H	I
1	**成绩表**						
2	语文	英语	生物	化学	总分		
3	96	95	75	63	418		
4	61	88	91	97	448		
5	94	65	84	74	369		
6	87	93	68	77	419		
7	102	76	70	86	421		
8	100	80	90		433		
9	86	78	69	78分	#VALUE!		
10	96	96	78	96	444		
11	69	76	96	46	365		
12	98	97	99	97	487		

图 3-32

解决方法为使用鼠标双击 F9 单元格，将"分"字删除，然后按 Enter 键，这样即可得到正确的运算结果，如图3-33所示。

G9				f_x	=B9+C9+D9+E9+F9		
	C	D	E	F	G	H	I
1	**成绩表**						
2	语文	英语	生物	化学	总分		
3	96	95	75	63	418		
4	61	88	91	97	448		
5	94	65	84	74	369		
6	87	93	68	77	419		
7	102	76	70	86	421		
8	100	80	90	78	433		
9	86	78	69	78	387		
10	96	96	78	96	444		

图 3-33

3.2.8 "#####"错误及解决方法

在进行公式计算时，有时会出现"#####"错误值，主要原因是由于列宽不够，导致输入的内容不能完全显示，如图3-34所示。

"#####"错误值的解决办法为：选择 I 列，将鼠标指针移到 I 列与 J 列之间的分隔线上，当鼠标指针变成 ✛ 时，双击即可得到正确的显示结果，如图3-35所示。

I3			fx	=D3+E3+F3-H3					
	C	D	E	F	G	H	I	J	
1			员工薪资管理表						
2	所属部门	基本工资	住房补贴	午餐补助	应扣请假费	应扣保险	工资总额	应扣所得税	
3	销售部	￥2,600.00	￥500.00	￥200.00	￥130.00	￥128.00	####	￥92.20	
4	行政部	￥2,600.00	￥300.00	￥200.00	￥130.00	￥128.00	####	￥72.20	
5	财务部	￥3,000.00	￥200.00	￥200.00	￥0.00	￥128.00	####	￥102.20	
6	研发部	￥3,700.00	￥200.00	￥200.00	￥0.00	￥128.00	####	￥172.20	
7	企划部	￥4,100.00	￥300.00	￥200.00	￥103.00	￥128.00	####	￥245.80	
8	销售部	￥3,100.00	￥500.00	￥200.00	￥0.00	￥128.00	####	￥142.20	
9	行政部	￥3,300.00	￥200.00	￥200.00	￥0.00	￥128.00	####	￥132.20	

图 3-34

I3			fx	=D3+E3+F3-H3					
	C	D	E	F	G	H	I	J	
1			员工薪资管理表						
2	所属部门	基本工资	住房补贴	午餐补助	应扣请假费	应扣保险	工资总额	应扣所	
3	销售部	￥2,600.00	￥500.00	￥200.00	￥130.00	￥128.00	￥3,172.00	￥92	
4	行政部	￥2,600.00	￥300.00	￥200.00	￥130.00	￥128.00	￥2,972.00	￥72	
5	财务部	￥3,000.00	￥200.00	￥200.00	￥0.00	￥128.00	￥3,272.00	￥102	
6	研发部	￥3,700.00	￥200.00	￥200.00	￥0.00	￥128.00	￥3,972.00	￥172	
7	企划部	￥4,100.00	￥300.00	￥200.00	￥103.00	￥128.00	￥4,472.00	￥245	
8	销售部	￥3,100.00	￥500.00	￥200.00	￥0.00	￥128.00	￥3,672.00	￥142	
9	行政部	￥3,300.00	￥200.00	￥200.00	￥0.00	￥128.00	￥3,572.00	￥132	

图 3-35

Section 3.3　专题课堂——处理公式中常见的错误

导读　在工作表中，用户需要经常使用公式来计算一些数据，有时在计算时就会出现错误。本节详细介绍可能在公式中出现的错误，同时介绍避免这些错误的方法和技巧。

3.3.1　括号不匹配

微课堂
0 分 31 秒

此类错误最为常见的是在输入公式并按 Enter 键后，收到 Excel 的错误信息，同时公式不允许被输入到单元格中，如图 3-36 所示。

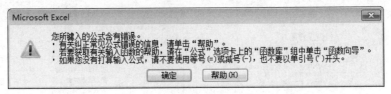

Microsoft Excel

您所键入的公式含有错误。
· 有关纠正常见公式错误的信息，请单击"帮助"。
· 若要获取有关输入函数的帮助，请在"公式"选项卡上的"函数库"组中单击"函数向导"。
· 如果您没有打算输入公式，请不要使用等号 (=) 或减号 (-)，也不要以单引号 (') 开头。

确定　　帮助(H)

图 3-36

该错误的主要原因是用户只输入了左括号或右括号。但在一般情况下，如果用户输入函数后只输入了左括号，那么在按 Enter 键后，Excel 会自动补齐缺少的右括号，并在单元

Excel 2013 公式·函数与数据分析

格中显示公式的结果。

3.3.2 循环引用

如果单元格的公式中引用了公式所在的单元格，当按 Enter 键输入公式时，会弹出 Microsoft Excel 提示对话框，表明当前公式正在循环引用其自身，如图 3-37 所示。

图 3-37

单击【确定】按钮后，公式会返回 0。然后可以重新编辑公式，以便解决公式循环引用的问题。如果公式中包含了间接循环引用，Excel 将会使用箭头标记指出产生循环引用的根源在哪里。

在大多数情况下，循环引用是一种公式错误。然而，有时也可以利用循环引用来巧妙地解决一些问题。如果准备使用循环引用，则首先需要开启迭代计算功能。下面介绍其操作方法。

操作步骤 >> Step by Step

第1步 启动 Excel 2013，选择【文件】选项卡，在打开的 Backstage 视图中，选择【选项】菜单项，如图 3-38 所示。

第2步 弹出【Excel 选项】对话框，**1.** 选择【公式】菜单项，**2.** 在对话框右侧选中【启用迭代计算】复选框，**3.** 在【最多迭代次数】微调框中，输入准备修改的数字，该数字表示要进行循环计算的次数，**4.** 在【最大误差】文本框中，输入准备修改的数值，**5.** 单击【确定】按钮，即可完成启用迭代计算功能的操作，如图 3-39 所示。

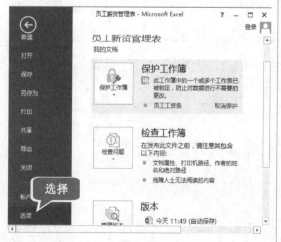

图 3-38

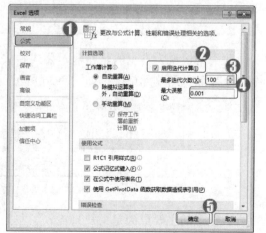

图 3-39

3.3.3　空白但非空的单元格

有些单元格中看似并无任何内容，但是使用 ISBLANK 函数或 COUNTA 函数进行判断或统计时，这些看似空白的单元格仍被计算在内。例如，将公式"=IF(A1<>"","有内容","")"输入单元格 B1 中，用于判断单元格 A1 是否包含内容，如果包含内容，则返回"有内容"；否则返回空字符串，如图 3-40 所示。

图 3-40

当单元格 A1 无任何内容时，单元格 B1 显示空白。用户也许会认为单元格 B1 是空的，但其实不是。如果使用 ISBLANK 函数测试，就会发现该函数返回 FALSE，说明单元格 B1 非空，如图 3-41 所示。

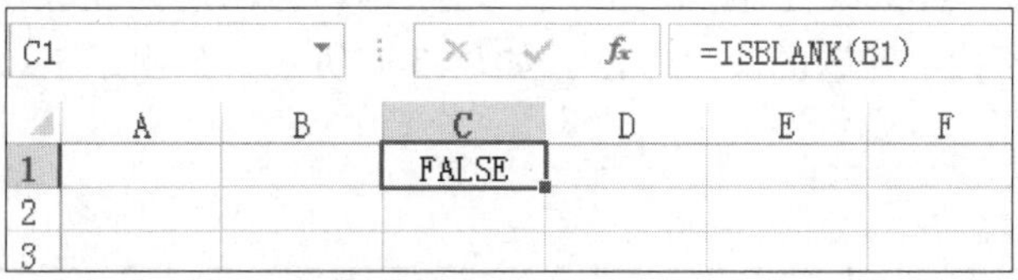

图 3-41

3.3.4　显示值与实际值

本例将单元格 A1、A2、A3 中的值设置为保留 5 位小数，然后在单元格 A4 中输入了一个求和公式,用于计算单元格区域 A1:A3 的总和,但是发现得到了错误的结果,如图 3-42 所示。

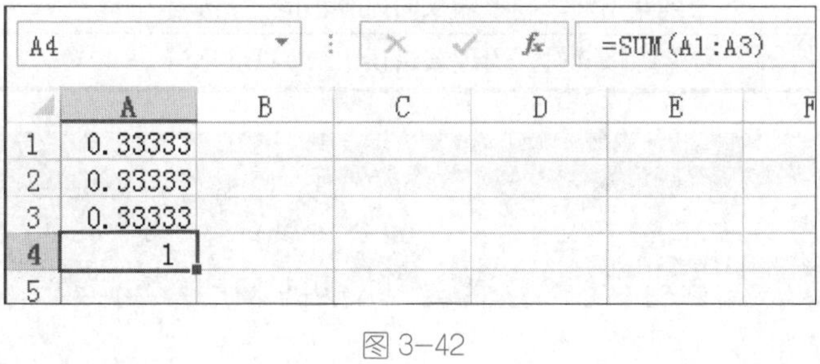

图 3-42

这是由于公式使用的是单元格区域 A1:A3 中的真实值而非显示值所致。用户可以打开【Excel 选项】对话框，选择【高级】菜单项，然后在【计算此工作簿时】区域下方，选中【将精度设为所显示的精度】复选框，再单击【确定】按钮，此后 Excel 将使用显示值进行计算，如图 3-43 所示。

Excel 2013 公式·函数与数据分析

图 3-43

3.3.5　返回错误值

　　用户不可能保证在 Excel 中输入的公式永远正确，当出现问题时，应首先了解导致问题的主要原因，以便找出问题的解决方法。如表 3-1 所示，列出了 Excel 中 8 种错误值的产生原因。

表 3-1

错 误 值	产生原因
#N/A	当数值对函数或公式不可用时，出现该错误
#NAME?	当 Excel 无法识别公式中的文本时，出现该错误
#NULL!	如果指定两个并不相交的区域的交点，出现该错误
#NUM!	如果公式或函数中使用了无效的数值，出现该错误
#REF!	当单元格引用无效时，出现该错误
#VALUE!	当在公式或函数中使用的参数或操作数类型错误时，出现该错误
#####	由于列宽不够，导致输入的内容不能完全显示
#DIV/0!	当数字除以 0 时，出现该错误

Section
3.4　实践经验与技巧

　　在本节的学习过程中，将侧重介绍与本章知识点有关的实践经验及技巧，主要内容包括在多个单元格中输入同一个公式、查看长公式中的某一步计算结果和自动求和等方面的知识与操作技巧。

3.4.1　在多个单元格中输入同一个公式

0 分 21 秒

在多个单元格中输入同一个公式，可以快速地将这多个单元格的结果计算出来，以节省依次输入公式的时间。下面详细介绍在多个单元格中输入同一个公式的操作方法。

操作步骤　>>　Step by Step

第 1 步　打开"学期总成绩"工作簿，**1.** 选中 D2:D5 单元格区域，**2.** 在编辑栏中输入公式"=B2+C2"，并按 Ctrl+Enter 组合键，如图 3-44 所示。

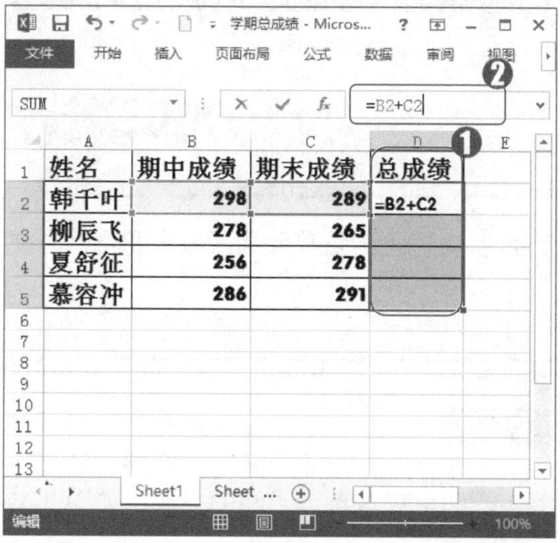

第 2 步　系统会自动在所有选中的单元格中计算出结果。通过以上步骤即可完成在多个单元格中输入同一个公式的操作，如图 3-45 所示。

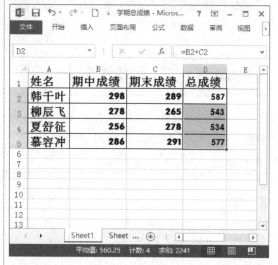

图 3-44

图 3-45

3.4.2　查看长公式中的某一步计算结果

0 分 19 秒

在一个复杂的公式中，如果准备调试其中某部分的运算，那么可以按照以下操作方法来实现查看该部分的运算结果。

操作步骤　>>　Step by Step

第 1 步　打开"查看缺考人员"工作簿，**1.** 选中含有公式的单元格，**2.** 在编辑栏中选中准备查看结果的部分公式，如图 3-46 所示。

第 2 步　按 F9 键，即可计算出选中的那部分公式对应的结果，如图 3-47 所示。查看后，按 Esc 键即可还原公式，如图 3-47 所示。

Excel 2013 公式·函数与数据分析

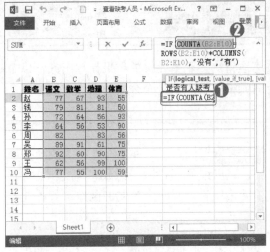

图 3-46

图 3-47

3.4.3 自动求和

微课堂
0分22秒

在 Excel 2013 中，利用【自动求和】按钮 Σ 可以快速将指定单元格区域求和，以方便操作。下面详细介绍自动求和的操作方法。

操作步骤 >> Step by Step

第1步 打开"区域销售统计"工作簿，**1.** 选中准备进行自动求和的单元格区域，**2.** 选择【公式】选项卡，**3.** 在【函数库】组中，单击【自动求和】按钮 Σ，如图 3-48 所示。

第2步 系统会自动将选择的单元格区域向右扩展一格，用来显示求和结果。通过以上步骤即可完成自动求和的操作，如图 3-49 所示。

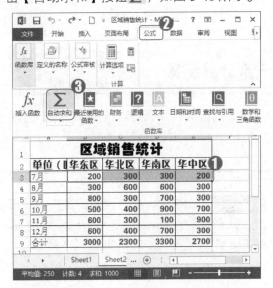

图 3-48

图 3-49

Section
3.5 有问必答

1. 如何在 Excel 中查看自动显示的计算结果，如何设置显示的项目？

当在工作表中选择一个包含数值的单元格区域时，Excel 会自动在状态栏显示对应单元格区域中数据值的求和结果。用户还可以通过状态栏的设置，将常用的计算项全部显示在状态栏中。右击状态栏，弹出快捷菜单，在准备设置的计算项目上单击，可以设置显示或取消显示项目。

2. 如何进行追踪错误的操作？

如果活动单元格中含有错误数值，通过追踪错误单元格，可以绘制一个从引发错误数值的单元格到活动单元格的追踪箭头。选择有错误值的单元格，然后在【公式】选项卡的【公式审核】组中单击【错误检查】下拉按钮，在打开的下拉菜单中选择【追踪错误】菜单项，即可追踪工作表中产生错误的引用单元格。

3. 如何添加监视单元格？

在图 3-15 所示的窗格中，单击【添加监视】按钮，即可弹出【添加监视点】对话框，用户可以在其中输入监视的单元格，然后单击【添加】按钮，即可添加监视单元格。

4. 如何删除监视单元格？

在图 3-15 所示的窗格中，选中要删除的单元格，然后单击【删除监视】按钮，即可完成删除监视单元格的操作。

5. 在创建公式时，需要注意哪些问题？

下面列出了输入公式时最容易出错的地方，用户需要重点注意。

(1) 左右括号必须匹配：确保所有括号都成对出现。创建公式时，Excel 在输入括号时将括号显示为彩色。

(2) 用冒号表示区域：引用单元格区域时，使用冒号(:)分隔对单元格区域中第一个单元格的引用和最后一个单元格的引用。

(3) 输入所有必需参数：有些函数包含必需的参数，还要确保没有输入过多的参数。

(4) 在 Excel 2013 中，函数的嵌套最多可达到 64 层。

(5) 将其他工作表名称包含在单引号中：如果公式中引用了其他工作表或工作簿中的值或单元格，并且这些工作簿或工作表的名称中包含非字母字符，那么必须用单引号(')将其名称引起来。

(6) 包含外部工作簿的路径：确保每个外部引用都包含工作簿的名称和路径。

(7) 输入无格式的数字：在公式中输入数字时，不要为数字设置格式。例如，即使要输入的值是¥5000，也应在公式中输入 5000。

第4章

文本函数与逻辑函数

○ 本章要点

❖ 文本函数
❖ 专题课堂——文本函数的应用
❖ 逻辑函数
❖ 专题课堂——逻辑函数的应用

○ 本章主要内容

　　本章主要介绍文本函数、文本函数的应用和逻辑函数方面的知识与技巧。在本章的最后还将针对实际的工作需求，讲解逻辑函数应用的方法。通过本章的学习，读者可以掌握文本函数与逻辑函数基础操作方面的知识，为深入学习 Excel 2013 公式、函数与数据分析知识奠定基础。

Excel 2013 公式·函数与数据分析

Section 4.1 文本函数

文本函数主要用于工作表中文本方面的计算。用户使用不同的文本函数，既可以在一个文本值中查找另一个文本值，还可以将一个文本字符串中的所有大写字母转换为小写字母。本节将详细介绍文本函数的相关知识及操作方法。

4.1.1 什么是文本函数

微课堂 0分25秒

文本函数可以分为两类，分别为文本转换函数和文本处理函数。文本转换函数可以对字母的大小写、数字的类型和全角/半角等进行转换，而文本处理函数则用于提取文本中的字符、删除文本中的空格、合并文本和重复输入文本等操作。

4.1.2 认识文本数据

微课堂 0分31秒

在 Excel 2013 中，数据主要分为文本、数值、逻辑值和错误值等几种类型，其中文本数据主要是指常规的字符串，如姓名、名称、英文单词等。在单元格中，输入姓名等常规的字符串时，即可被系统识别为文本。在公式中，文本数据需要一对半角双引号包含才可使用。

除了输入的文本，使用 Excel 中的文本函数、文本合并运算符计算得到的结果也是文本类型。另外，文本中具有一个特殊的值，即空文本，使用一对半角双引号表示，是一个字符长度为 0 的文本型数据，常用来将公式结果显示为"空"。而使用键盘上 Space 键得到的值，虽然看不到，实际上是具有长度的值。

4.1.3 区分文本型数字与数值

微课堂 0分22秒

在默认情况下，单元格中输入数值和日期时，自动使用右对齐方式；错误值和逻辑值自动以居中方式显示，而文本型数据自动左对齐显示。如图 4-1 所示，B3 单元格为文本型数字，D3 单元格为数值。

⁄	A	B	C	D	E	F
1						
2						
3		200		200		
4						

图 4-1

4.1.4　文本函数介绍

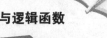

0分06秒

在 Excel 2013 中，一共提供了 27 种文本函数，供用户使用，如表 4-1 所示。

表 4-1

函　数	说　明
ASC	将字符串中的全角(双字节)英文字符转换为半角(单字节)字符
BAHTTEXT	使用 β(泰铢)货币格式将数字转换为文本
CHAR	返回由代码数字指定的字符
CLEAN	删除文本中的所有非打印字符
CODE	返回文本字符串中第一个字符的数字代码
CONCATENATE	将几个文本项合并为一个文本项
DOLLAR	使用 $(美元)货币格式将数字转换为文本
EXACT	检查两个文本值是否相同
FIND、FINDB	区分大小写状态下，在一个文本值中查找另一个文本值
FIXED	将数字格式设置为带有固定小数位数的文本
JIS	将字符串中的半角(单字节)英文字符转换为全角(双字节)字符
LEFT、LEFTB	返回文本值中最左边的字符
LEN、LENB	返回文本字符串中的字符个数
LOWER	将文本转换为小写
MID、MIDB	从文本字符串中的指定位置返回特定个数的字符
PHONETIC	提取文本字符串中的拼音(汉字注音)字符
PROPER	将文本值每个字的首字母大写
REPLACE、REPLACEB	替换文本中的字符
REPT	按给定次数重复文本
RIGHT、REPLACEB	返回文本值中最右边的字符
SEARCH、SEARCHB	在一个文本值中查找另一个文本值(不区分大小写)
SUBSTITUTE	在文本字符串中用新文本替换旧文本
T	将参数转换为文本
TEXT	设置数字格式并将其转换为文本
TRIM	删除文本中的空格
UPPER	将文本转换为大写形式
VALUE	将文本参数转换为数字

☢ 知识拓展

在 Excel 中，在单元格中以半角的单引号（'）开始的内容，或者设置为文本格式的内容，也都属于文本。

Excel 2013 公式·函数与数据分析

专题课堂——文本函数的应用

在处理工作表中的数据时，经常需要从单元格中取出部分文本或查找文本，或者需要计算字符串的长度、返回特定的字符等，这时就需要使用文本函数。本节将列举一些常用的文本函数应用案例，并对其进行详细的讲解。

4.2.1 使用 ASC 函数将全角字符转换为半角字符

0分28秒

ASC 函数用于双字节字符集(DBCS)语言，能将全角(双字节)字符更改为半角(单字节)字符。下面详细介绍 ASC 函数的语法结构和使用 ASC 函数将全角字符转换为半角字符的方法。

1 语法结构 ≫≫≫

```
ASC (text)
```

ASC 函数语法具有下列参数。

➤ text：文本或对包含要更改的文本单元格的引用。如果文本中不包含任何全角字符，则文本不会更改。

2 应用举例 ≫≫≫

本例将应用 ASC 函数将全角字符转换为半角字符。下面详细介绍其方法。

选择 B2 单元格，在编辑栏中输入公式"=ASC(A2)"，并按 Enter 键。系统会在 B2 单元格中显示转换为半角字符的书名。选中 B2 单元格，向下拖动复制公式，即可完成将相应单元格全角字符转换为半角字符的操作，如图 4-2 所示。

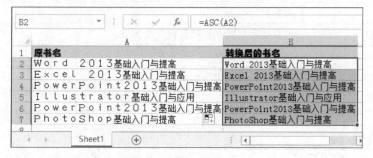

图 4-2

4.2.2 使用 CONCATENATE 函数自动提取序号

微课堂 0 分 27 秒

CONCATENATE 函数用于将几个单元格中的字符串合并在一个单元格中，下面详细介绍 CONCATENATE 函数的语法结构和使用 CONCATENATE 函数进行自动提取序号的方法。

1 语法结构

```
CONCATENATE (text1, [text2], ...)
```

CONCATENATE 函数语法具有下列参数。

➢ text1：要连接的第一个文本项。

➢ text2, ...：可选，其他文本项，最多为 255 项。项与项之间必须用逗号隔开。

也可以用和号(&)运算符代替 CONCATENATE 函数来连接文本项，如 "=A1 & B1" 与 "= CONCATENATE (A1, B1)" 返回的值相同。

2 应用举例

本例将应用 CONCATENATE 函数自动提取当前工作表中的序号，下面详细介绍其操作方法。

选中 E3 单元格，在编辑栏中输入公式 "=CONCATENATE(A3,B3,C3)"，按 Enter 键，即可合并 A3、B3、C3 单元格的内容，从而提取序号。选中 E3 单元格，向下拖动复制公式，这样即可快速提取其他各项序号，如图 4-3 所示。

E3		✕ ✓ fx	=CONCATENATE(A3,B3,C3)			
	A	B	C	D	E	F	G
1				日记			
2	年	月	日	凭证号	序号	科目编码	科目名称
3	15	9	5	1	1595	1001	现金
4	15	9	7	2	1597	2170	应交税金
5	15	9	9	3	1599	2241	管理
6	15	9	11	4	15911	571	现金
7	15	9	13	5	15913	5737	业务成本
8	15	9	15	6	15915	2783	原材料
9	15	9	17	7	15917	3737	银行存款
10	15	9	19	8	15919	3873	票据

图 4-3

4.2.3 使用 CLEAN 函数清理非打印字符

微课堂 0 分 25 秒

CLEAN 函数用于删除文本中不能打印的字符。对从其他应用程序中输入的文本使用 CLEAN 函数，可以删除其中含有的当前操作系统无法打印的字符。

Excel 2013 公式·函数与数据分析

CLEAN 函数被设计为删除文本中 7 位 ASCII 码的前 32 个非打印字符(值为 0 ~ 31)。在 Unicode 字符集中，有附加的非打印字符(值为 127、129、141、143、144 和 157)，CLEAN 函数自身不删除这些附加的非打印字符。下面将详细介绍 CLEAN 函数的语法结构和使用 CLEAN 函数清理非打印字符的方法。

1 语法结构

CLEAN(text)

CLEAN 函数语法具有下列参数。

➤ text：必需。要从中删除非打印字符的任何工作表信息。

2 应用举例

本例将使用 CLEAN 函数清理非打印字符，下面详细介绍其方法。

选择 B2 单元格，在编辑栏中输入公式"=CLEAN(A2)"，并按键盘上 Enter 键，系统在 B2 单元格内，将 A2 单元格中的数据排列成一行。按住鼠标左键向下拖动填充公式，即可完成清理非打印字符的操作，如图 4-4 所示。

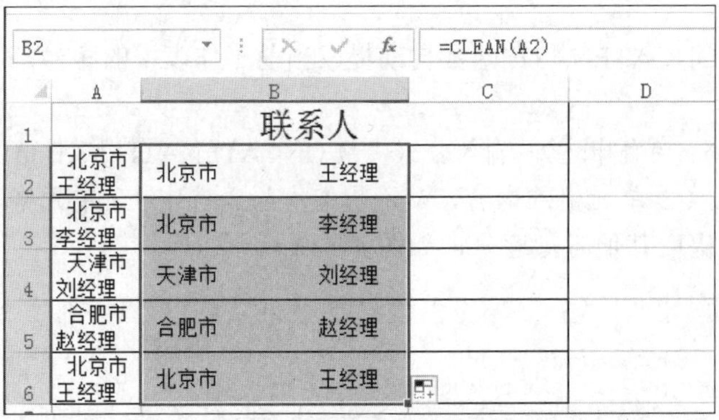

B2	▼ : × ✓ *fx*	=CLEAN(A2)		
◢	A	B	C	D
1	联系人			
2	北京市王经理	北京市	王经理	
3	北京市李经理	北京市	李经理	
4	天津市刘经理	天津市	刘经理	
5	合肥市赵经理	合肥市	赵经理	
6	北京市王经理	北京市	王经理	

图 4-4

4.2.4 使用 CHAR 函数返回对应于数字代码的字符

微课堂 0分17秒

函数 CHAR 用于返回对应于数字代码的字符，可将其他类型计算机文件中的代码转换为字符。下面将详细介绍 CHAR 函数的语法结构和使用 CHAR 函数返回对应于数字代码字符的方法。

1 语法结构

CHAR(number)

CHAR 函数语法具有下列参数。

> number：介于 1 ～ 255 用于指定所需字符的数字。字符是计算机所用字符集中的字符。当参数大于 255 时，返回错误值 "#VALUE!"。

2　应用举例

本例将应用 CHAR 函数返回对应于数字代码的字符，下面详细介绍其方法。

选择 A1 单元格，在编辑栏中输入函数 "=CHAR (65)"，并按键盘上 Enter 键，系统则返回相应的字母 A；如果输入 "=CHAR (66)"，则返回字母 B，如图 4-5 所示。

A1		▼	⋮	✕	✓	*fx*	=CHAR(65)
	A	B	C		D		E
1	A	B					
2							
3							

图 4-5

4.2.5　使用 DOLLAR 函数转换货币格式

微课堂　精品阅读　READ TIME

DOLLAR 函数可将数字转换为文本格式，并应用货币符号。函数的名称及其应用的货币符号取决于语言的设置。

此函数依照货币格式将小数四舍五入到指定的位数，并转换成文本。使用的格式为 "(¥#,##0.00_);(¥#,##0.00)"。下面将详细介绍 DOLLAR 函数的语法结构和使用 DOLLAR 函数转换货币格式的方法。

1　语法结构

DOLLAR(number, [decimals])

DOLLAR 函数语法具有下列参数。

> number：数字、对包含数字的单元格的引用或是计算结果为数字的公式。
> decimals：可选。小数点右边的位数。如果 decimals 为负数，则 number 从小数点往左按相应位数四舍五入；如果省略 decimals，则假设其值为 2。

2　应用举例

本例将应用 DOLLAR 函数转换货币格式，下面详细介绍其方法。

选择 C2 单元格，在编辑栏中输入公式 "=DOLLAR(B2/6.05,2)"，并按键盘上 Enter 键，系统会自动在 C2 单元格内计算出结果。选择 C2 单元格并向下拖动填充公式至其他单元格，即可完成转换货币格式的操作，如图 4-6 所示。

Excel 2013 公式·函数与数据分析

	A	B	C
			=DOLLAR(B2/6.05,2)
1	出口产品	本地价格	出口价格
2	卫衣	560	$92.56
3	牛字库	450	$74.38
4	T恤	200	$33.06
5	短裤	130	$21.49
6			

图 4-6

4.2.6　使用 EXACT 函数比较产品编号是否相同

EXACT 函数用于比较两个字符串，如果字符串完全相同，则返回 TRUE；否则返回 FALSE。函数 EXACT 区分大小写，但忽略格式上的差异。利用 EXACT 函数，可以测试在文档内输入的文本。下面将详细介绍 EXACT 函数的语法结构以及使用 EXACT 函数比较两个字符串是否相同的方法。

1　语法结构

```
EXACT(text1, text2)
```

EXACT 函数语法具有下列参数。

- text1：必需。第一个文本字符串。
- text2：必需。第二个文本字符串。

2　应用举例

本例将使用 EXACT 函数比较产品编号是否相同，下面详细介绍其操作方法。

选中 E3 单元格，在编辑栏中输入公式"=EXACT(A3,D3)"，并按键盘上 Enter 键，即可显示该商品的编号是否发生变化。选中 E3 单元格，向下拖动复制公式，即可显示所有商品的编号是否发生变化，如图 4-7 所示。

	A	B	C	D	E
1			库存管理		
2	编号	产品名称	数量	调整后的编号	是否发生变化
3	H0001	移动硬盘1	60	H0001	TRUE
4	J0002	移动硬盘2	90	J0002	TRUE
5	L0003	移动硬盘3	100	L0003	TRUE
6	K0004	移动硬盘4	110	K0005	FALSE
7	M0005	移动硬盘5	80	N0006	FALSE
8	N0006	移动硬盘6	60	R0008	FALSE
9	R0007	移动硬盘7	75	RPPP7	FALSE
10	S0008	移动硬盘8	120	S0009	FALSE

E3 =EXACT(A3,D3)

图 4-7

4.2.7　使用 LEN 函数检查身份证位数是否正确

0 分 32 秒

　　LEN 函数用于返回文本字符串中的字符个数。下面将详细介绍 LEN 函数的语法结构及使用 LEN 函数检查身份证位数是否正确的操作方法。

1　语法结构

```
LEN (text)
```

LEN 函数语法具有下列参数。

➢　text：必需。要查找其长度的文本。空格将作为字符进行计数。

2　应用举例

　　LEN 函数用于返回字符串的长度，本实例在工作表中添加"身份证的位数"一项，然后使用 LEN 函数快速检查身份证的位数。下面具体介绍其操作方法。

　　选中 F3 单元格，在编辑栏中输入公式"=LEN(E3)"，按键盘上的 Enter 键，即可计算出该员工的身份证位数是否为 18 位。选中 F3 单元格，向下拖动复制公式，这样即可快速检查出其他员工的身份证位数是否为 18 位，如图 4-8 所示。

F3				=LEN(E3)		
	A	B	C	D	E	F
1				档案管理		
2	姓名	性别	年龄	地址	身份证号	身份证的位数
3	韩千叶	女	28	三道街	888881987415468000	18
4	柳辰飞	男	30	和平路	88819750506666	14
5	夏舒征	女	21	二道沟镇	888852452878	12
6	慕容冲	男	21	东升大街	888888782826442	15
7	萧合凰	女	22	建设街	878788738734321	15
8	阮停	男	23	青年路	22227563542428	14
9	西粼宿	女	34	四道沟	28728728728728728700000	19
10	孙祈钒	男	35	惠达大街	875878728728728723700	17
11	狄云	女	25	东盛大街	22877832878	11

图 4-8

4.2.8　使用 LOWER 函数将文本转换为小写

0 分 29 秒

　　LOWER 函数用于将一个文本字符串中的所有大写字母转换为小写字母。下面将详细介绍 LOWER 函数的语法结构以及使用 LOWER 函数将文本转换为小写的方法。

1　语法结构

```
LOWER (text)
```

LOWER 函数语法具有下列参数。

Excel 2013 公式·函数与数据分析

> text：要转换为小写字母的文本。函数 LOWER 不改变文本中非字母的字符。

2 应用举例 >>>

本例将利用 LOWER 函数将单词或者英文句子中的所有字母转换为小写形式。下面详细介绍其操作方法。

选中 B2 单元格，在编辑栏中输入公式"=LOWER(A2)"，按键盘上的 Enter 键，即可将 A2 单元格中的英文字母全部转换成小写。选中 B2 单元格，向下拖动复制公式，这样即可快速转换其他单元格中的英文字母，如图 4-9 所示。

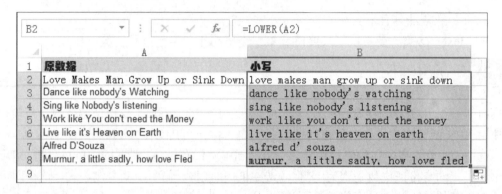

图 4-9

🔘 知识拓展

使用 LOWER 函数转换后，返回的结果不区分全角和半角；只转换单一单元格的内容，不能转换单元格区域，并且不转换字符串中的非英文字符。

4.2.9 使用 REPLACE 函数为电话号码升级

微课堂
0 分 27 秒

REPLACE 函数可以将文本字符串在指定的字符位置替换为另一文本字符串。下面将详细介绍 REPLACE 函数的语法结构和使用 REPLACE 函数为电话号码升级的方法。

1 语法结构 >>>

REPLACE(old_text, start_num, num_chars, new_text)

REPLACE 函数语法具有下列参数。

> old_text：必需。要替换其部分字符的文本。
> start_num：必需。要用 new_text 替换的 old_text 中字符的位置。
> num_chars：必需。希望使用 new_text 替换 old_text 中字符的个数。
> new_text：必需。将用于替换 old_text 中字符的文本。

如果参数 start_num 或 num_chars 小于 0，则返回错误值 "#VALUE!"。如果忽略参数 num_chars，则相当于在参数 start_num 表示的字符之前插入新字符。

2　应用举例

本例将应用 REPLACE 函数为当前工作表中的电话号码升级，下面介绍其操作方法。

选中 D3 单元格，在编辑栏中输入公式 "=REPLACE(C3,1,5, "0417-8")"，然后按键盘上的 Enter 键，即可将第一个客户的电话号码由原来的 "0417-29XXX66" 直接升级为 "0417-829XXX66"。选中 D3 单元格，向下拖动复制公式，即可快速将所有的客户电话号码升级，如图 4-10 所示。

D3			▼	⋮	×	✓	f_x	=REPLACE(C3,1,5, "0417-8")		

◢	A	B	C	D	E	F
1			通讯录			
2	单位	客户姓名	电话号码	升级后的电话号码		
3	修配厂1	韩千叶	0417-29XXX66	0417-829XXX66		
4	修配厂2	柳辰飞	0417-2926XXX	0417-82926XXX		
5	修配厂3	夏舒征	0417-2929XXX	0417-82929XXX		
6	修配厂4	慕容冲	0417-2934XXX	0417-82934XXX		
7	修配厂5	萧合凰	0417-2894XXX	0417-82894XXX		
8	修配厂6	阮停	0417-3834XXX	0417-83834XXX		
9	修配厂7	西粼宿	0417-3625XXX	0417-83625XXX		
10	修配厂8	孙祈钒	0417-3636XXX	0417-83636XXX		
11	修配厂9	狄云	0417-3906XXX	0417-83906XXX		

图 4-10

4.2.10　使用 PROPER 函数将每个单词的首字母转换为大写

PROPER 函数是指将文本字符串的首字母及任何非字母字符之后的首字母转换成大写，将其余的字母转换成小写。下面将详细介绍 PROPER 函数的语法结构和使用 PROPER 函数将文本中每个单词的首字母转换为大写的方法。

1　语法结构

```
PROPER (text)
```

PROPER 函数语法具有下列参数。

➢ text：用引号括起来的文本、返回文本值的公式或是对包含文本(要进行部分大写转换)的单元格的引用。

2　应用举例

选择 B2 单元格，在编辑栏中输入公式 "=PROPER(A2)"，并按键盘上的 Enter 键，

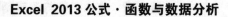
Excel 2013 公式·函数与数据分析

系统会将 A2 单元格中所有单词的首字母以大写的形式显示在 B2 单元格中，按住鼠标左键向下填充公式，这样即可完成将文本中每个单词的首字母转换为大写的操作，如图 4-11 所示。

B2	▼ : × ✓ fx	=PROPER(A2)
	A	B
1	蛋糕名称	每个单词首字母大写
2	angelfood cake	Angelfood Cake
3	babka	Babka
4	devil's food cake	Devil'S Food Cake
5	schwarzwald cake	Schwarzwald Cake
6	kissnbake cake	Kissnbake Cake
7	Red velvet cake	Red Velvet Cake

图 4-11

 专家解读

PROPER 函数只转换单一单元格的内容，不能转换单元格区域。PROPER 函数不转换字符串中的非英文字符。

Section 4.3 逻辑函数

导读　逻辑函数主要用于在公式中进行条件的测试与判断，或者进行复合检验，使用逻辑函数，可以使公式变得更加智能。本节详细介绍逻辑函数的相关知识。

4.3.1 什么是逻辑函数

微课堂
0分40秒

逻辑函数主要作用是判断真假值。逻辑函数是根据不同条件进行不同处理的函数，条件式中使用比较运算符号指定逻辑式，并用逻辑值表示它的结果。逻辑值用 TRUE、FALSE 之类的特殊文本表示指定条件是否成立，条件成立时为逻辑值 TRUE；条件不成立时为逻辑值 FALSE。逻辑值或逻辑值式被经常使用，它将 IF 函数作为前提，其他的函数作为参数。

4.3.2 逻辑函数介绍

微课堂
0分17秒

在 Excel 2013 中提供了 7 种逻辑函数，分别是 AND、FALSE、IF、IFERROR、NOT、OR 和 TRUE，其主要功能如表 4-2 所示。

表 4-2

函 数	说 明
AND	如果该函数的所有参数均为 TRUE，则返回逻辑值 TRUE
FALSE	返回逻辑值 FALSE
IF	用于指定需要执行的逻辑检测
IFERROR	如果公式计算出错误值，则返回指定的值；否则返回公式的计算结果
NOT	对其参数的逻辑值求反
OR	如果该函数的任一参数为 TRUE，则返回逻辑值 TRUE
TRUE	返回逻辑值 TRUE

Section 4.4　专题课堂——逻辑函数的应用

使用 Excel 2013，在需要检测或者判断数据的时候，经常会应用到逻辑函数。本节列举一些常用的逻辑函数应用案例，并对其进行详细讲解。

4.4.1　使用 AND 函数检测产品是否合格

AND 函数用于判断多个条件是否同时成立，如果所有参数的计算结果都为 TRUE 时，则返回 TRUE；只要有一个参数的计算结果为 FALSE，即返回 FALSE。下面将介绍 AND 函数的语法结构以及使用 AND 函数检测产品是否合格的方法。

1　语法结构　　　　　　　　　　　　　　　　　　　　　　　**≫≫≫**

```
AND(logical1, [logical2], ...)
```

AND 函数语法具有下列参数。

➢ logical1：必需。表示要检验的第一个条件，其计算结果可以为 TRUE 或 FALSE。

➢ logical2, ...：可选。表示要检验的其他条件，其计算结果可以为 TRUE 或 FALSE，最多可包含 255 个条件。

专家解读

参数的计算结果必须是逻辑值（如 TRUE 或 FALSE），或者参数必须是包含逻辑值的数组或引用；如果数组或引用参数中包含文本或空白单元格，则这些值将被忽略；如果指定的单元格区域未包含逻辑值，则 AND 函数将返回错误值"#VALUE!"。

Excel 2013 公式·函数与数据分析

2 应用举例 ≫≫≫

本例利用 AND 函数快速检测产品是否合格，下面详细介绍其操作方法。

选择 E2 单元格，在编辑栏中输入公式"=AND(B2:D2="合格")"，并按 Ctrl+Shift+Enter 组合键。在 E2 单元格内，显示 TRUE 表示合格，显示 FALSE 表示不合格。按住鼠标左键向下填充公式，即可完成检测其他产品是否合格，如图 4-12 所示。

	A	B	C	D	E	F
1	品名	检验员1	检验员2	检验员3	检验结果	
2	感温头	合格	合格	合格	TRUE	
3	海绵胶条	合格	合格	不合格	FALSE	
4	复合胶带	合格	不合格	不合格	FALSE	
5	门封条	不合格	不合格	不合格	FALSE	
6	塑封条	合格	合格	合格	TRUE	

E2 | {=AND(B2:D2="合格")}

图 4-12

4.4.2 使用 FALSE 函数判断两列数据是否相等

微课堂
0分46秒

FALSE 函数用于返回逻辑值 FALSE。用户也可以直接在工作表或公式中输入文字 FALSE，Microsoft Excel 会自动将它解释成逻辑值 FALSE。FALSE 函数主要用于检查与其他电子表格程序的兼容性。下面将详细介绍 FALSE 函数的语法结构以及使用 FALSE 函数判断两列数据是否相等的方法。

1 语法结构 ≫≫≫

FALSE()

FALSE 函数语法没有参数。

2 应用举例 ≫≫≫

本例将应用 FALSE 函数判断两列数据是否相等。A、B 两列存放英文单词，A 列的单词是参照字符，B 列为手工录入数据，其中有部分错误，现在需要判断哪些单词输入有误。

选择 C1 单元格，在编辑栏中输入公式"=A1=B1"，按键盘上的 Enter 键，即可判断出第一个的结果。将鼠标指针移动到 C1 单元格的右下角，当鼠标指针变成十字形状时，按住鼠标左键拖动鼠标指针至 C8 单元格，然后释放鼠标，这样即可一次性判断出所有结果，如图 4-13 所示。

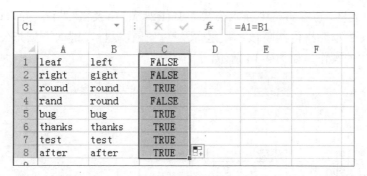

图 4-13

4.4.3　使用 IF 函数标注不及格考生

0分25秒

IF 函数用于在公式中设置判断条件，然后根据判断结果 TRUE 或 FALSE 来返回不同的值。下面将介绍 IF 函数的语法结构以及使用 IF 函数标注不及格考生的方法。

1　语法结构

```
IF(logical_test, [value_if_true], [value_if_false])
```

IF 函数语法具有下列参数。

➤ logical_test：必需。表示计算结果为 TRUE 或 FALSE 的任何值或表达式。例如，A10=100 就是一个逻辑表达式；如果单元格 A10 中的值等于 100，则表达式的计算结果为 TRUE，否则，表达式的计算结果为 FALSE。此参数可以使用任何比较运算符。

➤ value_if_true：可选。表示当 logical_test 参数的计算结果为 TRUE 时所要返回的值。例如，如果此参数的值为文本字符串"预算内"，并且 logical_test 参数的计算结果为 TRUE，则 IF 函数返回文本"预算内"。如果 logical_test 的计算结果为 TRUE，并且省略 value_if_true 参数(即 logical_test 参数后仅跟一个逗号)，IF 函数将返回 0(零)。若要显示单词 TRUE，要对 value_if_true 参数使用逻辑值 TRUE。

➤ value_if_false：可选。表示当 logical_test 参数的计算结果为 FALSE 时所要返回的值。例如，如果此参数的值为文本字符串"超出预算"，并且 logical_test 参数的计算结果为 FALSE，则 IF 函数返回文本"超出预算"。如果 logical_test 的计算结果为 FALSE，并且省略 value_if_false 参数(即 value_if_true 参数后没有逗号)，则 IF 函数返回逻辑值 FALSE。如果 logical_test 的计算结果为 FALSE，并且省略 value_if_false 参数的值(即在 IF 函数中，value_if_true 参数后没有逗号)，则 IF 函数返回值 0(零)。

2　应用举例

本例利用 IF 函数标注不及格考生。下面详细介绍其操作方法。

Excel 2013 公式·函数与数据分析

选择 C2 单元格，在编辑栏中输入公式"=IF(B2<60,"不及格","")"，并按键盘上的 Enter 键，系统会在 C2 单元格内判断该考生是否及格。按住鼠标左键向下填充公式，即可完成标注不及格考生的操作，如图 4-14 所示。

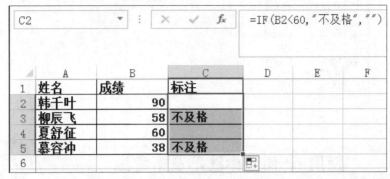

图 4-14

4.4.4 使用 IFERROR 函数检查数据的正确性

微课堂 0 分 43 秒

IFERROR 函数用于检查公式的计算结果是否为错误值，如果公式的计算结果为错误，则返回指定的值；否则将返回公式的结果。下面将详细介绍 IFERROR 函数的语法结构以及使用 IFERROR 函数检查数据正确性的方法。

1 语法结构 ⟩⟩⟩

IFERROR(value, value_if_error)

IFERROR 函数语法具有以下参数。

➤ value：必需。表示检查是否存在错误的参数。

➤ value_if_error：必需。表示公式的计算结果为错误时要返回的值。计算得到的错误类型有"#N/A""#VALUE!""#REF!""#DIV/0!""#NUM!""#NAME?"或"#NULL!"。

2 应用举例 ⟩⟩⟩

本例将应用函数 IFERROR 实现当除数或被除数为空值(或 0 值)时，返回错误值相对应的计算结果。下面详细介绍其操作方法。

选择 C2 单元格，在编辑栏中输入公式"=IFERROR(A2/B2,"计算数据有错误")"，然后按键盘上的 Enter 键，即可返回计算结果。如果被除数为空值(或 0 值)，返回的计算结果为 0；如果除数为空值(或 0 值)，返回的计算结果为"计算数据有错误"。将鼠标指针移动到 C2 单元格的右下角，当鼠标指针变成十字形状时，按住鼠标左键并向下拖动进行复制填充，即可计算出其他两个数据相除的结果，如图 4-15 所示。

图 4-15

4.4.5 使用 NOT 函数进行筛选

NOT 函数用于对逻辑值求反。如果逻辑值为 FALSE，NOT 函数将返回 TRUE；如果逻辑值为 TRUE，NOT 函数将返回 FALSE。下面将详细介绍 NOT 函数的语法结构以及使用 NOT 函数进行筛选的方法。

1 语法结构

NOT(logical)

NOT 函数语法具有下列参数。

➢ logical：必需。表示一个计算结果可以为"真"(TRUE)或"假"(FALSE)的值或表达式。

2 应用举例

本例将应用 NOT 函数对当前工作表中的员工进行筛选，性别是女的则返回 FALSE，反之则为 TRUE。下面具体介绍其操作方法。

选择 F3 单元格，在编辑栏中输入公式"=NOT(B3="女")"，按键盘上的 Enter 键，即可看到该员工是否被筛选掉。将鼠标指针移动到 F3 单元格的右下角，当鼠标指针变成十字形状时，按住鼠标左键并拖动鼠标指针至 F10 单元格，然后释放鼠标，这样即可筛选出所有的人员，如图 4-16 所示。

图 4-16

Excel 2013 公式·函数与数据分析

4.4.6 　使用 OR 函数判断员工考核是否达标

OR 函数用于判断多个条件中是否至少有一个条件成立，只要有一个参数为逻辑值 TRUE，OR 函数就会返回 TRUE；只有所有参数都为逻辑值 FALSE，OR 函数才能返回 FALSE。下面详细介绍 OR 函数的语法结构以及使用 OR 函数判断员工考核是否达标的方法。

1　语法结构

OR(logical1, [logical2], ...)

OR 函数语法具有下列参数。
- logical1：必需。表示第 1 个要测试的条件。
- logical2, ...：可选。表示第 2～255 个需要进行测试的条件。

2　应用举例

本例将应用 OR 函数判断员工考核是否达标。下面详细介绍其操作方法。

选择 F3 单元格，在编辑栏中输入公式"=OR(C3>=90,D3>=90,E3>=90)"，按键盘上的 Enter 键，即可判断出该员工在技能考核中是否达标。将鼠标指针移动到 F3 单元格的右下角，当鼠标指针变成十字形状时，按住鼠标左键并拖动鼠标指针至 F10 单元格，然后释放鼠标，这样即可判断出其他员工在技能考核中是否达标，如图 4-17 所示。

F3			fx	=OR(C3>=90,D3>=90,E3>=90)		
	A	B	C	D	E	F	G
1			**员工考核表**				
2	**姓名**	**性别**	**笔试**	**实际操作**	**实际操作2**	**考评**	
3	韩千叶	女	90	97	93	TRUE	
4	柳辰飞	男	57	93	60	TRUE	
5	夏舒征	女	97	86	87	TRUE	
6	慕容冲	男	97	86	87	TRUE	
7	萧合嫒	女	68	80	78	FALSE	
8	阮停	男	68	97	67	TRUE	
9	西燚宿	女	68	80	68	FALSE	
10	孙祈钒	男	96	86	96	TRUE	

图 4-17

4.4.7 　使用 TRUE 函数判断两列数据是否相同

TRUE 函数用于返回逻辑值 TRUE。下面将详细介绍 TRUE 函数的语法结构以及使用 TRUE 函数判断两列数据是否相同的方法。

1　语法结构

TRUE()

TRUE 函数语法没有参数。

2　应用举例

本例将应用 TRUE 函数判断两列数据是否相同，下面详细介绍其操作方法。

选中 C2 单元格，在编辑栏中输入公式"=A2=B2"，然后按键盘上的 Enter 键，即可判断录入在 A2 单元格中的数据是否与 B2 单元格中的数据相同。将鼠标指针移动到 C2 单元格右下角，待变成十字形状后，按住鼠标左键并向下拖动进行公式填充，即可判断 A 列数据与 B 列数据是否相同，如果相同则返回 TRUE，不相同则会返回 FALSE，如图 4-18 所示。

C2		fx	=A2=B2	
	A	B	C	D
1	原始数据	录入数据	判断两列数据是否相同	
2	WJ001	WJ001	TRUE	
3	WJ002	WJ005	FALSE	
4	WJ003	WJ003	TRUE	
5	WJ004	WJ004	TRUE	
6	WJ005	WJ005	TRUE	
7	WJ006	WJ008	FALSE	
8	WJ007	WJ007	TRUE	

图 4-18

Section 4.5　实践经验与技巧

在本节的学习过程中，将侧重介绍与本章知识点有关的实践经验及技巧，主要内容包括比对文本、根据年龄判断职工是否退休、使用 IF 和 NOT 函数选择面试人员以及使用 IF 和 OR 函数对产品进行分类等方面的知识与操作技巧。

4.5.1　比对文本

微课堂　0分27秒

函数 EXACT 区分大小写，但忽略格式上的差异。可以通过 EXACT 函数对录入的数据进行比对，下面详细介绍其操作方法。

Excel 2013 公式·函数与数据分析

选择 C2 单元格，在编辑栏中输入公式"=IF(EXACT(A2,B2), "可用","不可用")"，并按键盘上的 Enter 键。如果两组邀请码相同，则在 C2 单元格内显示"可用"信息，反之则显示"不可用"信息。按住鼠标左键向下拖动填充公式，即可完成比对文本的操作，如图 4-19 所示。

	A	B	C	D	E	F
	原始邀请码	录入邀请码	检测结果			
2	AS34DFG	AS35DFG	不可用			
3	n7eDwS7	n7eDwS8	不可用			
4	2z3eWUG	2z3eWUG	可用			
5	pb5KT1p	pb5KT1p	可用			
6	5g6IL5D	5g6IL6d	不可用			
7	RlpoMEw	RlpoMEw	可用			
8	7Og7iqQ	7Og8iqQ	不可用			

C2 编辑栏：=IF(EXACT(A2,B2), "可用","不可用")

员工工资　Sheet2　Sheet3 ...

图 4-19

4.5.2 根据年龄判断职工是否退休

微课堂
0 分 42 秒

本例将使用 OR 函数和 AND 函数进行判断职工是否退休的操作。假设男职工大于 60 岁退休，女职工大于 55 岁退休，判断工作表中的 10 个人是否已经退休。下面将详细介绍其操作方法。

选择 D2 单元格，在编辑栏中输入公式"=OR(AND(B2="男",C2>60),AND(B2="女",C2>55))"，按键盘上的 Enter 键，即可对第一名职工进行判断。将鼠标指针移动到 D2 单元格的右下角，当鼠标指针变成十字形状时，按住鼠标左键并拖动鼠标指针至 D11 单元格，然后释放鼠标，这样即可一次性判断所有员工是否退休，如图 4-20 所示。

D2 编辑栏：=OR(AND(B2="男",C2>60),AND(B2="女", C2>55))

	A	B	C	D	E	F	G	H
1	姓名	性别	年龄	退休与否				
2	狄云	女	55	FALSE				
3	丁典	男	46	FALSE				
4	花错	女	57	TRUE				
5	顾西风	男	53	FALSE				
6	统月	女	65	TRUE				
7	苏普	男	53	FALSE				
8	江城子	女	59	TRUE				
9	柳长街	男	46	FALSE				
10	韦好客	女	60	TRUE				
11	袁冠南	男	60	FALSE				

图 4-20

4.5.3 　使用 IF 和 NOT 函数选择面试人员

微课堂
0分33秒

在对应聘人员进行考核之后，可以使用 IF 函数配合 NOT 函数对应聘人员进行筛选，使分数达标者具有面试资格。下面详细介绍其操作方法。

选择 E2 单元格，在编辑栏文本框中，输入公式 "=IF(NOT(D2<=120),"面试","")"，并按键盘上的 Enter 键，在 E2 单元格中，系统会自动对具有面试资格的应聘人员标注"面试"信息。按住鼠标左键向下拖动填充公式，即可完成选择面试人员的操作，如图 4-21 所示。

E2			fx	=IF(NOT(D2<=120),"面试","")		
	A	B	C	D	E	F
1	姓名	理论	操作	合计	面试资格	
2	顾西风	80	60	140	面试	
3	统月	55	64	119		
4	苏普	20	80	100		
5	江城子	90	35	125	面试	

图 4-21

4.5.4 　使用 IF 和 OR 函数对产品进行分类

微课堂
0分32秒

在日常工作中，如果希望对两个种类的商品进行分类，可以利用 IF 函数搭配 OR 函数来完成，下面详细介绍其操作方法。

选择 B2 单元格，在编辑栏中输入公式 "=IF(OR(A2="洗衣机",A2="电视",A2="空调"),"家电类","数码类")"，然后按键盘上的 Enter 键。在 B2 单元格中，系统会自动对商品进行分类。将鼠标指针移动到 B2 单元格的右下角，当鼠标指针变成十字形状时，向下拖动填充公式，即可完成对产品进行分类的操作，如图 4-22 所示。

B2			fx	=IF(OR(A2="洗衣机",A2="电视",A2="空调"), "家电类","数码类")			
	A	B	C	D	E	F	G
1	产品	类别	销售数量				
2	洗衣机	家电类	300				
3	电视	家电类	50				
4	显示器	数码类	200				
5	机箱	数码类	210				
6	空调	家电类	70				
7	单反相机	数码类	80				

图 4-22

 一点即通

在使用嵌套 IF 时，括号一定要匹配。因为漏掉右括号会产生错误。

Section
4.6 有问必答

1. 如何比较字符串?

要比较两个字符串(或单元格中的文本)是否相同,可以使用等号(=)。例如,在编辑栏中输入公式"=A2=A3",其中第一个等号表示后面的是公式,第二个等号作为比较运算符。这时如果 A2 与 A3 单元格中的内容相同,则返回 TRUE,否则返回 FALSE。

2. 如何删除空格和非打印字符?

有时文本值包含前导、尾部或多个嵌入空格字符,或者非打印字符。在执行排序、筛选或搜索时,这些字符有时会导致意外结果。例如,用户可能由于不慎添加额外空格字符而导致录入错误,或者从外部源导入的文本数据可能包含文本中嵌入的非打印字符。由于这些字符不容易引起注意,可能会导致难以理解的意外结果。要删除这些不需要的字符,可以结合使用 TRIM 和 CLEAN 函数。

3. 如何提取子串?

在实际应用中,经常需要对字符串的一部分进行操作,如在姓名中查找姓"张"的员工,就需要获取姓名字符串中的第一个字符。Excel 提供了 3 个提取子串的函数,分别是 LEFT 函数、RIGHT 函数和 MID 函数。

4. 如何查找子串?

使用 Excel 的文本函数,可在已知的文本内容中查找子串。通过这个功能,可在表格中查找包含某个子串的单元格,并返回子串所在的起始位置。查找子串的函数有 FIND 函数和 SEARCH 函数。

5. 如何替换子串?

大多数的应用程序都提供有"替换"功能,可将指定的文本替换为另外的内容。Excel 通过 REPLACE 函数和 SUBSTITUTE 函数来进行替换子串的操作。

第 **5** 章

日期函数与时间函数

- ❖ 日期函数
- ❖ 专题课堂——日期函数的应用
- ❖ 时间函数
- ❖ 专题课堂——时间函数的应用

本章要点

本章主要内容

　　本章主要介绍日期函数与时间函数方面的知识与技巧，在本章的最后还将针对实际的工作需求，讲解日期函数与时间函数应用的方法。通过本章的学习，读者可以掌握日期函数与时间函数基础操作方面的知识，为深入学习 Excel 2013 公式、函数与数据分析知识奠定基础。

在 Excel 2013 中，日期数据是非常重要的数据类型之一。除了文本和数值数据以外，日期数据也是在日常工作中经常接触的数据类型。本节详细介绍日期函数的相关知识。

5.1.1　Excel 提供的两种日期系统

微课堂
0分22秒

Excel 提供了两种日期系统，即 1900 日期系统和 1904 日期系统，它们的最大区别在于起始日期不同。1900 日期系统的起始日期是 1900 年 1 月 1 日，而 1904 日期系统的起始日期是 1904 年 1 月 1 日。默认情况下，Windows 中的 Excel 使用 1900 日期系统，而 Macintosh 中的 Excel 使用的是 1904 日期系统。为了保持兼容性，Windows 中的 Excel 提供了额外的 1904 日期系统。如果用户需要使用 1904 日期系统，可以执行以下操作来实现。

打开 Excel 2013 工作簿，选择【文件】选项卡，在弹出的下拉菜单中选择【选项】菜单项，弹出【Excel 选项】对话框。选择【高级】菜单项，在【计算此工作簿时】区域选中【使用 1904 日期系统】复选框，最后单击【确定】按钮，即可完成使用 1904 日期系统的操作，如图 5-1 所示。

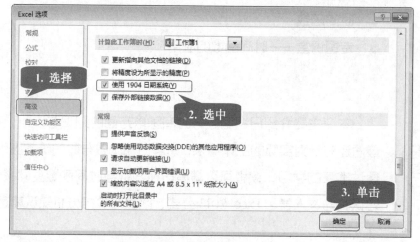

图 5-1

5.1.2　日期序列号和时间序列号

微课堂
0分34秒

Excel 2013 支持的日期范围是从 1900-1-1 至 9999-12-31，日期序列号则指将 1900 年

1月1日定义为1，将1990年1月2日定义为2，将9999年12月31日定义为n产生的数值序列，因此，对日期的计算和处理实质上是对日期序列号的计算和处理。

如果将日期序列号扩展到小数就是时间序列号，如一天包括24个小时，那么1小时则表示为1/24，即0.0416，第2个小时则表示为2/24，即0.083……第24个小时则表示为24/24，即1，所以对时间的计算和处理也是对时间序列号的计算和处理。

5.1.3 常用的日期函数

在Excel中，日期函数主要用于对日期序列号进行计算，表5-1中显示了常见的日期函数名称及其功能。

表5-1

函　数	功　能
DATE	返回特定日期的序列号
DATEVALUE	将文本格式的日期转换为序列号
DAY	将序列号转换为月份中的日期数值
DAYS360	以一年360天为基准计算两个日期之间的天数
EDATE	返回用于表示开始日期之前或之后月数中日期的序列号
EOMONTH	返回指定月数之前或之后的月份中最后一天的序列号
MONTH	将序列号转换为月
NETWORKDAYS	返回两个日期间的全部工作日数
NOW	返回当前的日期和时间
TODAY	返回今天的日期
WEEKDAY	将序列号转换为星期中的日期
WEEKNUM	将系列号转换为代表该星期为一年中第几周的数字
WORKDAY	返回指定的若干个工作日之前或之后的日期的序列号
YEAR	将序列号转换为年

Section 5.2 专题课堂——日期函数的应用

导读

Excel 2013中的数据包括3类，分别是数值、文本和公式，而日期则是数值中的一种，用户可以对日期进行处理。本节介绍一些常用日期函数的应用。

5.2.1 使用 DATE 函数计算已知第几天对应的日期

DATE 函数用于返回表示特定日期的连续序列号，下面将详细介绍 DATE 函数的语法结构以及使用 DATE 函数计算已知一年的第几天对应的准确日期。

1 语法结构 >>>

```
DATE(year,month,day)
```

DATE 函数语法具有下列参数。

- ➤ year：必需。参数的值可以包含 1～4 位数字。Excel 将根据计算机所使用的日期系统来解释 year 参数。默认情况下，Microsoft Excel for Windows 将使用 1900 日期系统，而 Microsoft Excel for Macintosh 将使用 1904 日期系统。
    - ❖ 如果 year 介于 0(零)～1899(包含这两个值)，则 Excel 会将该值与 1900 相加来计算年份。例如，DATE(108,1,2)，将返回 2008 年 1 月 2 日 (1900+108)。
    - ❖ 如果 year 介于 1900～9999(包含这两个值)，则 Excel 将使用该数值作为年份。例如，DATE(2016,1,2)，将返回 2016 年 1 月 2 日。
    - ❖ 如果 year 小于 0 或大于等于 10000，则 Excel 将返回错误值 "#NUM!"。
- ➤ month：必需。一个正整数或负整数，表示一年中从 1 月至 12 月(一月到十二月)的各个月。
    - ❖ 如果 month 大于 12，则 month 从指定年份的一月份开始累加该月份数。例如，DATE(2008,14,2)，返回表示 2009 年 2 月 2 日的序列号。
    - ❖ 如果 month 小于 1，month 则从指定年份的一月份开始递减该月份数，然后再加上 1 个月。例如，DATE(2008,-3,2)，返回表示 2007 年 9 月 2 日的序列号。
- ➤ day：必需。一个正整数或负整数，表示一月中从 1 日到 31 日的各天。
    - ❖ 如果 day 大于指定月份的天数，则 day 从指定月份的第一天开始累加该天数。例如，DATE(2008,1,35)，返回表示 2008 年 2 月 4 日的序列号。
    - ❖ 如果 day 小于 1，则 day 从指定月份的第一天开始递减该天数，然后再加上 1 天。例如，DATE(2008,1,-15)，返回表示 2007 年 12 月 16 日的序列号。

2 应用举例 >>>

如果已知当前是一年中的第几天，那么可以使用 DATE 函数计算其对应的准确日期，下面具体介绍其操作方法。

选中 B2 单元格，在编辑栏中输入公式 "=DATE(2016,1,A2)"，按键盘上的 Enter 键，即可计算出 2016 年第 10 天对应的日期。将鼠标指针移动到 B2 单元格的右下角，当鼠标指针变成十字形状时，按住鼠标左键并拖动鼠标指针至 B7 单元格，然后释放鼠标，即可快速返回第 N 天对应的日期，如图 5-2 所示。

图 5-2

5.2.2　使用 DATEVALUE 函数计算计划工作内容所需天数

DATEVALUE 函数可将存储为文本的日期转换为 Excel 能识别的日期序列号。例如，公式=DATEVALUE("2008-1-1") 返回日期 2008-1-1 的序列号 39448。下面详细介绍 DATEVALUE 函数的语法结构和使用 DATEVALUE 函数计算计划工作内容所需天数的方法。

1　语法结构

```
DATEVALUE(date_text)
```

DATEVALUE 函数语法具有以下参数。

➤ date_text：必需。表示 Excel 日期格式的文本，或者是对表示 Excel 日期格式的文本所在单元格的单元格引用。

在使用 Microsoft Excel for Windows 中的默认日期系统时，参数 date_text 必须表示 1900 年 1 月 1 日到 9999 年 12 月 31 日之间的某个日期。

在使用 Excel for Macintosh 中的默认日期系统时，参数 date_text 必须表示 1904 年 1 月 1 日到 9999 年 12 月 31 日之间的某个日期。

如果参数 date_text 的值超出上述范围，则函数 DATEVALUE 将返回错误值 "#VALUE!"。

2　应用举例

每个月初不管是员工还是老板都可能会做一个工作计划表，计划表中要包含计划内容、开始日期、完成日期、所需天数等。下面详细介绍利用函数 DATEVALUE 计算计划内容所需天数的操作。

选中 D4 单元格，在编辑栏中输入公式"=DATEVALUE(C4)-DATEVALUE(B4)"。按键盘上的 Enter 键，即可计算出第一个任务需要的天数。将鼠标指针移动到 D4 单元格的右下角，当鼠标指针变成十字形状时，按住鼠标左键并拖动鼠标指针至 D6 单元格，然后释放鼠标，即可计算出其他任务需要的天数，如图 5-3 所示。

Excel 2013 公式·函数与数据分析

D4				f_x	=DATEVALUE(C4)-DATEVALUE(B4)	
	A	B	C	D		E
1						
2		2016年8月工作计划				
3	计划内容	开始日期	完成日期	所需天数		
4	发会议邀请函	2016-8-1	2016-8-9	8		
5	修改演讲稿	2016-8-3	2016-8-18	15		
6	人员培训	2016-8-11	2016-8-28	17		
7						

图 5-3

5.2.3 使用 DAYS360 函数计算两个日期间的天数

DAYS360 用于按照一年 360 天的算法(每个月以 30 天计,一年共计 12 个月),返回两日期间相差的天数,这在一些会计计算中将会用到。如果会计系统是基于一年 12 个月、每月 30 天,则可用此函数帮助计算支付款项。下面详细介绍 DAYS360 函数的语法结构和使用 DAYS360 函数计算两个日期间天数的方法。

1 语法结构

```
DAYS360(start_date,end_date,[method])
```

DAYS360 函数语法具有以下参数。

➢ start_date, end_date:必需。要计算期间天数的起止日期。
➢ method:可选。一个逻辑值,指定在计算中是采用欧洲方法还是美国方法。

2 应用举例

DAYS360 函数可按照一年 360 天的算法,计算出两个日期间的天数。下面将详细介绍其操作方法。

在工作表的 A2 和 A3 单元格中,显示将要计算的两个日期。在 B2 单元格中输入公式 "=DAYS360(A2,A3)",然后按键盘上的 Enter 键,即可按照一年 360 天的算法,计算出 2016/1/30 与 2016/2/1 之间的天数,如图 5-4 所示。

B2			f_x	=DAYS360(A2,A3)	
	A	B		C	D
1	要计算的两个日期	两个日期间的天数			
2	2016/1/30	1			
3	2016/2/1				

图 5-4

5.2.4　使用DAY函数计算已知日期对应的天数

DAY函数用于返回以序列号表示的某日期的天数，用整数1~31表示。下面将详细介绍DAY函数的语法结构以及使用DAY函数计算已知日期对应天数的方法。

1　语法结构

```
DAY(serial_number)
```

DAY函数语法具有以下参数。

➢ serial_number：必需。要查找的那一天的日期。

2　应用举例

在B1单元格中输入公式"=DAY(A1)"，确认后，按Enter键，即可返回日期的天数，如图5-5所示。

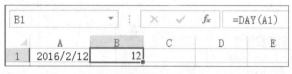

图5-5

5.2.5　使用EOMONTH函数计算指定日期到月底的天数

EOMONTH函数用于返回某个月份最后一天的序列号。使用函数EOMONTH，用户可以计算出特定月份中最后一天的到期日。下面将详细介绍EOMONTH函数的语法结构以及使用EOMONTH函数计算指定日期到月底天数的方法。

1　语法结构

```
EOMONTH(start_date, months)
```

EOMONTH函数语法具有以下参数。

➢ start_date：一个代表开始日期的日期。可使用DATE函数输入日期，或者将日期作为其他公式或函数的结果输入。
➢ months：start_date之前或之后的月份数。months为正值，将生成未来日期；为负值，将生成过去日期。

2　应用举例

准备计算指定日期到月底的天数，首先需要使用EOMONTH函数计算出相应的月末日

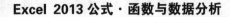

期，然后再减去指定日期。下面将详细介绍计算指定日期到月底天数的操作方法。

选中 B2 单元格，在编辑栏中输入公式"=EOMONTH(A2,0)-A2"，按键盘上的 Enter 键，即可计算出指定日期到月末的天数。选中 B2 单元格，向下拖动复制公式，即可计算出其他指定日期到月末的天数(默认返回日期值)，如图 5-6 所示。

B2		⋮ × ✓	f_x	=EOMONTH(A2,0)-A2
	A	B	C	D	E
1	活动起始日	活动天数			
2	2016/10/1	1900/1/30			
3	2016/9/1	1900/1/29			
4	2016/8/1	1900/1/30			
5	2016/7/1	1900/1/30			
6	2016/6/1	1900/1/29			
7	2016/5/1	1900/1/30			

图 5-6

选中返回的结果，重新设置其单元格格式为【常规】，这样即可显示出天数，如图 5-7 所示。

B2		⋮ × ✓	f_x	=EOMONTH(A2,0)-A2
	A	B	C	D	E
1	活动起始日	活动天数			
2	2016/10/1	30			
3	2016/9/1	29			
4	2016/8/1	30			
5	2016/7/1	30			
6	2016/6/1	29			
7	2016/5/1	30			

图 5-7

5.2.6 使用 MONTH 函数计算指定日期的月份

微课堂
0分13秒

MONTH 函数用于返回以序列号表示的日期中的月份。月份是介于 1(一月)～12(十二月)的整数。下面将详细介绍 MONTH 函数的语法结构和使用 MONTH 函数计算指定日期月份的方法。

1 语法结构 >>>

MONTH(serial_number)

MONTH 函数语法具有以下参数。

➢ serial_number：必需。要查找的那一月的日期。

2 应用举例 >>>

选择 B2 单元格，在编辑栏中输入公式"=MONTH(A2)"，然后按 Enter 键，即可返回指定日期的月份，如图 5-8 所示。

图 5-8

5.2.7 使用 NOW 函数计算当前的日期和时间

0 分 14 秒

NOW 函数用于返回当前日期和时间的序列号。下面将详细介绍 NOW 函数的语法结构和使用 NOW 函数计算当前日期和时间的方法。

1 语法结构 >>>

NOW()

该函数没有参数，但是必须要有"()"。在括号中输入任何参数，都会返回错误值。

2 应用举例 >>>

在 A2 单元格中输入公式"=TEXT(NOW(),"m 月 d 日 h:m:s")"，然后按键盘上的 Enter 键，即可计算出当前的日期和时间，如图 5-9 所示。

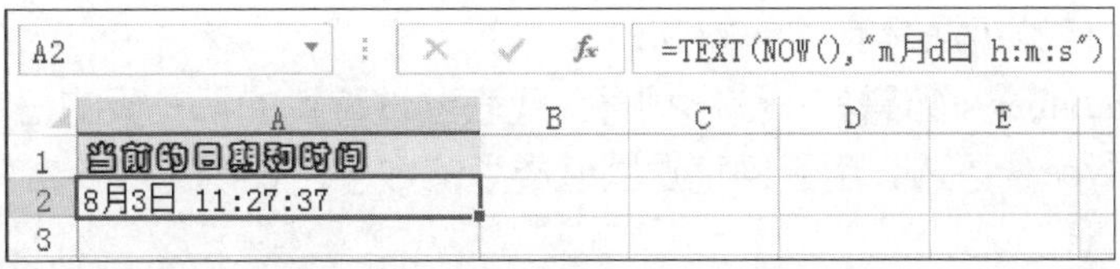

图 5-9

5.2.8 使用 TODAY 函数推算春节倒计时

0 分 27 秒

TODAY 函数用于返回当前日期的序列号。下面将详细介绍 TODAY 函数的语法结构以及使用 TODAY 函数推算春节倒计时的方法。

1 语法结构 >>>

TODAY()

该函数没有参数，但是必须要有"()"。在括号中输入任何参数，都会返回错误值。

Excel 2013 公式·函数与数据分析

2 **应用举例** >>>

已知 2017 年的春节为 1 月 28 日,用户可以利用 TODAY 函数对春节倒计时进行推算,下面详细介绍其操作方法。

选择 A2 单元格,在编辑栏中输入公式"="2017-1-28"-TODAY()",并按键盘上的 Enter 键。系统会自动在 A2 单元格内计算出距离春节的天数。通过以上方法,即可完成推算春节倒计时的操作,如图 5-10 所示。

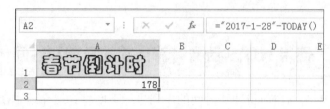

图 5-10

5.2.9 **使用 WEEKDAY 函数返回指定日期的星期值**

微课堂
0 分 34 秒

WEEKDAY 函数用于返回某日期为星期几。默认情况下,其值为 1(星期日)~7(星期六)的整数。下面将详细介绍 WEEKDAY 函数的语法结构以及使用 WEEKDAY 函数返回指定日期星期值的方法。

1 **语法结构** >>>

```
WEEKDAY(serial_number,[return_type])
```

WEEKDAY 函数语法具有以下参数。

➢ serial_number:必需。一个序列号,代表尝试查找的那一天的日期。

➢ return_type:可选。用于确定返回值类型的数字,说明见表 5-2。

表 5-2

return_type	返 回 值
1 或省略	数字 1(星期日)~数字 7(星期六)
2	数字 1(星期一)~数字 7(星期日)
3	数字 0(星期一)~数字 6(星期日)
11	数字 1(星期一)~数字 7(星期日)
12	数字 1(星期二)~数字 7(星期一)
13	数字 1(星期三)~数字 7(星期二)
14	数字 1(星期四)~数字 7(星期三)
15	数字 1(星期五)~数字 7(星期四)
16	数字 1(星期六)~数字 7(星期五)
17	数字 1(星期日)~数字 7(星期六)

2　应用举例　　　　　　　　　　　　　　　　　　　　　　　》》》

在工作中，如果需要计算值日表中的星期值，可以通过 WEEKDAY 函数来完成，下面详细介绍其操作方法。

选择 C2 单元格，在编辑栏中输入公式"=WEEKDAY($B2,2)"，并按键盘上的 Enter键，系统会在 C2 单元格内计算出该人员的值日时间对应的星期值。向下拖动填充公式至其他单元格，即可完成返回其他人员指定日期星期值的操作，如图 5-11 所示。

C2	▼	:	×	✓	fx	=WEEKDAY($B2, 2)

	A	B	C	D	E	F	G
1	姓名	值日时间	星期值				
2	韩千叶	2015/10/1	4				
3	柳辰飞	2015/9/30	3				
4	夏舒征	2015/10/3	6				
5	慕容冲	2015/10/8	4				
6	萧合凰	2015/10/25	7				
7	阮停	2015/10/31	6				
8	西郪宿	2015/11/1	7				

图 5-11

☕ **专家解读**

Excel 可将日期存储为可用于计算的序列数。默认情况下，1900 年 1 月 1 日的序列号是 1，而 2008 年 1 月 1 日的序列号是 39448，这是因为它距 1900 年 1 月 1 日有 39448 天。

5.2.10　使用 WORKDAY 计算项目完成日期

0分20秒

WORKDAY 函数用于返回在某日(起始日期)之前或之后、与该日期相隔指定工作日的某一日期的日期值。工作日不包括周末和专门指定的假日。下面将详细介绍 WORKDAY 函数的语法结构以及使用 WORKDAY 计算项目完成日期的方法。

1　语法结构　　　　　　　　　　　　　　　　　　　　　　　》》》

WORKDAY(start_date, days, [holidays])

WORKDAY 函数语法具有以下参数。

➢ start_date：必需。一个代表开始日期的日期。

➢ days：必需。start_date 之前或之后不含周末及节假日的天数。days 为正值将生成未来日期；为负值将生成过去日期。

➢ holidays：可选。一个可选列表，其中包含需要从工作日历中排除的一个或多个日期，例如各种省/市/自治区和国家/地区的法定假日及非法定假日。

可使用 DATE 函数输入日期，或者使用其他公式或函数的结果输入。

Excel 2013 公式·函数与数据分析

2 应用举例 >>>

现有一个项目除去节假日和休息日，而且必须在 90 个工作日内完成，本例将应用 WORKDAY 函数来计算项目完成的日期。

选中 B6 单元格，在编辑栏中输入公式 "=WORKDAY(B2,B3,B4:D5)"，按键盘上的 Enter 键，即可计算出该项目的完成日期，如图 5-12 所示。

B6		fx	=WORKDAY(B2,B3,B4:D5)	
	A	B	C	D	E
1		项目日期统计表			
2	项目开始日期		2016/9/9		
3	项目指定日期		90		
4	休息日	2016/11/3	2016/11/9	2016/11/20	
5	节假日	2016/10/1	2016/10/2	2016/10/3	
6	项目完成日期			2017/1/18	
7					

图 5-12

 Section 5.3 时间函数

导读 在 Excel 2013 中，除了提供许多日期函数以外，还提供了用于处理时间的函数。本节将详细介绍有关时间函数的相关知识。

5.3.1 时间的加减运算

微课堂 0分11秒

时间与日期一样，也可以进行数学运算，只是在处理时间的时候，一般只能对其进行加法和减法。

例如员工的工作时间为 "2000-4-3 08:00"，那么计算工作 8 小时后的时间公式为 "="2000-4-3 08:00"+TIME(8,0,0)"，其结果为 "2000-4-3 16:00"。

5.3.2 时间的取舍运算

微课堂 0分33秒

在日常工作中，如果人事部门需要对员工的加班时间进行统计和计算，例如要求加班时间不超过半个小时按半个小时计算，若不足 1 小时则按 1 小时计算。这时候，会涉及到

时间的舍入计算。

时间的舍入计算与常规的数值计算原理相同，都可以使用 ROUND 函数、ROUNDUP 函数或者 TRUNC 函数来进行相应的处理。

5.3.3　常用的时间函数

微课堂
0 分 14 秒

时间函数可以针对月数、天数、小时、分钟以及秒进行计算，常用时间函数的名称及其功能如表 5-3 所示。

表 5-3

函　数	功　能
HOUR	将序列号转换为小时
MINUTE	将序列号转换为分钟
SECOND	将序列号转换为秒
TIME	返回特定时间的序列号
TIMEVALUE	将文本格式的时间转换为序列号

Section 5.4　专题课堂——时间函数的应用

导读

　　为了提高计算速度，Excel 提供了很多时间函数。时间函数与日期函数一样，可以像常规数值那样去计算。本节将列举一些常用的时间函数应用案例，并对其进行详细的讲解。

5.4.1　使用 HOUR 函数计算电影播放时长

微课堂
0 分 31 秒

HOUR 函数是指返回时间值的小时数，即一个介于 0 (12:00 AM)～23 (11:00 PM)的整数。下面将详细介绍 HOUR 函数的语法结构以及使用 HOUR 函数计算电影播放时长的方法。

1　语法结构

>>>

HOUR(serial_number)

HOUR 函数语法具有以下参数。

➢ serial_number：一个时间值，其中包含要查找的小时。时间有多种输入方式，如带引号的文本字符串(例如 "6:45 PM")、十进制数(例如 0.78125 表示 6:45 PM)

Excel 2013 公式·函数与数据分析

或其他公式及函数的结果(例如 TIMEVALUE("6:45 PM"))。

2　应用举例　　　　　　　　　　　　　　　　　　　　>>>

电影院中有 4 个放映厅，每个放映厅播放电影的时间不同，播放的影片也不同，可以利用 HOUR 函数对每部电影的播放时长进行计算；需要注意的是，HOUR 函数只返回整数。下面详细介绍其操作方法。

选择 E2 单元格，在编辑栏中输入公式"=HOUR(D2-C2)"，并按键盘上的 Enter 键。系统会在 E2 单元格内计算出该影片的播放时长。向下拖动填充公式至其他单元格，即可完成计算其他电影播放时长的操作，如图 5-13 所示。

E2		:	×	✓	fx	=HOUR(D2-C2)	
	A	B	C	D	E	F
1	放映厅	电影名称	播放时间	结束时间	播放时长	
2	玫瑰厅	大白鲨	13:00	14:30	1	
3	百合厅	虎口脱险	13:30	15:30	2	
4	槐花厅	失恋55天	13:40	16:00	2	
5	水仙厅	铁西区	13:50	22:10	8	

图 5-13

 专家解读

HOUR 函数在返回小时数值的时候，提取的是实际小时数与 24 的差值。例如，提取小时数为 28，那么 HOUR 函数将返回数值 4。在 HOUR 函数中的参数必须为数值型数据，如数字、文本格式的数字或者表达式。如果是文本，则返回错误值"#VALUE!"。

5.4.2　使用 MINUTE 函数精确到分钟计算工作时间　
0 分 29 秒

MINUTE 函数用于返回时间值中的分钟，为一个介于 0~59 的整数。下面将详细介绍 MINUTE 函数的语法结构以及使用 MINUTE 函数精确到分钟计算工作时间的操作方法。

1　语法结构　　　　　　　　　　　　　　　　　　　　>>>

```
MINUTE(serial_number)
```

MINUTE 函数语法具有以下参数。

➢ serial_number：一个时间值，其中包含要查找的分钟。时间有多种输入方式，如带引号的文本字符串(例如 "6:45 PM")、十进制数(例如 0.78125 表示 6:45 PM)或其他公式或函数的结果(例如 TIMEVALUE("6:45 PM"))。

2　应用举例

>>>

本案例的条件为工厂每天上班分 3 班，即平均每天上班 8 小时左右，下一班再接着上。现需要统计每个人员扣除休息时间后的上班时间，以小时为单位，下面介绍其计算方法。

选中 E2 单元格，在编辑栏中输入公式 "=HOUR(C2)+MINUTE(C2)/60-HOUR(B2)-MINUTE(B2)/60-D2+24*(C2<B2)"。按键盘上的 Enter 键，即可计算出第一名职工的工作时间。选中 E2 单元格，向下拖动复制公式，即可计算出其他职工的工作时间，如图 5-14 所示。

E2		⋮	✕ ✓ fx	=HOUR(C2)+MINUTE(C2)/60-HOUR(B2) -MINUTE(B2)/60-D2+24*(C2<B2)	
▲	A	B	C	D	E	F
1	姓名	上班时间	下班时间	休息时间（小时）	工作时间（小时）	
2	韩千叶	8:00	17:30	1.50	8.00	
3	柳辰飞	23:55	7:50	0.50	7.42	
4	夏舒征	16:30	2:00	1.00	8.50	
5	慕容冲	8:20	17:00	1.50	7.17	
6	萧合凰	0:00	8:00	0.50	7.50	
7	阮停	15:50	23:55	1.00	7.08	
8	西糊宿	23:20	8:00	1.50	7.17	
9	孙祈钒	8:10	16:25	1.00	7.75	
10	狄云	16:00	23:38	1.00	6.63	
11	丁典	0:00	7:50	1.00	6.83	

图 5-14

☕ 专家解读

本例公式中首先利用 HOUR 函数计算工作的小时数，用 MINUTE 函数计算分钟数，再将分钟除以 60 转换成小时数。两者相加再扣除休息时间即为工作时间，为了防止出现负数，对上班时间的小时数大于下班时间者加 24 小时作调节。MINUTE 函数统计分钟时只计算整数，秒数不会转换为小数。

5.4.3　使用 SECOND 函数计算选手之间相差的秒数

微课堂 0 分 32 秒

SECOND 函数用于返回时间值的秒数，为 0～59 的整数。下面将详细介绍 SECOND 函数的语法结构以及使用 SECOND 函数计算选手之间相差秒数的方法。

1　语法结构

>>>

```
SECOND(serial_number)
```

SECOND 函数语法具有以下参数。

➤ serial_number：表示一个时间值，其中包含要查找的秒数。时间有多种输入方式，如带引号的文本字符串(例如 "6:45 PM")、十进制数(例如 0.78125 表示 6:45PM)或其他公式或函数的结果(例如 TIMEVALUE("6:45 PM"))。

Excel 2013 公式·函数与数据分析

2 应用举例　　　　　　　　　　　　　　　　　　　　　　　　　　　　　　　>>>

　　在赛跑比赛中，通常几秒钟即可影响一名选手的排名，用户可以通过 SECOND 函数来精确计算出两名选手之间相差的秒数。

　　选中 C3 单元格，在编辑栏中输入公式"=SECOND(B3-B2)"，并按键盘上的 Enter 键，系统会在 C3 单元格内计算出两名选手之间相差的秒数。向下拖动填充公式至其他单元格，即可完成返回选手之间相差秒数的操作，如图 5-15 所示。

C3	▼	:	× ✓ fx	=SECOND(B3-B2)		
▲	A	B		C	D	E
1		**千米达标统计**				
2	第一名	0:03:20		相差秒数		
3	第二名	0:03:23		3		
4	第三名	0:03:33		10		
5	第四名	0:03:44		11		
6	第五名	0:03:47		3		
7	第六名	0:03:50		3		
8	第七名	0:03:55		5		

图 5-15

专家解读

　　SECOND 函数用于计算时间值的秒数，返回的秒数为 0～59 的整数。日期值中包含所有的日期信息(年、月、日和时间)，如果只想提取其中的秒数，则可使用 SECOND 函数。

5.4.4　使用 TIME 函数计算比赛到达终点时间

微课堂　0 分 20 秒

　　TIME 函数用于返回某一特定时间的小数值，函数 TIME 返回的小数值为 0(零)～0.99999999 的数值，代表从 0:00:00 (12:00:00 AM) 到 23:59:59 (11:59:59 PM)的时间。下面将详细介绍TIME函数的语法结构以及使用TIME函数计算比赛到达终点时间的操作方法。

1 语法结构　　　　　　　　　　　　　　　　　　　　　　　　　　　　　　　>>>

TIME(hour, minute, second)

TIME 函数语法具有以下参数。

➤ hour：必需。0(零)～32767 的数值，代表小时。任何大于 23 的数值将除以 24，其余数将视为小时。

➤ minute：必需。0～32767 的数值，代表分钟。任何大于 59 的数值将被转换为小时和分钟。

➤ second：必需。0～32767 的数值，代表秒。任何大于 59 的数值将被转换为小时、分钟和秒。

2　应用举例

选中 E3 单元格，在编辑栏中输入公式"=TIME(A3,B7,C3)"，按键盘上的 Enter 键，即可计算出第一组到达终点的时间。选中 E3 单元格，向下拖动复制公式，这样即可计算出其他组到达终点的时间，如图 5-16 所示。

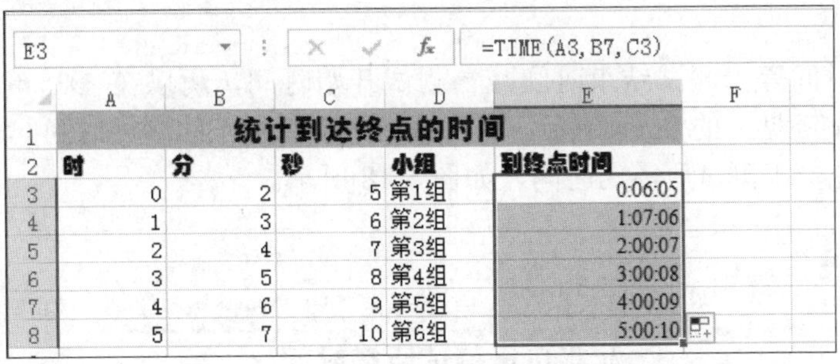

图 5-16

5.4.5　使用 TIMEVALUE 函数计算口语测试时间

TIMEVALUE 函数用于返回由文本字符串所代表的小数值，该小数值为 0～0.99999999 的数值，代表从 0:00:00 (12:00:00 AM)到 23:59:59 (11:59:59 PM)的时间。下面将详细介绍 TIMEVALUE 函数的语法结构以及使用 TIMEVALUE 函数计算口语测试时间的方法。

1　语法结构

TIMEVALUE(time_text)

TIMEVALUE 函数语法具有以下参数。

➤ time_text：必需。一个文本字符串，代表以任意一种 Microsoft Excel 时间格式表示的时间。

2　应用举例

某公司在招聘新员工时进行英语口语测试，这个测试没有固定的时间，所以要记录每个人具体的测试时间。要求利用函数 TIMEVALUE 输入测试的开始时间和结束时间，然后计算出每个人的测试时间。下面具体介绍其操作方法。

在工作表中，首先输入测试时间和结束时间。选中 B3 单元格，在编辑栏中输入公式"=TIMEVALUE("08:25:15 AM")"，按键盘上的 Enter 键，B3 单元格中将显示时间值"08:25:15"。利用函数 TIMEVALUE 输入所有测试的开始时间和结束时间，如图 5-17 所示。

B3		× ✓ fx	=TIMEVALUE("08:25:15 AM")	
	A	B	C	D	E

计算口语测试所需时间

	姓名	测试开始时间	测试结束时间	测试所需时间
3	韩千叶	8:25:15	9:10:15	
4	柳辰飞	9:15:10	9:45:15	
5	夏舒征	10:05:15	10:55:25	
6	慕容冲	11:15:10	11:55:15	

图 5-17

测试所需时间等于测试结束时间减去测试开始时间，所以在 D3 单元格中输入公式"=C3-B3"，按键盘上的 Enter 键后，即可得到第 1 名员工的测试时间。将公式向下填充，即可计算出其他员工测试所需的时间，如图 5-18 所示。

D3		× ✓ fx	=C3-B3	
	A	B	C	D	E

计算口语测试所需时间

	姓名	测试开始时间	测试结束时间	测试所需时间
3	韩千叶	8:25:15	9:10:15	0:45:00
4	柳辰飞	9:15:10	9:45:15	0:30:05
5	夏舒征	10:05:15	10:55:25	0:50:10
6	慕容冲	11:15:10	11:55:15	0:40:05

Sheet1　Sheet2　⊕

图 5-18

Section 5.5 实践经验与技巧

　　在本节的学习过程中，将侧重介绍与本章知识点有关的实践经验及技巧，主要内容包括计算员工的应付工资、计算员工转正时间、计算应付账款的还款天数和根据出生日期快速计算年龄等方面的知识与操作技巧。

5.5.1 计算员工的应付工资

微课堂
0分30秒

　　某公司业务扩大，招了一批临时员工，工资的发放是按照工作日来计算的，规定每个工作日付给员工 60 元，现在要求计算员工的应付工资。

　　打开"临时员工登记表"，选中 D3 单元格，输入公式"=NETWORKDAYS(B3,C3,$B$9:$D$9)*60"，按键盘上的 Enter 键，即可计算出第 1 名临时员工的应付工资。选中 D3 单元格，向下拖动至 D7 单元格复制公式，这样即可计算出其他临时员工的应付工资，如图 5-19 所示。

D3			✕ ✔ fx	=NETWORKDAYS(B3,C3,$B$9:$D$9)*60		
▲	A	B	C	D	E	F
1		临时员工登记表				
2	员工编号	开始工作的日期	结束工作的日期	应付工资		
3	D10023	2015/3/20	2015/6/8	3360		
4	D10024	2015/2/12	2015/4/12	2520		
5	D10025	2015/1/19	2015/3/26	2940		
6	D10026	2015/3/6	2015/6/4	3840		
7	D10027	2015/5/2	2015/7/8	2820		
8						
9	节假日	2015/4/4	2015/7/4	2015/6/1		
10						

图 5-19

一点即通

本例公式中首先利用 NETWORKDAYS 函数计算出员工的实际工作日，然后再乘以日工资即得到员工的应付工资。单元格区域 $B$9:$D$9 为节假日，这里使用绝对引用是为了保证在公式填充时该单元格区域不变。

5.5.2　计算员工转正时间

微课堂
0 分 38 秒

公司规定，员工进厂需要试用 3 个月。每月从 16 日开始计算，到下月 15 日算一个月，如果本月 16 日之前进厂，那么到下月 15 日就算一个月；如果本月 15 日之后进厂，那么从下月 16 日才开始计算。现需统计每名员工的转正日期。

打开"计算员工转正日期"文件，选中 C2 单元格，输入公式"=DATE(YEAR(B2), MONTH(B2)+3+(DAY(B2)>15),16)"。按键盘上的 Enter 键，即可计算出第 1 名员工转正的时间。选中 C2 单元格，向下拖动复制公式，这样即可计算出其他员工的转正时间，如图 5-20 所示。

C2			✕ ✔ fx	=DATE(YEAR(B2),MONTH(B2)+3+(DAY(B2)>15),16)				
▲	A	B	C	D	E	F	G	H
1	姓名	进厂时间	转正时间					
2	柳兰歌	2015/10/13	2016/1/16					
3	秦水支	2015/9/23	2016/1/16					
4	李念儿	2015/9/23	2016/1/16					
5	文彩依	2015/9/23	2016/1/16					
6	柳婢诗	2015/11/1	2016/2/16					
7	顾莫言	2015/12/1	2016/3/16					
8	任水寒	2015/1/1	2015/4/16					
9	金磨针	2015/1/31	2015/5/16					
10	丁玲珑	2015/2/10	2015/5/16					
11	凌霜华	2015/2/21	2015/6/16					
12								
13								

图 5-20

Excel 2013 公式·函数与数据分析

→ **一点即通**

　　本例公式中首先利用 MONTH 函数提取员工进厂月份，然后累加 3 表示转正的月份。鉴于公司规定 15 日之后进厂需要延后一个月转正，那么通过 DAY 函数提取其进厂日，如果大于 15 则加一个月，对于日期统一使用 16 日，而年份则采用进厂日期的年份；如果 3 个月后转正时已经跨入第二年，Excel 会自动累加，修改年份的序列值。

5.5.3　　计算应付账款的还款天数

0 分 42 秒

　　公司在购入办公物品时，可能因为数量很大，要拖欠一段时间才会将所购物品的总金额全部付清，现在要求利用函数 DAY360 统计所购物品的还款天数。

　　打开"应付账款日期表"，选中 D3 单元格，输入公式"=DAYS360(B3,C3,FALSE)"。按键盘上的 Enter 键，即可计算出"电脑"的还款天数。将鼠标指针移动到 D3 单元格的右下角，当鼠标指针变成十字形状时，按住鼠标左键并拖动鼠标指针至 D7 单元格，然后释放鼠标，即可计算出其他购入物品的还款天数，如图 5-21 所示。

D3		✕ ✓ *fx*	=DAYS360(B3,C3,FALSE)	
	A	B	C	D	E
1			应付账款日期表		
2	购入物品	购入日期	支付日期	应付账款的还款天数	
3	电脑	2015/11/10	2016/7/29	259	
4	电风扇	2015/3/5	2015/8/5	150	
5	电脑桌	2015/3/16	2015/6/24	98	
6	电话	2015/4/15	2015/5/17	32	
7	键盘	2015/8/13	2015/9/26	43	

图 5-21

5.5.4　　根据出生日期快速计算年龄

0 分 23 秒

　　DATEDIF 函数用于计算两个日期之间的年数、月数和天数，下面具体介绍使用 DATEDIF 函数配合 TODAY 函数根据出生日期快速计算年龄的操作方法。

　　打开"出生日期"文件，选择 D2 单元格，在编辑栏中输入公式"=DATEDIF(C2,TODAY(),"Y")"，按键盘上的 Enter 键，即可计算出此人的年龄。选中 D2 单元格，向下拖动复制公式，即可快速计算出其他人员的年龄，如图 5-22 所示。

 一点即通

　　运用 DATEDIF 函数计算出的年龄，其结果按周岁显示。

D2		⋮	× ✓	*fx*	=DATEDIF(C2,TODAY(),"Y")		

▲	A	B	C	D	E	F	G
1	姓名	性别	出生日期	年龄			
2	韩千叶	女	1987/9/5	28			
3	柳辰飞	男	1987/9/10	28			
4	夏舒征	女	1988/6/20	27			
5	慕容冲	男	1985/6/7	30			
6	萧合閏	女	1986/6/20	29			
7	阮停	男	1988/5/1	27			
8	西鬻宿	女	1987/6/9	28			
9	孙祈钒	男	1986/5/4	29			
10	狄云	女	1986/8/4	29			

图 5-22

Section 5.6　有问必答

1. 如何求两个日期间的工作日？

使用 NETWORKDAYS 函数可计算两个日期间的工作日数值，工作日不包括周末和专门指定的假期。例如，以下公式计算 2017 年 1 月的工作天数为 22 天："=NETWORKDAYS (DATEVALUE("2017-1-1"), DATEVALUE("2017-1-31"))"。

2. 如何确定最近的星期日日期？

每星期为 7 天，可以使用 MOD 函数来方便地处理与星期相关的公式。例如，以下公式可以返回最近的星期日日期："=TODAY()-MOD(TODAY()-1, 7)"。将该值的单元格格式设置为"日期"格式，即可显示最近的星期日日期。

3. 如何求两日期间有几个星期？

计算两日期间有几个星期可分多种情况，如两日期间有几个星期日，有几个星期一等。假设 A1 单元格为开始日期，A2 单元格为结束日期，则各种情况的公式分别如下。

➢ 　星期日："=INT((WEEKDAY(A1-0,2)+A2-A1)/7"。
➢ 　星期一："=INT((WEEKDAY(A1-1,2)+A2-A1)/7"。
➢ 　星期二："=INT((WEEKDAY(A1-2,2)+A2-A1)/7"。
➢ 　星期三："=INT((WEEKDAY(A1-3,2)+A2-A1)/7"。
➢ 　星期四："=INT((WEEKDAY(A1-4,2)+A2-A1)/7"。
➢ 　星期五："=INT((WEEKDAY(A1-5,2)+A2-A1)/7"。
➢ 　星期六："=INT((WEEKDAY(A1-6,2)+A2-A1)/7"。

4. 如何求季度？

季度和月份对应，一般知道月份后，很快就可以计算出该月属于哪一季度，在一些报表信息中，可能需要自动计算出当前的季度数，此时使用以下公式："ROUNDUP(MONTH(B2)/3,0)"。

B2 单元格中保存着日期，公式使用 MONTH 函数提取日期的月份，然后除以 3，再进行四舍五入得到 1～4 中的某个值。

5. 如何进行时间值的舍入?

有时需对计算的时间进行舍入，例如，若对工作时间按小时计费，不足半小时不计算，超过半小时按一小时计算，就需要进行时间值的舍入计算，以下公式可完成该功能："ROUND(TEXT(A1, "[h].mmss")+0.2,0)"。

公式中首先使用 TEXT 函数将 A1 单元格中的时间值转换为小时，如 A1 中的值为 8:29，则经过 TEXT 函数格式化为 8.29，将其加上 0.2，为 8.49，再进行四舍五入，得到整数 8。如果 A1 中的值为 8:30，经过 TEXT 函数格式化为 8.3，再加上 0.2 为 8.5，进行四舍五入得到整数 9。

第6章

数学与三角函数

本章主
要内容

　　本章主要介绍常规计算、舍入计算、阶乘与随机数、指数与对数和三角函数计算方面的知识与技巧。在本章的最后还将针对实际的工作需求,讲解其他数学与三角函数的计算方法。通过本章的学习,读者可以掌握数学与三角函数方面的知识,为深入学习 Excel 2013 公式、函数与数据分析知识奠定基础。

常用的数学与三角函数

Excel 的数学计算功能非常强大，它提供了丰富的数学计算函数，包括求和、小数的舍入、生成随机数以及三角函数等，还包括矩阵运算等复杂的计算功能，这些都为数据分析打下了基础。本节详细介绍常用的数学与三角函数相关知识。

Excel 2013 中提供了大量的数学和三角函数，如取整函数、绝对值函数和正切函数等，从而方便进行数学和三角的计算，表 6-1 中显示了全部数学和三角函数名称及其功能。

表 6-1

函 数	说 明
ABS	返回数字的绝对值
ACOS	返回数字的反余弦值
ACOSH	返回数字的反双曲余弦值
ASIN	返回数字的反正弦值
ASINH	返回数字的反双曲正弦值
ATAN	返回数字的反正切值
ATAN2	返回 X 和 Y 坐标的反正切值
ATANH	返回数字的反双曲正切值
CEILNG	将数字舍入为最接近的整数或最接近的指定基数的倍数
COMBN	返回给定数目对象的组合数
COS	返回数字的余弦值
DEGREES	将弧度转换为度
EVEN	将数字向上舍入到最接近的偶数
EXP	返回 e 的 n 次方
FACT	返回数字的阶乘
FACTDOUBLE	返回数字的双倍阶乘
FLOOR	向绝对值减小的方向舍入数字
GCD	返回最大公约数
INT	将数字向下舍入到最接近的整数
LCM	返回最小公倍数
LN	返回数字的自然对数
LOG	返回数字以指定值为底的对数
LOG10	返回数字以 10 为底的对数
MDETERM	返回数组矩阵行列式的值

函　数	说　明
MINVERSE	返回数组的逆矩阵
MMULT	返回两个数组的矩阵乘积
MOD	返回除法的余数
MROUND	返回一个舍入到所需倍数的数字
MULTINOMIAL	返回一组数字的多项式
ODD	将数字向上舍入为最接近的奇数
PI	返回 pi 的值
POWER	返回数的乘幂
PRODUCT	将其参数相乘
QUOTIENT	返回除法的整数部分
RADIANS	将度转换为弧度
RAND	返回 0~1 的一个随机数
RANDBETWEEN	返回位于两个指定数之间的一个随机数
ROMAN	将阿拉伯数字转换为文本式罗马数字
ROUND	将数字按指定位数舍入
ROUNDUP	向绝对值减小的方向舍入数字
SERIESSUM	返回基于公式的幂级数的和
SIGN	返回数字的符号
SIN	返回给定角度的正弦值
SINH	返回给定数字的双曲正弦值
SQRT	返回正平方根
SQRTPI	返回某数与 pi 的乘积的平方根
SUBTOTAL	返回列表或数据库中的分类汇总
SUM	求参数的和
SUMIF	按给定条件对指定单元格求和
SUNIFS	在区域中添加满足多个条件的单元格
SUMPRODUCT	返回对应的数组元素的乘积和
SUMSQ	返回参数的平方和
SUMX2MY2	返回两数组中对应值平方差之和
SUNMX2PY2	返回两数组中对应值平方和之和
SUMXMY2	返回两数组中对应值差的平方和
TAN	返回数字的正切值
TANH	返回数字的双曲正切值
TRUNC	将数字截尾取整

Section
6.2
常规计算

数学函数主要应用于数学计算中，本节将列举一些在数学函数中进行常规计算的应用，并对其进行详细讲解。

6.2.1 使用 ABS 函数计算两地的温差

微课堂
0分16秒

ABS 函数用于返回数字的绝对值，整数和 0 返回数字本身，负数返回数字的相反数，绝对值没有符号。下面将详细介绍 ABS 函数的语法结构以及使用 ABS 函数计算两地温差的方法。

1　语法结构

`ABS(number)`

ABS 函数语法具有下列参数。

➢　number：必需。表示要计算绝对值的数值。

2　应用举例

本例将应用 ABS 函数计算出工作表中给出的两个地方的温度之差，下面具体介绍其操作方法。

选中 D2 单元格，在编辑栏中输入公式"=ABS(C2-B2)"，然后按键盘上的 Enter 键，即可计算出两地的温差，如图 6-1 所示。

D2		× ✓ fx	=ABS(C2-B2)	
	A	B	C	D	E
1	日期	北京	上海	两地温差	
2	2016/5/1	20	33	13	

图 6-1

6.2.2 使用 MOD 函数计算库存结余

微课堂
0分29秒

MOD 函数用于返回两个数值相除后的余数，其结果的正负号与除数相同。下面将详

细介绍 MOD 函数的语法结构以及使用 MOD 函数计算库存结余的方法。

1 语法结构

MOD(number, divisor)

MOD 函数语法具有下列参数。

➢ number：必需。表示被除数。

➢ divisor：必需。表示除数，并且不能为 0 值。

2 应用举例

在已知商品数量且需要平均分配给提货商家的前提下，使用 MOD 函数可以快速地进行库存结余计算。下面详细介绍其操作方法。

选择 D2 单元格，在编辑栏中输入公式 "=MOD(B2,C2)"，并按键盘上的 Enter 键，系统会自动在 D2 单元格内计算出该商品的库存结余。向下拖动填充公式至其他单元格，即可完成计算库存结余的操作，如图 6-2 所示。

D2			fx	=MOD(B2,C2)		
	A	B	C	D	E	F
1	商品	数量	提货商数	库存结余		
2	商品1	5050	6	4		
3	商品2	4567	46	13		
4	商品3	9000	15	0		
5	商品4	5786	34	6		
6	商品5	8753	9	5		
7	商品6	4867	18	7		
8						

图 6-2

6.2.3　使用 SUM 函数计算学生总分成绩

微课堂
0 分 28 秒

SUM 函数用于返回某一单元格区域中所有数字之和。下面将详细介绍 SUM 函数的语法结构以及使用 SUM 函数计算学生总分成绩的方法。

1 语法结构

SUM(number1,[number2],...])

SUM 函数语法具有下列参数。

➢ number1：必需。表示想要相加的第 1 个数值参数。

➢ number2,...：可选。表示想要相加的第 2～255 个数值参数。

2　应用举例　　　　　　　　　　　　　　　　　　　　　　　　　　**>>>**

使用求和函数 SUM 函数，可以快速、方便地将学生成绩统计出来。下面详细介绍其操作方法。

选择 E2 单元格，在编辑栏中输入公式 "=SUM(B2:D2)"，并按键盘上的 Enter 键。在 E2 单元格中，系统会自动计算出该学生的总成绩。向下拖动填充公式至其他单元格，即可完成计算学生总分成绩的操作，如图 6-3 所示。

E2		:	×	✓	ƒx	=SUM(B2:D2)	
⊿	A	B	C	D	E	F
1	姓名	数学	语文	英语	总分	
2	韩千叶	75	120	110	305	
3	柳辰飞	72	57	125	254	
4	夏舒征	50	80	110	240	
5	慕容冲	80	87	83	250	
6	萧合凰	78	88	90	256	
7						

图 6-3

 知识拓展

如果参数是一个数组或引用，则只计算其中的数字，数组或引用中的空白单元格、逻辑值或文本将被忽略。如果参数为错误值或为不能转换为数字的文本，会导致错误。

6.2.4　使用 SUMIF 函数统计指定商品的销售数量

SUMIF 函数用于对区域中符合指定条件的值求和。下面将详细介绍 SUMIF 函数的语法结构以及使用 SUMIF 函数统计指定商品销售数量的方法。

1　语法结构　　　　　　　　　　　　　　　　　　　　　　　　　　**>>>**

SUMIF(range, criteria, [sum_range])

SUMIF 函数语法具有以下参数。

➢ range：必需。表示用于条件计算的单元格区域。每个区域中的单元格都必须是数字或名称、数组或包含数字的引用。空值和文本值将被忽略。

➢ criteria：必需。表示用于确定对哪些单元格求和的条件，其形式可以为数字、表达式、单元格引用、文本或函数。例如，条件可以表示为 32、">32"、B5、"32"、"苹果"或 TODAY()。

➢ sum_range：可选。表示要求和的实际单元格。如果省略 sum_range 参数，Excel

会对在范围参数中指定的单元格(即应用条件的单元格)求和。

2　应用举例

　　本例将使用通配符配合 SUMIF 函数，统计指定商品的销售数量。下面详细介绍其操作方法。

　　选择 D7 单元格，在编辑栏中输入公式"=SUMIF(B2:B10,"真心*",C2:C10)"，并按键盘上的 Enter 键，在 D7 单元格中，系统会自动计算出真心罐头的销售数量。通过以上方法，即可完成统计指定商品销售数量的操作，如图 6-4 所示。

D7			▼	：	×	✓	f_x	=SUMIF(B2:B10,"真心*",C2:C10)	
▲	A		B			C		D	E
1	编号	商品				销售数量			
2	1001	真心桃罐头				200		真心罐头销售数量	
3	1002	水塔桃罐头				180			
4	1003	味品堂桃罐头				210			
5	1004	真心菠萝罐头				180			
6	1005	水塔菠萝罐头				190			
7	1006	味品堂菠萝罐头				205			
8	1007	真心山楂罐头				150		**530**	
9	1008	水塔山楂罐头				145			
10	1009	味品堂山楂罐头				170			

图 6-4

6.2.5　使用 SUMIFS 函数统计某日期区间的销售金额

微课堂　0 分 17 秒

　　SUMIFS 函数用于对某一区域内满足多重条件的单元格求和。下面将详细介绍 SUMIFS 函数的语法结构以及使用 SUMIFS 函数统计某日期区间销售金额的方法。

1　语法结构

SUMIFS(sum_range, criteria_range1, criteria1, [criteria_range2, criteria2], ...)

SUMIFS 函数语法具有以下参数。

➢ sum_range：必需。表示要求和的单元格区域，包括数字或包含数字的名称、名称、区域或单元格引用。空值和文本值将被忽略。

➢ criteria_range1：必需。表示要作为条件进行判断的第 1 个单元格区域。

➢ criteria1：必需。表示要进行判断的第 1 个条件，条件的形式为数字、表达式、单元格引用或文本，可用来定义将对 criteria_range1 参数中的哪些单元格求和。例如，条件可以表示为 32、">32"、B4、"苹果"或 "32"。

➢ criteria_range2, criteria2, …：可选。附加的区域及其关联条件。最多允许 127 个区域/条件对。

Excel 2013 公式·函数与数据分析

2 应用举例 〉〉〉

通过 SUMIFS 函数来设置的公式可以统计出某月中旬的销售金额总值。下面具体介绍其操作方法。

选中 F5 单元格，在编辑栏中输入公式"=SUMIFS(D2:D9,A2:A9, ">15-1-10",A2:A9, "<=15-1-20")"，按键盘上的 Enter 键，即可统计出 2015 年 1 月中旬的销售总金额，如图 6-5 所示。

	A	B	C	D	E	F	G	H	I
	F5			=SUMIFS(D2:D9,A2:A9, ">15-1-10",A2:A9, "<=15-1-20")					
1	日期	类别	代号	金额					
2	2015/1/1	商品1	1	300					
3	2015/1/3	商品2	2	725					
4	2015/1/9	商品3	1	124		1月中旬销售金额			
5	2015/1/12	商品4	2	600		1896			
6	2015/1/15	商品5	2	246					
7	2015/1/17	商品6	1	375					
8	2015/1/19	商品7	1	675					
9	2015/1/25	商品8	1	375					
10									

图 6-5

Section 6.3 舍入计算

如果要将一个数字舍入到最接近的整数，或者要将一个数字舍入为 10 的倍数以简化为一个近似量，那么可以应用一些舍入计算的函数。本节将列举一些在数学函数中进行舍入计算的应用，并对其进行详细讲解。

6.3.1 使用 CEILING 函数计算通话费用

微课堂 0分32秒

CEILING 函数用于将指定的数值按照条件进行舍入计算。下面将详细介绍 CEILING 函数的语法结构以及使用 CEILING 函数计算通话费用的方法。

1 语法结构 〉〉〉

CEILING(number, significance)

CEILING 函数语法具有下列参数。

➢ number：必需。表示要舍入的值。

➢ significance：必需。表示要舍入到的倍数。

2 应用举例

在计算长途话费时，一般以 7 秒为单位，不足 7 秒按 7 秒计算。如果已知通话秒数和计费单价，那么可以使用 CEILING 函数计算出每次通话的费用。CEILING 函数用于将参数 number 向上舍入为最接近的 significance 的倍数，下面具体介绍其操作方法。

选中 D2 单元格，在编辑栏中输入公式"=CEILING(B2/7,1)*C2"，按键盘上的 Enter 键，即可计算出第一次通话费用。选择 D2 单元格，向下拖动进行公式填充，可以快速计算出其他通话时间的费用，如图 6-6 所示。

D2			f_x	=CEILING(B2/7,1)*C2	
	A	B	C	D	E	F
1	编号	通话秒数	计费单价	通话费用		
2	1	3546	0.04	20.28		
3	2	576	0.04	3.32		
4	3	3456	0.04	19.76		
5	4	354	0.04	2.04		
6	5	354	0.04	2.04		
7	6	633	0.04	3.64		

图 6-6

6.3.2 使用 FLOOR 函数计算员工的提成奖金

微课堂
0分38秒

FLOOR 函数用于以绝对值减小的方向按照指定倍数舍入数字，下面将介绍 FLOOR 函数的语法结构以及使用 FLOOR 函数计算员工提成奖金的方法。

1 语法结构

FLOOR(number, significance)

FLOOR 函数语法具有下列参数。

➤ number：必需。表示要舍入的数值。

➤ significance：必需。表示要舍入到的倍数。

2 应用举例

本例将应用 FLOOR 函数计算员工的提成奖金。提成奖金计算规则为：每超过 3000 元，提成 200 元，剩余金额小于 3000 元时忽略不计。下面将详细介绍其方法。

选中 C2 单元格，在编辑栏中输入公式：=FLOOR(B2,3000)/3000*200，按键盘上的 Enter 键，即可根据 B2 单元格中的销售额计算出该员工的提成奖金。将鼠标指针移动到 C2 单元格右下角，待鼠标指针变成十字形状后，按住鼠标左键并向下拖动进行公式填充，即可计算出其他员工的提成奖金，如图 6-7 所示。

| C2 | ▾ | ∶ | × | ✓ | f_x | =FLOOR(B2,3000)/3000*200 |

⊿	A	B	C	D	E	F
1	姓名	销售额	提成奖金			
2	韩千叶	18632	1200			
3	柳辰飞	15362	1000			
4	夏舒征	16425	1000			
5	慕容冲	19654	1200			
6	萧合圍	16834	1000			

图 6-7

6.3.3 使用 INT 函数对平均销量取整

微课堂
0分16秒

INT 函数用于将指定数值向下取整为最接近的整数。下面将详细介绍 INT 函数的语法结构以及使用 INT 函数对平均销量取整的方法。

1 语法结构 ⋙

INT(number)

INT 函数语法具有下列参数。

➤ number：必需。表示需要进行向下舍入取整的实数。

2 应用举例 ⋙

本例将使用 INT 函数对平均销量进行取整计算。下面将详细介绍其操作方法。

选中 B6 单元格，在编辑栏中输入公式"=INT(AVERAGE(B2:B5))"，按键盘上的 Enter 键，即可对计算出的产品平均销售数量进行取整，如图 6-8 所示。

| B6 | ▾ | ∶ | × | ✓ | f_x | =INT(AVERAGE(B2:B5)) |

⊿	A	B	C	D	E
1	部门	销售数量			
2	销售1部	6435			
3	销售2部	5625			
4	销售3部	5634			
5	销售4部	4621			
6	平均销量	5578			

图 6-8

🔅 知识拓展

在本例公式中，首先利用 AVERAGE 函数计算平均销售量，然后再使用 INT 函数进行取整。

6.3.4 使用 ROUND 函数将数字按指定位数舍入

微课堂
0分32秒

ROUND 函数用于按照指定的位数对数值进行四舍五入。下面将详细介绍 ROUND 函数的语法结构以及使用 ROUND 函数将数字按指定位数舍入的方法。

1 语法结构

```
ROUND(number, num_digits)
```

ROUND 函数语法具有下列参数。

➤ number：必需。表示要四舍五入的数字。

➤ num_digits：必需。表示要进行四舍五入的位数，按此位数对 number 参数进行四舍五入。

2 应用举例

本例将使用 ROUND 函数将总销售金额按 2 位小数的形式进行舍入。下面将详细介绍其操作方法。

选中 D2 单元格，在编辑栏中输入函数"=ROUND(B2*C2,2)"，然后按键盘上的 Enter 键，系统会以 2 位小数的形式返回总销售额。将鼠标指针移动到 D2 单元格右下角，待鼠标指针变成十字形状后，按住鼠标左键并向下拖动进行公式填充，即可以 2 位小数的形式计算出其他人员的总销售金额，如图 6-9 所示。

D2	▼	:	× ✓	fx	=ROUND(B2*C2,2)		
▲	A	B	C	D		E	F
1	姓名	销售件数	销售单价	总销售额			
2	韩千叶	453	213.14	96552.42			
3	柳辰飞	357	542.54	193686.78			
4	夏舒征	367	342.13	125561.71			
5	慕容冲	378	213.45	80684.1			
6	萧合凰	397	248.56	98678.32			
7	阮停	853	264.42	225550.26			
8	西燚宿	357	234.65	83770.05			

图 6-9

6.3.5 使用 ROUNDUP 函数计算人均销售额

ROUNDUP 函数用于按照指定的位数对数值进行向上舍入。下面将介绍 ROUNDUP 函数的语法结构以及使用 ROUNDUP 函数计算人均销售额的方法。

1 语法结构

```
ROUNDUP(number, num_digits)
```

ROUNDUP 函数语法具有下列参数。

➤ number：必需。表示需要向上舍入的任意实数。

➤ num_digits：必需。表示舍入的数字位数。

2 应用举例

在日常工作中，经常会遇到两数相除，在小数点之后有很长一段数字，这计算起来十分不方便。使用 ROUNDUP 函数，可以对数值进行向上舍入。下面详细介绍其操作方法。

选择 D2 单元格，在编辑栏中输入公式"=ROUNDUP((B2/C2),2)"，并按键盘上的 Enter 键，系统会自动在 D2 单元格内计算出人均销售额，并对小数点后两位进行舍入。向下拖动填充公式至其他单元格，即可完成计算人均销售额的操作，如图 6-10 所示。

	D2		:	✕	✓	fx	=ROUNDUP((B2/C2),2)		
◢	A	B	C	D	E	F			
1	商品	销售额	销售人员	人均销售额					
2	商品1	1027	2	513.5					
3	商品2	1028	3	342.67					
4	商品3	1029	4	257.25					
5	商品4	1030	5	206					
6	商品5	1031	6	171.84					
7	商品6	1032	7	147.43					
8	商品7	1033	8	129.13					
9	商品8	1034	9	114.89					

图 6-10

Section 6.4 阶乘与随机数

使用阶乘可算出一组不同项目有多少种排列方法。同时为了模拟实际情况，经常需要由计算机自动生成一些数据，这时就可以运用随机数。本节将详细介绍阶乘与随机数的相关知识及应用案例。

6.4.1 使用 COMBIN 函数确定所有可能的组合数目

微课堂
0分28秒

COMBIN 函数用于返回一组对象所有可能的组合数目。下面将详细介绍函数 COMBIN 的语法结构以及使用 COMBIN 函数确定所有可能组合数目的操作方法。

1 语法结构

COMBIN(number, number_chosen)

COMBIN 函数语法具有下列参数。

➤ number：必需。表示项目的数量。

➤ number_chosen：必需。表示每个组合中项目的数量。

2　应用举例　>>>

COMBIN 函数计算从给定数目的对象集合中提取若干对象的组合数，利用函数 COMBIN 可以确定一组对象所有可能的组合数。下面以统计从 10 面旗中取出 4 面红旗和 3 面黄旗的组合数目为例，具体介绍使用 COMBIN 函数确定所有可能组合数目的方法。

选中 D2 单元格，在编辑栏中输入公式"=COMBIN(A2,4)*COMBIN(B2,3)"，按键盘上的 Enter 键，即可计算出从 10 面旗中取出 4 面红旗和 3 面黄旗的组合数目为 60，如图 6-11 所示。

图 6-11

6.4.2　使用 FACT 函数计算数字的阶乘

微课堂
0 分 28 秒

FACT 函数用于计算数字的阶乘。下面将详细介绍 FACT 函数的语法结构以及使用 FACT 函数计算数字阶乘的方法。

1　语法结构　>>>

FACT(number)

FACT 函数语法具有下列参数。

➢ number：必需。表示要计算其阶乘的非负数。如果 number 不是整数，则截尾取整。

2　应用举例　>>>

选中 B2 单元格，在编辑栏中输入函数"=FACT(A2)"，然后按键盘上的 Enter 键，即可计算出正值数 1 的阶乘值为 1。将鼠标指针移动到 B2 单元格右下角，待鼠标指针变成十字形状后，按住鼠标左键并向下拖动进行公式填充，即可计算出其他正值数的阶乘值，如图 6-12 所示。

图 6-12

6.4.3 使用 MULTINOMIAL 函数解决分组问题

微课堂
0分17秒

MULTINOMIAL 函数用于返回参数和的阶乘与各参数阶乘乘积的比值。下面将详细介绍 MULTINOMIAL 函数的语法结构以及使用 MULTINOMIAL 函数解决分组问题的操作方法。

1 语法结构

```
MULTINOMIAL(number1, [number2], ...)
```

MULTINOMIAL 函数语法具有下列参数。

➤ number1：必需。表示要进行计算的第 1 个数字，可以是直接输入的数字或单元格引用。

➤ number2, ...：可选。表示要进行计算的第 2～255 个数字，可以是直接输入的数字或单元格引用。

2 应用举例

本例将应用 MULTINOMIAL 函数计算将 15 人分为 3 组，每组人数分别为 4、5、6，计算共有多少种分组方案。下面将详细介绍其操作方法。

选中 D2 单元格，在编辑栏中输入公式 "=MULTINOMIAL(B3,B4,B5)"，按键盘上的 Enter 键，即可计算出将 15 人分为 3 组共有多少种分组方案，如图 6-13 所示。

D2			fx	=MULTINOMIAL(B3,B4,B5)
	A	B	C	D
1	总人数	15		有多少种分组方案
2	分组数	3		630630
3	第1组人数	4		
4	第2组人数	5		
5	第3组人数	6		

图 6-13

6.4.4 使用 RAND 函数随机创建彩票号码

微课堂
0分22秒

RAND 函数用于返回大于等于 0 及小于 1 的均匀分布随机实数，每次计算都将返回一个新的随机实数。下面将详细介绍 RAND 函数的语法结构以及使用 RAND 函数随机创建彩票号码的方法。

1 语法结构

```
RAND()
```

RAND 函数语法没有参数。

利用 RAND 函数可以自动生成彩票开奖号码，下面将详细介绍其操作方法。

选中 D3 单元格，在编辑栏中输入公式"=INT(RAND()*($B$3-$A$3)+$A$3)"，按键盘上的 Enter 键，即可计算出第一位号码。选择 D3 单元格，向右拖动进行公式填充，可以快速计算出全部彩票号码，如图 6-14 所示。

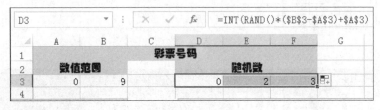

图 6-14

每次按键盘上的 F9 键，将会得到另一个随机的彩票号码，这样即可使用 RAND 函数随机创建彩票号码。

6.4.5　使用 SUMPRODUCT 函数计算参保人数

SUMPRODUCT 函数用于在给定的几组数组中，将数组间对应的元素相乘，并返回乘积之和。下面将详细介绍 SUMPRODUCT 函数的语法结构及使用 SUMPRODUCT 函数计算参保人数的方法。

1　语法结构 >>>

```
SUMPRODUCT(array1, [array2], [array3], ...)
```

SUMPRODUCT 函数语法具有下列参数。

➤ array1：必需。表示要进行相乘并求和的第 1 个数组参数。

➤ array2, array3,...：可选。表示要参与相乘并求和的第 2～255 个数组参数。

2　应用举例 >>>

本例将使用 SUMPRODUCT 函数计算参保人数，下面将详细介绍其操作方法。

选中 E2 单元格，在编辑栏中输入公式"=SUMPRODUCT((C2:C11="是")*1)"，按键盘上的 Enter 键，即可计算出参保人数，如图 6-15 所示。

Excel 2013 公式·函数与数据分析

| E2 | | | ✕ | ✓ | fx | =SUMPRODUCT((C2:C11="是")*1) | | |

▲	A	B	C	D	E	F	G	H
1	**部门**	**姓名**	**参保**		**参保人数**			
2	生产车间	甲	是		5			
3	生产车间	乙	否					
4	厂务部	丙	是					
5	厂务部	丁	是					
6	印刷车间	戊	否					
7	印刷车间	己	否					
8	人事部	庚	是					
9	人事部	辛	否					
10	保卫部	壬	否					
11	保卫部	癸	是					

图 6-15

Section 6.5 指数与对数

在数学和三角函数中，指数与对数函数有 EXP 函数、LN 函数、LOG 函数、LOG10 函数和 POWER 函数等。本节将介绍指数与对数函数方面的知识及应用，并对其进行详细讲解。

6.5.1 使用 EXP 函数返回 e 的 n 次方

EXP 函数用于计算 e 的 n 次幂，常数 e 等于 2.71828182845904，是自然对数的底数。下面将介绍 EXP 函数的语法结构以及使用 EXP 函数返回 e 的 n 次方的操作方法。

1 语法结构 》》》

EXP(number)

EXP 函数语法具有下列参数。

➢ number：必需。表示应用于底数 e 的指数。

2 应用举例 》》》

选中 B2 单元格，在编辑栏中输入函数"=EXP(A2)"，然后按键盘上的 Enter 键，即可计算第 1 个自然对数的底数 e 的 n 次幂。将鼠标指针移动到 B2 单元格右下角，待鼠标指针变成十字形状后，按住鼠标左键并向下拖动进行公式填充，即可计算出其他自然数对数的底数 e 的 n 次幂，如图 6-16 所示。

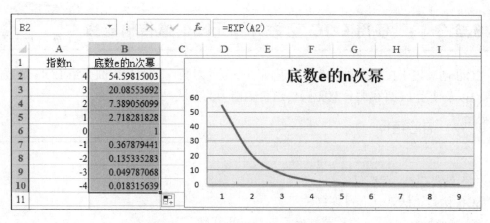

图 6-16

6.5.2 　 使用 LN 函数计算均衡修正项

微课堂
0分19秒

LN 函数用于返回一个数的自然对数。自然对数以常数项 e (2.71828182845904) 为底。LN 函数是 EXP 函数的反函数。下面将详细介绍 LN 函数的语法结构以及使用 LN 函数计算均衡修正项的方法。

1 　语法结构 　　　　　　　　　　　　　　　　　　　　　>>>

LN(number)

LN 函数语法具有下列参数。

➤　number：必需。表示想要计算其自然对数的正实数。

2 　应用举例 　　　　　　　　　　　　　　　　　　　　　>>>

在市场指数方程中,必须有均衡修正项,均衡修正项为 ECM=ln(Price)-4.9203*ln(index) 其中,ln(Price)表示股票价格的对数,ln(index)表示市场指数的对数。已知股票价格为 3 元,市场指数为 1500,计算均衡修正项。

选中 C2 单元格,在编辑栏中输入公式"=LN(A2)-4.9203*LN(B2)",按键盘上的 Enter 键,公式即可返回计算结果,如图 6-17 所示。

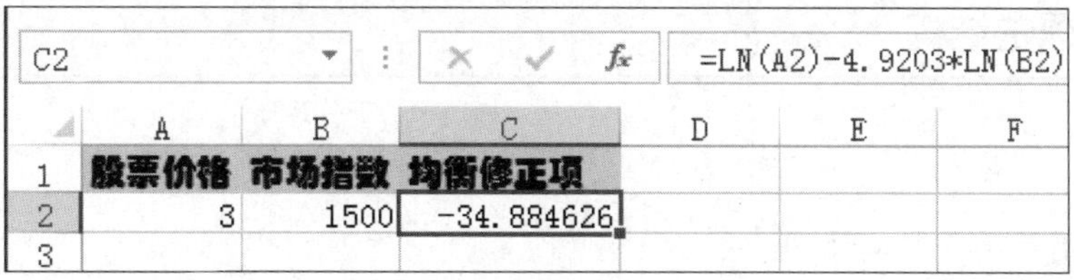

	A	B	C	D	E	F
1	股票价格	市场指数	均衡修正项			
2	3	1500	-34.884626			
3						

C2　　　　　　fx　=LN(A2)-4.9203*LN(B2)

图 6-17

6.5.3 使用 LOG 函数计算无噪信道传输能力

LOG 函数用于按所指定的底数，返回一个数的对数。下面将详细介绍 LOG 函数的语法结构以及使用 LOG 函数计算无噪信道传输能力的方法。

1 语法结构

```
LOG(number, [base])
```

LOG 函数语法具有下列参数。

➢ number：必需。表示要计算其对数的正实数。

➢ base：可选。表示对数的底数。如果省略底数，默认值为 10。

2 应用举例

在离散的信道容量计算中，无噪信道传输能力用奈奎斯特公式计算：$C=2H\log_2 N(bps)$，式中 H 为信道的贷款，即信道传输上、下限频率的差值，单位是 Hz；N 为一个码元所取的离散值个数。若一个电话信号信道的带宽为 32Hz，码元为 8，下面计算无噪信道传输能力。

选中 C2 单元格，在编辑栏中输入公式"=2*A2*LOG(B2,2)"，按键盘上的 Enter 键，公式即可返回计算结果，如图 6-18 所示。

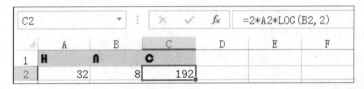

图 6-18

6.5.4 使用 LOG10 函数计算分贝数

LOG10 函数用于计算以 10 为底数的对数值。下面将详细介绍 LOG10 函数的语法结构以及使用 LOG10 函数计算分贝数的方法。

1 语法结构

```
LOG10(number)
```

LOG10 函数语法具有下列参数。

➢ number：必需。表示想要计算其常用对数的正实数。

2 应用举例

信噪比(S/N)通常用分贝(dB)表示，分贝数＝10×lg(S/N)，若信噪比是 1000dB，即 S/N=1000，须计算分贝数。下面将详细介绍其方法。

选中 B2 单元格，在编辑栏中输入公式“=10*LOG10(A2)”，按键盘上的 Enter 键，公式即可返回计算结果，如图 6-19 所示。

B2 | fx =10*LOG10(A2)

	A	B	C	D	E	F
1	S/N	分贝数				
2	1000	30				
3						

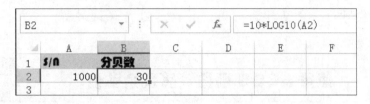

图 6-19

6.5.5 使用 POWER 函数计算数字的乘幂

微课堂 0 分 30 秒

POWER 函数用于返回给定数字的乘幂。用户可以用“^”运算符代替函数 POWER 来表示对底数乘方的幂次，如 5^2。下面将详细介绍 POWER 函数的语法结构以及使用 POWER 函数计算数字乘幂的方法。

1 语法结构

```
POWER(number, power)
```

POWER 函数语法具有下列参数。

- number：必需。表示底数，可以为任意实数。
- power：必需。表示指数，底数按该指数次幂乘方。

2 应用举例

选中 C2 单元格，在编辑栏中输入公式“=POWER(A2,B2)”，然后按键盘上的 Enter 键，即可计算出底数为 2、指数为 5 的幂次值为 32。将鼠标指针移动到 C2 单元格右下角，待鼠标指针变成十字形状后，按住鼠标左键并向下拖动进行公式填充，即可计算出其他指定底数和指数的幂次值，如图 6-20 所示。

C2 | fx =POWER(A2, B2)

	A	B	C	D	E	F
1	底数	指数	方根值			
2	2	5	32			
3	6	9	10077696			
4						

图 6-20

Section

6.6

三角函数计算

Excel 中的三角函数主要应用于几何运算中，使用三角函数可以对数值进行正切、反切、正弦以及余弦等计算。本节将列举一些常用的三角函数的应用，并对其进行详细讲解。

6.6.1　使用 ACOS 函数计算反余弦值

ACOS 函数用于返回数字的反余弦值。反余弦值是角度，余弦值为数字。返回的角度值以弧度表示，范围是 0～pi。下面将详细介绍 ACOS 函数的语法结构以及使用 ACOS 函数计算反余弦值的方法。

1　语法结构

```
ACOS(number)
```

ACOS 函数语法具有下列参数。

➢ number：必需。表示所需的角度余弦值，必须介于-1～1。

2　应用举例

ACOS 函数用于计算反余弦值，可以利用 ACOS 函数进行反余弦值的计算。下面详细介绍计算反余弦值的操作方法。

选择 C2 单元格，在编辑栏中输入公式"=ROUND(ACOS(B2),2)"，并按键盘上的 Enter键，在 C2 单元格中，系统会自动计算出反余弦值。向下拖动填充公式至其他单元格，即可完成计算反余弦值的操作，如图 6-21 所示。

角度	余弦值	反余弦值
0	1	0
45	0.53	1.01
90	−0.45	2.04
135	−1	3.14
180	−0.6	2.21
270	0.98	0.2
360	−0.28	1.85

图 6-21

知识拓展

若要使用角度表示反余弦值，可将结果乘以 180/pi 或用 DEGREES 函数表示。

6.6.2　使用 ATAN2 函数计算射击目标的方位角

0分15秒

ATAN2 函数用于返回给定的 X 及 Y 坐标值的反正切值。反正切的角度值等于 X 轴与通过原点和给定坐标点(x_num, y_num)的直线之间的夹角，结果以弧度表示并介于-pi 到 pi 之间(不包括-pi)。下面将详细介绍 ATAN2 函数的语法结构以及使用 ATAN2 函数计算射击目标方位角的方法。

1 语法结构 >>>

```
ATAN2(x_num, y_num)
```

ATAN2 函数语法具有下列参数。

➢ x_num：必需。表示为给定点的 x 坐标。
➢ y_num：必需。表示为给定点的 y 坐标。

2 应用举例 >>>

某炮兵连进行演习，已知目标在炮弹发射点向北 8km，向东 5km 处，现要计算目标的方位角来进行射击训练，那么方位角应该为多少。

选中 C2 单元格，在编辑栏中输入公式"=DEGREES(ATAN2(A2,B2))"，按键盘上的 Enter 键，公式将返回射击目标的方位角，如图 6-22 所示。

C2		▼	:	×	✓	fx	=DEGREES(ATAN2(A2, B2))
	A	B	C	D	E	F	
1	**X**	**Y**	**方位角**				
2	8	5	32.00538				
3							
4							

图 6-22

 知识拓展

本例公式中首先利用 ATAN2 函数计算出方位角的反正切值，也就是弧度，然后利用 DEGREES 函数将其转换为角度。

6.6.3　使用 ATANH 函数计算反双曲正切值

精品阅读 READ TIME

ATANH 函数用于返回参数的反双曲正切值，参数必须介于-1～1(除去-1 和 1)。下面

Excel 2013 公式·函数与数据分析

将详细介绍 ATANH 函数的语法结构以及使用 ATANH 函数计算反双曲正切值的方法。

1 语法结构 》》》

```
ATANH(number)
```

ATANH 函数语法具有下列参数。

➤ number：必需。表示-1~1 的任意实数。

2 应用举例 》》》

在计算完双曲正切值后，可以使用 ATANH 函数进行反双曲正切值的计算。下面详细介绍计算反双曲正切值的操作方法。

选择 C2 单元格，在编辑栏中输入公式"=ATANH(B2)"，并按键盘上的 Enter 键，在 C2 单元格中，系统会自动计算出反双曲正切值。向下填充公式至其他单元格，即可完成计算反双曲正切值的操作，如图 6-23 所示。

	A	B	C	D
	弧度	双曲正切值	反双曲正切值	
1				
2	0.785	0.655794203	0.785398163	
3	1.571	0.917152336	1.570796327	
4	2.356	0.98219338	2.35619449	
5	3.142	0.996272076	3.141592654	
6	4.712	0.999838614	4.71238898	
7	6.283	0.999993025	6.283185307	

C2 f_x =ATANH(B2)

图 6-23

6.6.4 使用 ASIN 函数计算数字的反正弦值

微课堂 0分30秒

ASIN 函数用于返回指定数值的反正弦值，即弧度。若要用度表示反正弦值，须将结果再乘以 180/pi 或用 DEGREES 函数表示。下面将详细介绍 ASIN 函数的语法结构以及使用 ASIN 函数计算数字反正弦值的方法。

1 语法结构 》》》

```
ASIN(number)
```

ASIN 函数语法具有下列参数。

➤ number：必需。表示所需的角度正弦值，必须介于-1~1。

2 应用举例 》》》

选中 B2 单元格，在编辑栏中输入函数"=ASIN(A2)"，然后按键盘上的 Enter 键，即可计算出正弦值-1 的反正弦值为-1.5708。将鼠标指针移动到 B2 单元格右下角，待鼠标指针变成十字形状后，按住鼠标左键并向下拖动进行公式填充，即可计算出其他正弦值的反正弦值，如图 6-24 所示。

B2　=ASIN(A2)

	A	B	C	D	E
1	正弦值	反正弦值			
2	-1	-1.5708			
3	-0.5	-0.5236			
4	0	0			
5	0.5	0.523599			
6	1	1.570796			

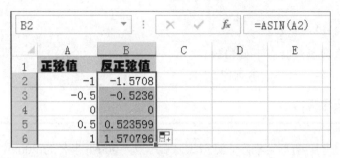

图 6-24

6.6.5 使用 COS 函数计算直角三角形中锐角的邻边长度

微课堂 精品阅读 READ TIME

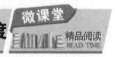

COS 函数用于返回给定角度的余弦值。下面将详细介绍 COS 函数的语法结构以及使用 COS 函数计算直角三角形中锐角邻边长度的方法。

1 语法结构

```
COS(number)
```

COS 函数语法具有下列参数。

- number：必需。表示想要求余弦的角度，以弧度表示。如果角度是以度表示的，则可将其乘以 pi/180 或使用 RADIANS 函数将其转换成弧度。

2 应用举例

本例将应用 COS 函数计算直角三角形中锐角的邻边长度。

选中 C2 单元格，在编辑栏中输入公式“=A2*COS(RADIANS(B2))”，然后按键盘上的 Enter 键，即可计算出该角相邻的直角边长度，如图 6-25 所示。

C2　=A2*COS(RADIANS(B2))

	A	B	C	D	E	F
1	斜边长	角度	角邻边			
2	8	30	6.928203			

图 6-25

6.6.6 使用 DEGREES 函数计算扇形运动场角度

微课堂 0 分 14 秒

DEGREES 函数用于将弧度转换为角度。下面将详细介绍 DEGREES 函数的语法结构

以及使用 DEGREES 函数计算扇形运动场角度的方法。

1 语法结构　　　　　　　　　　　　　　　　　　　　　　》》》

DEGREES(angle)

DEGREES 函数语法具有下列参数。

➤ angle：必需。待转换的弧度角。

2 应用举例　　　　　　　　　　　　　　　　　　　　　　》》》

在本例中，已知某扇形运动场，测得大致弧长为 300m，半径为 200m，现用 DEGREES 函数计算出该扇形场地角度大致是多少。

选中 C2 单元格，在编辑栏中输入公式"=DEGREES(A2/B2)"，按键盘上的 Enter 键，即可计算出扇形场地角度，如图 6-26 所示。

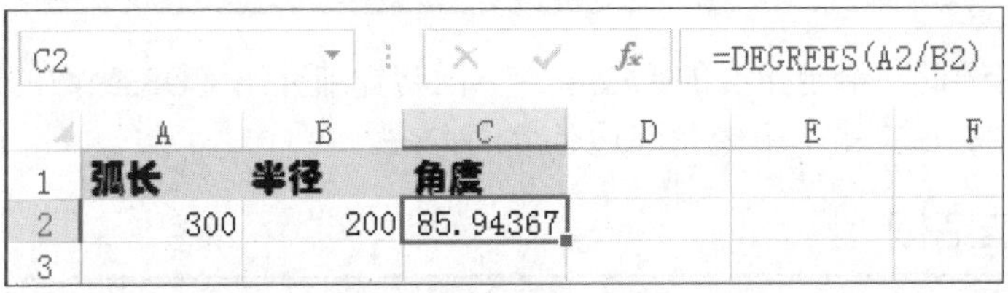

C2	▼	:	×	✓	f_x	=DEGREES(A2/B2)
	A	B	C	D	E	F
1	**弧长**	**半径**	**角度**			
2	300	200	85.94367			
3						

图 6-26

6.6.7　　使用 RADIANS 函数计算弧长　　

RADIANS 函数用于将角度转换为弧度。下面将详细介绍 RADIANS 函数的语法结构以及使用 RADIANS 函数计算弧长的方法。

1 语法结构　　　　　　　　　　　　　　　　　　　　　　》》》

RADIANS(angle)

RADIANS 函数语法具有下列参数。

➤ angle：必需。表示需要转换成弧度的角度。

2 应用举例　　　　　　　　　　　　　　　　　　　　　　》》》

已知扇形会议厅角度为 120°，半径为 25m，现利用 RADIANS 函数求出会议厅最后一排长度即弧长，弧长公式为 $L=\theta R$。

选中 C2 单元格，在编辑栏中输入公式"=RADIANS(A2)*B2"，按键盘上的 Enter 键，即可返回会议厅最后一排长度，如图 6-27 所示。

图 6-27

6.6.8 使用 SIN 函数计算指定角度的正弦值

0 分 50 秒

SIN 函数用于返回给定角度的正弦值。下面将详细介绍 SIN 函数的语法结构以及使用 SIN 函数计算指定角度正弦值的方法。

1 语法结构

SIN(number)

SIN 函数语法具有下列参数。

➤ number：必需。表示需要求正弦的角度，以弧度表示。如果参数的单位是度，则可以乘以 pi/180 或使用 RADIANS 函数将其转换为弧度。

2 应用举例

在已知角度的情况下，利用 SIN 函数可以方便、快速地计算出其正弦值。下面将详细介绍其操作方法。

选中 B2 单元格，在编辑栏中输入公式"=RADIANS(A2)"，按键盘上的 Enter 键，即可将 15° 转换为弧度值 0.261799388。将鼠标指针移动到 B2 单元格右下角，待鼠标指针变成十字形状后，按住鼠标左键并向下拖动进行公式填充，即可将其他角度转换为弧度值，如图 6-28 所示。

图 6-28

选中 C2 单元格，在编辑栏中输入公式"=SIN(B2)"，按键盘上的 Enter 键，即可计算出 15° 对应的正弦值 0.258819045。将鼠标指针移动到 C2 单元格右下角，待鼠标指针变成十字形状后，按住鼠标左键并向下拖动进行公式填充，即可计算出其他角度对应的正弦值，如图 6-29 所示。

Excel 2013 公式·函数与数据分析

	A	B	C	D	E
1	角度	弧度	正弦值		
2	15	0.261799388	0.258819045		
3	30	0.523598776	0.5		
4	45	0.785398163	0.707106781		
5	90	1.570796327	1		
6	180	3.141592654	1.22515E-16		

C2 =SIN(B2)

图 6-29

6.6.9 使用 TAN 函数计算给定角度的正切值

0分22秒

TAN 函数用于返回给定角度的正切值。下面将详细介绍 TAN 函数的语法结构以及使用 TAN 函数计算给定角度正切值的方法。

1 语法结构

TAN(number)

TAN 函数语法具有下列参数。

➢ number：必需。想要求正切的角度，以弧度表示。如果参数的单位是度，则可以乘以 pi/180 或使用 RADIANS 函数将其转换为弧度。

2 应用举例

在已知角度的前提下，使用 TAN 函数，可以正确地计算出该角度的正切值。下面详细介绍具体操作方法。

选择 B2 单元格，在编辑栏中输入公式"=TAN(A2)"，并按键盘上 Enter 键。在 B2 单元格中，系统会自动计算出正切值。向下填充公式至其他单元格，即可完成计算给定角度正切值的操作，如图 6-30 所示。

	A	B	C	D
1	弧度	正切值		
2	1.047197551	1.732050808		
3	1.0466	1.729663074		
4	1.04766	1.733902086		
5	1.0456	1.725678231		
6	1.04516	1.723929254		

B2 =TAN(A2)

图 6-30

6.6.10 使用 TANH 函数计算双曲正切值

精品阅读 READ TIME

TANH 函数用于返回任意实数的双曲正切值。下面将详细介绍 TANH 函数的语法结构以及使用 TANH 函数计算双曲正切值的方法。

1 语法结构 >>>

TANH(number)

TANH 函数语法具有下列参数。

➢ number：必需。表示任意实数。

2 应用举例 >>>

在已知弧度的情况下，使用 TANH 函数可以计算双曲正切值。下面详细介绍计算双曲正切值的操作方法。

选择 B2 单元格，在编辑栏中输入公式 "=TANH(A2)"，并按键盘上的 Enter 键，在 B2 单元格中，系统会自动计算出双曲正切值，向下填充公式至其他单元格，即可完成计算双曲正切值的操作，如图 6-31 所示。

B2		▼	:	× ✓	fx	=TANH(A2)	
	A		B			C	D
1	弧度		双曲正切值				
2	0.785		0.655794203				
3	1.571		0.917152336				
4	2.356		0.98219338				
5	3.142		0.996272076				
6	4.712		0.999838614				
7	6.283		0.999993025				

图 6-31

Section 6.7 专题课堂——其他数学与三角函数

在数学和三角函数中，还有 PI 函数、ROMAN 函数和 SUBTOTAL 函数等一些其他函数，本节将列举一些应用，并对其进行详细讲解。

6.7.1 使用 PI 函数计算圆周长

微课堂
0分13秒

PI 函数用于返回数字 3.14159265358979，即数学常量 pi，精确到小数点后 14 位。下面将介绍 PI 函数的语法结构以及使用 PI 函数计算圆周长的方法。

Excel 2013 公式·函数与数据分析

1 语法结构

>>>

PI()

PI 函数语法没有参数。

2 应用举例

>>>

已知一个圆形喷泉，半径为 5m，若在四周接环形管子，计算需要至少多长管子。下面将详细介绍其方法。

选中 B2 单元格，在编辑栏中输入公式 "=2*PI()*A2"，按键盘上的 Enter 键，公式即可计算出管子的长度，如图 6-32 所示。

图 6-32

6.7.2 使用 ROMAN 函数将阿拉伯数字转换为罗马数字

微课堂
0 分 18 秒

ROMAN 函数用于将阿拉伯数字转换为文本形式的罗马数字。下面将详细介绍 ROMAN 函数的语法结构以及使用 ROMAN 函数将阿拉伯数字转换为罗马数字的方法。

1 语法结构

>>>

ROMAN(number, [form])

ROMAN 函数语法具有下列参数。

➤ number：必需。表示要转换的阿拉伯数字。

➤ form：可选。表示一个数字，指定所需的罗马数字类型。罗马数字的样式范围可以从经典到简化，随着 form 值的增加趋于简单。表 6-2 列出了参数 form 的取值情况。

表 6-2

form 参数值	类　型
0 或省略	经典
1	更简明
2	比 1 更简明
3	比 2 更简明
4	简化
TRUE	经典
FALSE	简化

2 应用举例

本例将应用 ROMAN 函数把指定的阿拉伯数字转换为满足条件的罗马数字。下面将详细介绍其操作方法。

选中 C2 单元格，在编辑栏中输入公式"=ROMAN(A2,0)"，按键盘上的 Enter 键，即可将阿拉伯数字 499 转换为罗马数字样式，如图 6-33 所示。

C2			fx	=ROMAN(A2,0)	
	A	B	C	D	E
1	阿拉伯数字	转换条件	对应的罗马数字		
2	499	0	CDXCIX		
3	499	1			
4	499	2			
5	499	3			
6	499	4			

图 6-33

在 C3、C4、C5 和 C6 单元格中，分别输入公式"=ROMAN(A3,1)""=ROMAN(A4,2)""=ROMAN(A5,3)"和"=ROMAN(A6,4)"，然后按键盘上的 Enter 键，即可都转换为指定形式的罗马数字，如图 6-34 所示。

C6			fx	=ROMAN(A6,4)	
	A	B	C	D	E
1	阿拉伯数字	转换条件	对应的罗马数字		
2	499	0	CDXCIX		
3	499	1	LDVLIV		
4	499	2	XDIX		
5	499	3	VDIV		
6	499	4	ID		

图 6-34

6.7.3 使用 SUBTOTAL 函数汇总员工工资情况

微课堂
0分17秒

SUBTOTAL 函数用于返回列表或数据库中的分类汇总。一般情况下，在 Excel 应用程序中选择【数据】选项卡，然后在【分级显示】组中单击【分类汇总】按钮，便可创建带有分类汇总的列表。一旦创建了分类汇总列表，就可以通过编辑 SUBTOTAL 函数对该列表进行修改。下面将分别介绍 SUBTOTAL 函数的语法结构以及使用函数 SUBTOTAL 计算数据中员工年薪总和的方法。

1 语法结构

SUBTOTAL(function_num,ref1,[ref2],...)

SUBTOTAL 函数语法具有以下参数。

➢ function_num：必选。表示要对列表或数据库进行的汇总方式，该参数为 1～11(包

Excel 2013 公式·函数与数据分析

含隐藏值)或 101～111(忽略隐藏值),表 6-3 列出了参数 function_num 的取值情况。

表 6-3

function_num 包含隐藏值	function_num 忽略隐藏值	对应函数	函数功能
1	101	AVERAGE	统计平均值
2	102	COUNT	统计数值单元格数
3	103	COUNTA	统计非空单元格数
4	104	MAX	统计最大值
5	105	MIN	统计最小值
6	106	PRODUCT	求积
7	107	STDEV	统计标准偏差
8	108	STDEVP	统计总体标准偏差
9	109	SUM	求和
10	110	VAR	统计方差
11	111	VARP	统计总体方差

➢ ref1：必选。表示要对其进行分类汇总计算的第 1 个命名区域或引用。

➢ ref2,…：可选。表示要对其进行分类汇总计算的第 2～254 个命名区域或引用。

2 **应用举例** >>>

本例将应用 SUBTOTAL 函数汇总某部门员工工资情况。下面详细介绍其操作方法。

工作表数据区域 A1:D14 包含 14 行，其中第 2、4、5、7、8、9、10、11、12 行被隐藏。选中单元格 G1，在编辑栏中输入公式"=SUBTOTAL(109,D3:D14)"，按键盘上的 Enter键，即可计算出图中显示 4 行数据中销售部员工的年薪总和，如图 6-35 所示。

G1			f_x	=SUBTOTAL(109,D3:D14)	
	A	B	C	D	E	F	G
1	姓名	部门	职位	年薪		销售部工年薪总和	114200
3	韦好客	销售部	高级职员	28000			
6	袁冠南	销售部	部门经理	43200			
13	燕七	销售部	高级职员	25000			
14	金不换	销售部	普通职员	18000			

图 6-35

 专家解读

如果上面的公式修改为 "=SUBTOTAL(9,D3:D14)"，则在求和时会将隐藏的那些行也计算在内。

实践经验与技巧

在本节的学习过程中，将侧重介绍与本章知识点有关的实践经验及技巧，主要内容包括随机抽取中奖号码、计算五项比赛对局总次数和使用 MROUND 函数计算车次方面的知识与操作技巧。

6.8.1　随机抽取中奖号码

RANDBETWEEN 函数与 RAND 函数同样是随机函数，但 RANDBETWEEN 函数可以指定某个范围，并在范围内随机返回数据。下面详细介绍随机抽取中奖号码的操作方法。

选择 C2 单元格，在编辑栏中输入公式"=RANDBETWEEN(B2,B6)"，并按键盘上的 Enter 键。在 C2 单元格中，系统会随机返回一个 B2～B6 的数值。通过以上方法，即可完成随机抽取中奖号码的操作，如图 6-36 所示。

	C2	▼	:	×	✓	f_x	=RANDBETWEEN(B2,B6)	
	A	B	C	D	E			
1	姓名	所持号码	抽奖结果					
2	柳婵诗	1001						
3	顾莫言	1002	**1001**					
4	任水寒	1003						
5	金磨针	1004						
6	丁玲珑	1005						

图 6-36

6.8.2　计算五项比赛对局总次数

在五项比赛项目中，都是两人一局比赛，须根据人数计算所有项目要进行多少次比赛。下面详细介绍其方法。

选中 B6 单元格，输入公式"=SUM(COMBIN(B2:B5,2))"，按键盘上的 Ctrl+Shift+Enter 组合键，即可计算五项比赛对局总次数，如图 6-37 所示。

	B6	▼	:	×	✓	f_x	{=SUM(COMBIN(B2:B5,2))}	
	A	B	C	D	E	F		
1	比赛项目	参赛人数						
2	象棋	12						
3	围棋	7						
4	网球	8						
5	军棋	10						
6	总共比赛次数	160						

图 6-37

Excel 2013 公式·函数与数据分析

→ **一点即通**

本例 COMBIN 函数利用数组参数，表示对多数据同时计算组合次数，然后利用 SUM 函数汇总。COMBIN 函数第一参数是区域时，表示分别对区域中每个单元格进行组合运算。如果第二参数使用区域或者数组，则表示对第一个参数按不同的数量进行分别组合。如"= SUM(COMBIN(10,{2,3,4}))"。如果 COBMIN 函数需要使用两个数组参数，则两个数组参数的大小必须一致。

6.8.3　使用 MROUND 函数计算车次

MROUND 函数用于按指定的倍数舍入到最接近的数字。本例将应用 MROUND 函数计算商品的运送车次，运送规则为：每 50 件商品装一车，如果最后剩余的商品数量大于等于 25，则可以再派一辆车运送。否则，将剩余商品通过人工送达，即不使用车辆运送，不计车次。

选中 B3 单元格，输入函数"=MROUND(B1,B2)/2"，然后按键盘上的 Enter 键，即可计算出商品运送车次，如图 6-38 所示。

	A	B	C	D	E
		fx	=MROUND(B1,B2)/2		
1	要运送的商品总数	466			
2	每车可装载商品数量	50			
3	需要多少辆车运送	9			

图 6-38

Section 6.9　有问必答

1. 如何求区域中大于指定数的所有值之和?

使用 SUMIF 函数，可汇总求出区域中大于某个值的所有数值之和。例如，以下公式可对 A1:A8 单元格区域中的数值进行判断，如果区域中某个单元格的值大于 A3 单元格的值，则进行累加汇总："=SUMIF(A1:A8, ">"&A3)"。

2. 如何求所有正数之和?

在对数据进行汇总求和时，如果区域中有负值，则会抵消和值。例如在计算收入支出账时，如果使用 SUM 函数将所有数(正数和负数)进行汇总求和，得到只是余额。若要提出收入和支出情况，就需要将正数和负数分别求和。以下公式可求出所有正数之和："=SUMIF(A1:B8, ">0")"。

3. 如何舍入到最接近的数字?

ROUND 函数返回将某个数字按指定位数取整后的数字。例如:
➢ "=ROUND(2.15,1)",将 2.15 四舍五入到一个小位数,得到结果为 2.2。
➢ "=ROUND(2.149,1)",将 2.149 四舍五入到一个小位数,得到结果为 2.1。
➢ "=ROUND(-1.475,2)",将-1.475 四舍五入到两个小位数,得到结果为-1.48。
➢ "=ROUND(21.5,-1)",将 21.5 四舍五入到小数点左侧一位,得到结果为 20。

4. 如何舍入为指定的倍数?

使用 MROUND 函数,可将数字舍入为指定的倍数。例如:
➢ "=MROUND(16,5)",将 16 四舍五入到最接近基数 5 的倍数,得到结果为 15。
➢ "=MROUND(-16,-5)",将-16 四舍五入到最接近基数-5 的倍数,得到结果为-15。
➢ "=MROUND(2.6,0.08)",将 2.6 四舍五入到最接近基数 0.08 的倍数,得到结果为 2.64。
➢ "=MROUND(5,-2)",返回错误值,因为 5 和-2 的符号不同,得到结果为"#NUM!"。

5. 如何求余数?

使用函数 MOD 可以返回两数相除的余数,结果的正负号与除数相同。例如:
➢ "=MOD(3,2)",3/2 的余数,结果为 1。
➢ "=MOD(-3,2)",-3/2 的余数,符号与除数相同,结果为 1。
➢ "=MOD(3,-2)",3/-2 的余数,符号与除数相同,结果为-1。
➢ "=MOD(-3,-2)",-3/-2 的余数,符号与除数相同,结果为-1。

MOD 函数非常适合处理一些具有顺序性和循环性的值。例如,一周的各天是从星期日(1)~星期六(7)循环往复,下面的公式能够获得 1~7 中的一个数:"=MOD(n,7)+1"。n 为任意整数,MOD(n,7)可以得到一个 0~6 的数,再加上 1 即可得到 1~7 的一个数。

第**7**章

财 务 函 数

- ❖ 常用的财务函数名称及功能
- ❖ 折旧值计算函数
- ❖ 投资计算函数
- ❖ 本金与利息函数
- ❖ 收益率函数
- ❖ 专题课堂——债券与证券

本章要点

本章主要内容

　　本章主要介绍折旧值计算函数、投资计算函数、本金与利息函数和收益率函数方面的知识与技巧。在本章的最后针对实际的工作需求，还将讲解使用债券与证券函数的方法。通过本章的学习，读者可以掌握财务函数方面的知识，为深入学习 Excel 2013 公式、函数与数据分析知识奠定基础。

> Excel 附带了许多财务函数，这些函数功能非常强大，可以帮助用户完成企业及个人财务管理。使用这些函数，可以计算贷款的逐月还款额、投资活动的内部返还率以及资产年度折旧率等项目。本节将详细介绍常用财务函数的相关知识。

使用财务函数可以进行一般的财务计算，从而方便对个人或企业的财务状况进行管理，如表 7-1 中给出了常用的财务函数名称及功能。

表 7-1

函　数	说　明
ACCRINT	返回定期支付利息的债券的应计利息
ACCRINTM	返回在到期日支付利息的债券的应计利息
AMORDEGRC	返回每个记账期的折旧值
AMORLINC	返回每个记账期的折旧值
COUPDAYBS	返回从付息期开始到成交日之间的天数
COUPDAYS	返回包含成交日的付息天数
COUPDAYSNC	返回从成交日到下一付息日之间的天数
COUPNCD	返回成交日之后的下一个付息日
COUPNUM	返回成交日和到期日之间的应付利息次数
CUMIPMT	返回两个付款期之间累积支付的利息
COUPPCD	返回成交日之前的上一个付息日
DISC	返回债券的贴现率
DB	使用固定余额递减法，返回一笔资产在给定期间的折旧值
DDB	使用双倍余额递减法，返回一笔资产在给定期间的折旧值
DOLLARDE	将以分数表示的价格转换为以小数表示的价格
DOLLARFR	将以小数表示的价格转换为以分数表示的价格
DURATION	返回定期支付利息的债券的每年期限
EFFECT	返回年有效利息
FV	返回一笔投资的未来值
FVSCHEDULE	返回应用一系列复利率计算的初始本金的未来值
INTRATE	返回完全投资型债券的利率
IPMT	返回一笔投资在给定期间内支付的利息
IRR	返回一系列现金流的内部收益率
ISPMT	计算特定投资期内要支付的利息

函　数	说　明
MDURATION	返回假设面值为¥100 的有价证券 Macauley 修正期限
MIRR	返回正和负现金流以不同利率进行计算的内部收益率
NOMINAL	返回年度的名义利率
NPER	返回投资的期数
NPV	返回基于一系列定期的现金流和贴现率计算的投资净现值
ODDFPRICE	返回每张票面为¥100 且第一期为奇数的债券的现价
ODDFYIELD	返回第一期为奇数的债券的收益
ODDLPRICE	返回每张票面为¥100 且最后一期为奇数的债券的现价
ODDLYIELD	返回最后一期为奇数的债券的收益
PMT	返回年金的定期支付金额
PPMT	返回一笔投资在给定期间内偿还的本金
PRICE	返回每张票面为¥100 且定期支付利息的债券的现价
PRICEDISC	返回每张票面为¥100 的已贴现债券的现价
PRICEMAT	返回每张票面为¥100 且在到期日支付利息的债券的现价
PV	返回投资的现值
RATE	返回年金的各期利率
RECEIVED	返回完全投资型债券在到期日收回的金额
SLN	返回固定资产的每期线性折旧费
SYD	返回某项固定资产按年限总和折旧法计算的每期折旧金额
TBILLEQ	返回面值为¥100 的国库券的价格
TBILLYIELD	返回国库券的收益率
VDB	使用余额递减法，返回一笔资产在给定期间或部分期间内的折旧值
XIRR	返回一组现金流的内部收益率，这些现金流不一定定期发生
XNPV	返回一组现金流的净现值，这些现金流不一定会定期发生
YIELD	返回定期支付利息的债券的收益
YIELDDISC	返回已贴现债券的年收益，如短期国库券
YIELDMAT	返回在到期日支付利息的债券年收益

Section 7.2 折旧值计算函数

　　折旧值计算函数是用来计算固定资产折旧值的一类函数，本节将列举一些财务函数中进行折旧值计算的函数应用，并对其进行详细讲解。

7.2.1 使用 AMORDEGRC 函数计算第一时期的折旧值

AMORDEGRC 函数用于返回每个结算期间的折旧值，该函数主要为法国会计系统提供。如果某项资产是在该结算期的中期购入的，则按直线折旧法计算。该函数与函数 AMORLINC 很相似，不同之处在于该函数中用于计算的折旧系数取决于资产的寿命。下面将详细介绍 AMORDEGRC 函数的语法结构以及使用函数 AMORDEGRC 计算第一时期折旧值的方法。

1 语法结构　　>>>

```
AMORDEGRC(cost, date_purchased, first_period, salvage, period, rate,
[basis])
```

AMORDEGRC 函数语法具有下列参数。

➢ cost：必需。表示资产原值。

➢ date_purchased：必需。表示购入资产的日期。

➢ first_period：必需。表示第一个期间结束时的日期。

➢ salvage：必需。表示资产在使用寿命结束时的残值。

➢ period：必需。表示计算折旧值的期间。

➢ rate：必需。表示折旧率。

➢ basis：可选。表示要使用的年基准。表 7-2 列出了参数 basis 的取值以及作用。

表 7-2

basis 参数值	说　明
0 或省略	一年以 360 天为准(NASD 方法)
1	用实际天数除以该年的实际天数，即 365 或 366
3	一年以 365 天为准
4	一年以 360 天为准(欧洲方法)

此函数的折旧系数如表 7-3 所示。

表 7-3

资产的生命周期(1/rate)	折旧系数
3～4 年	1.5
5～6 年	2
6 年以上	2.5

2 应用举例　　>>>

某工厂在 2015 年 1 月 20 日引进一批设备，购买价格为 12 万元(欧元)，第一时期结束

日期为 2016 年 8 月 19 日，折旧期间为 1 年，设备的残值为 3.6 万元(欧元)，折旧率为 10%，现在要求用 AMORDEGRC 函数计算第一时期的折旧值。

选择 B10 单元格，在编辑栏中输入公式 "=AMORDEGRC(B2,B3,B4,B5,B6,B7,B8)"，按键盘上的 Enter 键，即可计算出结果，如图 7-1 所示。

B10		:	×	✓	fx	=AMORDEGRC(B2, B3, B4, B5, B6, B7, B8)			
▲	A		B		C	D	E	F
1	说明		数据					
2	设备原值		€ 120, 000					
3	购买日期		2015/1/20					
4	第一时期结束的日期		2016/8/19					
5	设备残值		€ 36, 000					
6	计算折旧值的期间		1					
7	折旧率		10%					
8	年基数		1					
9								
10	折旧值		€ 18, 144					

图 7-1

7.2.2　使用 AMORLINC 函数计算第一时期的折旧值

微课堂
0 分 12 秒

AMORLINC 函数用于返回每个结算期间的折旧值，该函数为法国会计系统提供。如果某项资产是在结算期间的中期购入的，则按线性折旧法计算。下面将详细介绍函数 AMORLINC 的语法结构以及使用 AMORLINC 函数计算第一时期折旧值的方法。

1　语法结构

```
AMORLINC(cost, date_purchased, first_period, salvage, period, rate,
[basis])
```

AMORLINC 函数语法具有下列参数。

➢ cost：必需。表示资产原值。
➢ date_purchased：必需。表示购入资产的日期。
➢ first_period：必需。表示第一个期间结束时的日期。
➢ salvage：必需。表示资产在使用寿命结束时的残值。
➢ period：必需。表示计算折旧值的期间。
➢ rate：必需。表示折旧率。
➢ basis：可选。表示要使用的年基准。

2　应用举例

某工厂在 2015 年 1 月 20 日引进一批设备，购买价格为 12 万元(欧元)，第一时期结束日期为 2016 年 8 月 19 日，折旧期间为 1 年，设备的残值为 3.6 万元(欧元)，折旧率为 10%，现在要求用 AMORDEGRC 函数计算第一时期的折旧值。

Excel 2013 公式·函数与数据分析

选择 B10 单元格，在编辑栏中输入公式"=AMORLINC (B2,B3,B4,B5,B6,B7,B8)"，按键盘上的 Enter 键，即可计算出结果，如图 7-2 所示。

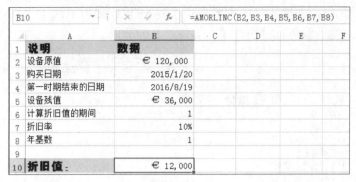

图 7-2

7.2.3　使用 DB 函数计算每年的折旧值

微课堂
0 分 20 秒

DB 函数用于使用固定余额递减法计算一笔资产在给定期间内的折旧值，下面将介绍 DB 函数的语法结构以及使用 DB 函数计算每年折旧值的方法。

1　语法结构 >>>

DB(cost, salvage, life, period, [month])

DB 函数语法具有下列参数。

➢ cost：必需。表示资产原值。

➢ salvage：必需。表示资产在折旧期末的价值(有时也称为资产残值)。

➢ life：必需。表示资产的折旧期数。

➢ period：必需。表示需要计算折旧值的期间。必须使用与 life 相同的单位。

➢ month：可选。表示第一年的月份数，如省略，则假设为 12。

2　应用举例 >>>

DB 函数用于使用固定余额递减法计算一笔资产在给定期间内的折旧值。下面详细介绍使用 DB 函数计算每年折旧值的操作方法。

录入固定资产的原值、可使用年限、残值等数据到工作表中，并输入要求解的各年限。选中 B5 单元格，在编辑栏中输入公式"=DB($B$2,$D$2,$C$2,A5,$E$2)"，按键盘上的 Enter 键，即可计算出该项固定资产第一年的折旧额。选中 B5 单元格，向下拖动复制公式，即可计算出各个年限的折旧额，如图 7-3 所示。

知识拓展

固定余额递减法是一种加速折旧法，即在预计的使用年限内将后期折旧的一部分移到前期，使前期折旧额大于后期折旧额。

B5 =DB($B$2,$D$2,$C$2,A5,$E$2)

	A	B	C	D	E
1	资产名称	原值	可使用年限	残值	每年使用月数
2	轿车	150000	10	15000	10
3					
4	年限	折旧值			
5	1	¥25,750.00			
6	2	¥25,595.50			
7	3	¥20,322.83			
8	4	¥16,136.32			
9	5	¥12,812.24			

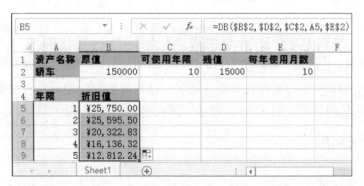

图 7-3

7.2.4 使用 SLN 函数计算线性折旧值

微课堂 0 分 14 秒

SLN 函数用于返回某项资产在一个期间中的线性折旧值。下面将介绍 SLN 函数的语法结构以及使用 SLN 函数计算线性折旧值的方法。

1 语法结构

```
SLN(cost, salvage, life)
```

SLN 函数语法具有下列参数。

- cost：必需。表示资产原值。
- salvage：必需。表示资产在折旧期末的价值(有时也称为资产残值)。
- life：必需。表示资产的折旧期数。

2 应用举例

某人购买一台跑步机，购买价格为 2.8 万元，使用寿命为 4 年，资产残值为 9000 元，计算平均每年的折旧金额。

选择 C6 单元格，在编辑栏中输入公式“=SLN(B2,B3,B4)”，并按键盘上的 Enter 键，即可计算出每年的折旧金额，如图 7-4 所示。

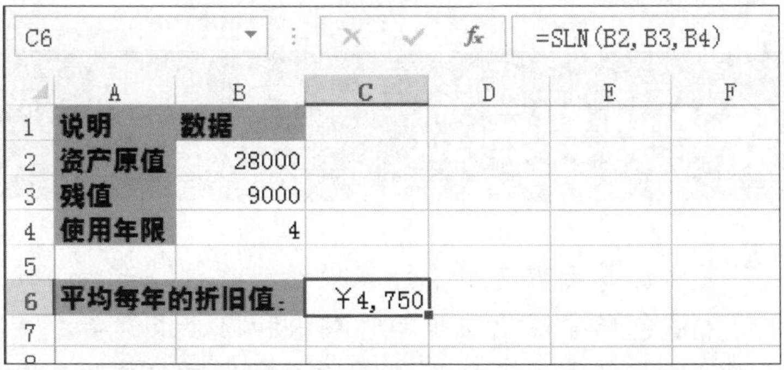

C6 =SLN(B2,B3,B4)

	A	B	C
1	说明	数据	
2	资产原值	28000	
3	残值	9000	
4	使用年限	4	
5			
6	平均每年的折旧值：		¥4,750

图 7-4

7.2.5 使用 SYD 函数按年限总和折旧法计算折旧值

SYD 函数用于返回某项资产按年限总和折旧法计算的指定期间的折旧值。下面将介绍 SYD 函数的语法结构以及使用 SYD 函数按年限总和折旧法计算折旧值的方法。

1 语法结构 >>>

SYD(cost, salvage, life, per)

SYD 函数语法具有下列参数。

➢ cost：必需。表示资产原值。

➢ salvage：必需。表示资产在折旧期末的价值(有时也称为资产残值)。

➢ life：必需。表示资产的折旧期数。

➢ per：必需。表示折旧期间，其单位与 life 相同。

2 应用举例 >>>

假设某公司在第一年的 3 月份购买了一台新机器，价值为 15 万元，使用寿命为 5 年，估计残值为 1 万元。现在要求使用年限总和折旧法计算每年的折旧值。

选择 D2 单元格，在编辑栏中输入公式"=SYD($B$2,$B$3,$B$4,C2)"，并按键盘上的 Enter 键，即可计算出第一年的折旧值。将鼠标指针移动到 D2 单元格右下角，待鼠标指针变成十字形状后，按住鼠标左键并向下拖动进行公式填充，即可计算出其他年限的折旧值，如图 7-5 所示。

| | D2 | ▼ | : | × | ✓ | fx | =SYD($B$2, $B$3, $B$4, C2) |

▲	A	B	C	D	E	F
1	说明	数据	年限	折旧值		
2	购买原值	¥150,000	1	¥46,667		
3	残值	¥10,000	2	¥37,333		
4	使用寿命	5	3	¥28,000		
5			4	¥18,667		
6			5	¥9,333		

图 7-5

Section
7.3 投资计算函数

导读

投资计算函数是用于计算投资与收益的一类函数，常见的投资评价方法包括净现值法、回收期法和内含报酬率法等。本节将列举一些财务函数中进行投资计算的函数应用，并对其进行讲解。

7.3.1 使用 FV 函数计算存款加利息数

微课堂
0分 27秒

FV 函数用于基于固定利率及等额分期付款方式，返回某项投资的未来值。下面将详细介绍 FV 函数的语法结构以及使用 FV 函数计算存款加利息数的方法。

1 语法结构

```
FV(rate,nper,pmt,[pv],[type])
```

FV 函数语法具有下列参数。

➤ rate：必需。表示各期利率。
➤ nper：必需。表示年金的付款总期数。
➤ pmt：必需。表示各期所应支付的金额，其数值在整个年金期间保持不变。通常，pmt 包括本金和利息，但不包括其他费用或税款。如果省略 pmt，则必须包括 pv 参数。
➤ pv：可选。表示现值，或一系列未来付款的当前值的累积和。如果省略 pv，则假设其值为 0(零)，并且必须包括 pmt 参数。
➤ type：可选。表示投资类型，使用数字 0 或 1，用以指定各期的付款时间是在期初还是期末。如果省略 type，则假设其值为 0。

2 应用举例

工作表给出了用户的利率、每年存款以及存款年限等信息，要求计算存款加利息。

选择 E2 单元格，在编辑栏中输入公式"=FV(B2,D2,-C2,0)"，并按键盘上的 Enter 键，即可计算出第一个人的存款加利息数。将鼠标指针移动到 E2 单元格右下角，待鼠标指针变成十字形状后，按住鼠标左键并向下拖动进行公式填充，即可计算出其他人员的存款加利息数，如图 7-6 所示。

				fx	=FV(B2,D2,-C2,0)
E2	▼	:	× ✓		

	A	B	C	D	E
1	姓名	利率	每年存款	存款年限	存款加利息
2	秦水支	15.00%	62600	5	￥422,073.07
3	李念儿	13.50%	66400	8	￥862,717.37
4	文彩依	12.80%	59300	9	￥906,422.42
5	柳婵诗	11.80%	68300	6	￥551,475.48
6	顾莫言	14.20%	48800	5	￥323,854.52
7	任水寒	12.10%	49300	5	￥313,818.27
8	金磨针	10.50%	65200	3	￥216,856.83

图 7-6

7.3.2 使用 NPER 函数计算存款达到 1 万元需要几个月

微课堂
0分 16秒

NPER 函数基于固定利率及等额分期付款方式，返回某项投资的总期数。下面将介绍

Excel 2013 公式·函数与数据分析

NPER 函数的语法结构以及使用 NPER 函数根据利息和存款数计算存款达到 1 万元需要几个月的方法。

1 语法结构

>>>

```
NPER(rate,pmt,pv,[fv],[type])
```

NPER 函数语法具有下列参数。

➢ rate：必需。表示各期利率。

➢ pmt：必需。表示各期所应支付的金额，其数值在整个年金期间保持不变。通常，pmt 包括本金和利息，但不包括其他费用或税款。

➢ pv：必需。表示现值，或一系列未来付款当前值的累积和。

➢ fv：可选。表示未来值，或在最后一次付款后希望得到的现金余额。如果省略 fv，则假设其值为 0。

➢ type：可选。表示投资类型。使用数字 0 或 1，用以指定各期的付款时间是在期初还是期末。

2 应用举例

>>>

本例年利息为 14.72%，假设存款为 1000 元，计算存款到达 1 万元时需要多少个月。

选择 D2 单元格，在编辑栏中输入公式"=NPER(A2,0,-B2,C2)*12"，并按键盘上的 Enter 键，即可计算出需要多少个月才能达到 1 万元，如图 7-7 所示。

	A	B	C	D	E
1	年利息	存款	目标金额	需要的月数	
2	14.72%	1000	10000	201.2101505	
3					

D2 ▾ : × ✓ fx =NPER(A2,0,-B2,C2)*12

图 7-7

 知识拓展

因为 NPER 函数的结果为年，所以本例公式中乘以 12 转换成月数。

7.3.3 使用 NPV 函数计算某项投资的净现值

微课堂 0分14秒

NPV 函数用于通过使用贴现率以及一系列未来支出(负值)和收入(正值)，返回一项投资的净现值。下面将详细介绍 NPV 函数的语法结构以及使用 NPV 函数计算某项投资净现值的方法。

1 语法结构

>>>

```
NPV(rate,value1,[value2],...)
```

NPV 函数语法具有下列参数。

➢ rate：必需。表示某一期间的贴现率。

➢ value1：必需。表示现金流的第 1 个参数。

➢ value2,…：可选。表示现金流的第 2～254 个参数。

2　应用举例

在给定条件充足的情况下，利用 NPV 函数可以快速计算投资中的净现值。下面详细介绍其操作方法。

选择 D3 单元格，在编辑栏中输入公式"=NPV(C3,A2,−B3,A4,−B5)"，按键盘上的 Enter 键，即可计算出投资中的净现值，如图 7-8 所示。

	A	B	C	D	E	F
	收入金额	支出金额	贴现率	净现值		
1						
2	86000					
3		75000	6%	¥24,521.14		
4	30000					
5		19000				

D3　　　fx　=NPV(C3,A2,−B3,A4,−B5)

图 7-8

7.3.4　使用 PV 函数计算贷款买车的贷款额

微课堂　0 分 16 秒

PV 函数用于返回投资的现值，即一系列未来付款的当前值的累积和，如借入方的借入款即为贷出方贷款的现值。下面将详细介绍 PV 函数的语法结构以及使用 PV 函数计算贷款买车贷款额的方法。

1　语法结构

```
PV(rate, nper, pmt, [fv], [type])
```

PV 函数语法具有下列参数。

➢ rate：必需。表示各期利率。例如，如果按 10%的年利率借入一笔贷款来购买汽车，并按月偿还贷款，则月利率为 10%/12(即 0.83%)。可以在公式中输入 10%/12 或 0.83%作为 rate 的值。

➢ nper：必需。表示年金的付款总期数。例如，对于一笔 4 年期按月偿还的汽车贷款，共有 4×12(即 48)个偿款期。可以在公式中输入 48 作为 nper 的值。

➢ pmt：必需。表示各期所应支付的金额，其数值在整个年金期间保持不变。通常，pmt 包括本金和利息，但不包括其他费用或税款。例如，¥10000 的年利率为 12%的 4 年期汽车贷款的月偿还额为¥263.33。可以在公式中输入−263.33 作为 pmt 的值。如果省略 pmt，则必须包含 fv 参数。

➢ fv：可选。表示未来值，或在最后一次支付后希望得到的现金余额。如果省略 fv，则假设其值为 0。可以根据保守估计的利率来决定每月的存款额。如果省略 fv，则必须包含 pmt 参数。

➤ type：可选。表示投资类型。使用数字 0 或 1，用以指定各期的付款时间是在期初还是期末。

2   应用举例

在给定条件充足的情况下，利用 PV 函数可以快速计算贷款买车的贷款额。下面详细介绍其操作方法。

选择 B5 单元格，在编辑栏中输入公式 "=PV(B3/12,B2*12,-B4)"，按键盘上的 Enter 键。在 B5 单元格中，系统会自动计算出贷款买车的贷款额。通过以上方法即可完成计算贷款买车的贷款额的操作，如图 7-9 所示。

图 7-9

7.3.5   使用 XNPV 函数计算未必定发生的投资净现值

微课堂
0 分 19 秒

XNPV 函数用于返回一组不定期现金流的净现值。下面将详细介绍 XNPV 函数的语法结构以及使用 XNPV 函数计算未必定发生的投资净现值的方法。

1   语法结构

```
XNPV(rate,values,dates)
```

XNPV 函数语法具有下列参数。

➤ rate：必需。表示应用于现金流的贴现率。

➤ values：必需。表示与 dates 中的支付时间相对应的一系列现金流。首期支付是可选的，并与投资开始时的成本或支付有关。如果第一个值是成本或支付，则它必须是负值。所有后续支付都基于 365 天/年贴现。数值系列必须至少要包含一个正数和一个负数。

➤ dates：必需。表示与现金流支付相对应的支付日期表。第一个支付日期代表支付表的开始日期。其他所有日期应迟于该日期，但可按任何顺序排列。

2   应用举例

在给定条件充足的情况下，利用 XNPV 函数可以快速计算未必定发生的投资的净现值。下面详细介绍其操作方法。

选择 D3 单元格，在编辑栏中输入公式"=XNPV(C3,B2:B5,A2:A5)"，按键盘上的 Enter 键，在 D3 单元格中，系统会自动计算出未必定发生的投资的净现值，通过以上方法即可完成计算未必定发生的投资净现值操作，如图 7-10 所示。

图 7-10

Section 7.4 本金与利息函数

企业要发展，只靠自有资金通常是不行的，还需要通过向银行贷款等方式筹集多种渠道的资金。如果企业向银行贷款，那么可以通过使用本金和利息函数来进行方便的计算，从而选择最佳的贷款方案。本节将介绍本金和利息函数的相关知识及应用案例。

7.4.1 使用 EFFECT 函数将名义年利率转换为实际年利率

微课堂
0分16秒

EFFECT 函数利用给定的名义年利率和每年的复利期数，计算有效的年利率。下面将详细介绍 EFFECT 函数的语法结构以及使用 EFFECT 函数将名义年利率转换为实际年利率的方法。

1 语法结构

```
EFFECT(nominal_rate, npery)
```

EFFECT 函数语法具有下列参数。

- ➢ nominal_rate：必需。表示名义利率。
- ➢ npery：必需。表示每年的复利期数。

2 应用举例

本例将应用 EFFECT 函数将名义年利率转换为实际年利率。例如名义年利率为 8%，复利计算期数为 4，即每年复合 4 次，每季度复合 1 次，下面具体介绍其方法。

选中 B3 单元格，在编辑栏中输入公式"=EFFECT(B1,B2)"，按键盘上的 Enter 键，即可将名义年利率转换为实际年利率，如图 7-11 所示。

Excel 2013 公式·函数与数据分析

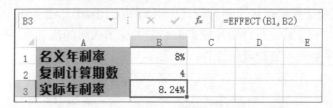

图 7-11

7.4.2 使用 IPMT 函数计算在给定期间内的支付利息

IPMT 函数用于计算基于固定利率及等额分期付款方式下，给定期数内对投资的利息偿还额。下面将详细介绍 IPMT 函数的语法结构以及使用 IPMT 函数计算在给定期间内支付利息的方法。

1 语法结构

```
IPMT(rate, per, nper, pv, [fv], [type])
```

IPMT 函数语法具有以下参数。

- ➤ rate：必需。表示贷款的各期利率。
- ➤ per：必需。表示用于计算其利息数额的期数，必须介于 1～nper。
- ➤ nper：必需。表示年金的付款总期数。
- ➤ pv：必需。表示现值，或一系列未来付款的当前值的累积和。
- ➤ fv：可选。表示未来值，或在最后一次付款后希望得到的现金余额。如果省略 fv，则假设其值为 0(例如，一笔贷款的未来值即为 0)。
- ➤ type：可选。表示付款类型。使用数字 0 或 1，用以指定各期的付款时间是在期初还是期末。如果省略 type，则假设其值为零。

🔅 知识拓展

应确认所有指定的 rate 和 nper 单位的一致性。对于所有参数，支出的款项，如银行存款，表示为负数；收入的款项，如股息收入，表示为正数。

2 应用举例

在给定条件充足的情况下，利用 IPMT 函数可以快速、方便地计算贷款在给定期间内的支付利息。下面将详细介绍其操作方法。

选择 B5 单元格，在编辑栏中输入公式"=IPMT(B4/12,1,B3*12,B2)"，并按键盘上的 Enter 键。在 B5 单元格中，系统会自动计算出在给定期间内的支付利息。通过以上方法即可完成计算贷款在给定期间内支付利息的操作，如图 7-12 所示。

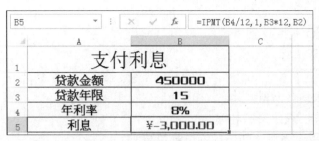

图 7-12

7.4.3 使用 NOMINAL 函数计算某债券的名义利率

微课堂
0 分 16 秒

NOMINAL 函数基于给定的实际利率和年复利期数，返回名义年利率。下面将详细介绍 NOMINAL 函数的语法结构以及使用 NOMINAL 函数计算某债券名义利率的方法。

1 语法结构 ⟫⟫⟫

NOMINAL(effect_rate, npery)

NOMINAL 函数语法具有下列参数。

➢ effect_rate：必需。表示实际利率。

➢ npery：必需。表示每年的复利期数。

2 应用举例 ⟫⟫⟫

本例将应用 NOMINAL 函数计算某债券的名义利率。例如某债券的年利率为 8.75%，每年的复利期数为 5，求出债券的名义利率。

选中 B4 单元格，在编辑栏中输入公式"=NOMINAL(B1,B2)"，按键盘上的 Enter 键，即可计算出该债券的名义年利率为 8.46%，如图 7-13 所示。

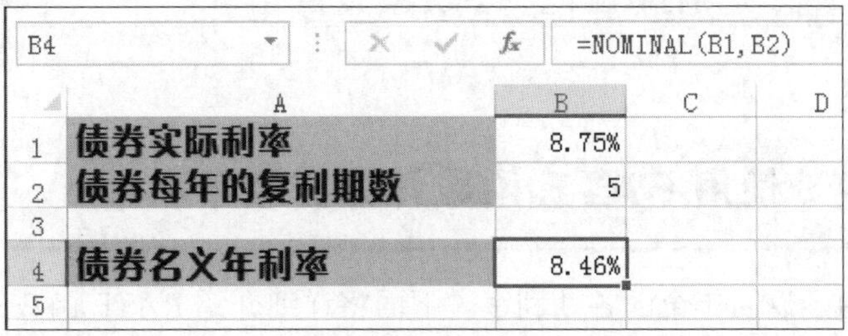

图 7-13

7.4.4 使用 PMT 函数计算贷款的每月分期付款额

微课堂
0 分 16 秒

PMT 函数用于计算基于固定利率及等额分期付款方式的贷款每期付款额。下面将介绍 PTM 函数的语法结构以及使用 PMT 函数计算贷款每月分期付款额的方法。

Excel 2013 公式 · 函数与数据分析

1 语法结构 ⟫⟫⟫

`PMT(rate, nper, pv, [fv], [type])`

PMT 函数语法具有下列参数。

➤ rate：必需。表示贷款利率。

➤ nper：必需。表示该项贷款的付款总数。

➤ pv：必需。表示现值，或一系列未来付款的当前值的累积和，也称为本金。

➤ fv：可选。表示未来值，或在最后一次付款后希望得到的现金余额。如果省略 fv，则假设其值为 0(零)，也就是一笔贷款的未来值为 0。

➤ type：可选。表示付款类型。使用数字 0(零)或 1，来指示各期的付款时间是在期初还是期末。

2 应用举例 ⟫⟫⟫

在给定条件充足的情况下，利用 PMT 函数可以快速、方便地计算贷款的分期付款额。下面详细介绍其操作方法。

选择 B5 单元格，在编辑栏中输入公式"=PMT(B4/12,B3*12,B2)"，并按键盘上的 Enter键。在 B5 单元格中，系统会自动计算出每个月的分期付款额。通过以上方法即可完成计算贷款的每月分期付款额的操作，如图 7-14 所示。

B5	▼	⋮	✕ ✓ ƒx	=PMT(B4/12,B3*12,B2)	
▲	A		B		C
1	**每月分期付款额**				
2	贷款金额		320000		
3	贷款年限		15		
4	年利率		12%		
5	分期付款额		¥-3,840.54		

图 7-14

7.4.5 使用 RATE 函数计算贷款年利率

微课堂
0 分 14 秒

RATE 函数用于返回年金的各期利率。下面将详细介绍 RATE 函数的语法结构以及使用 RATE 函数计算贷款年利率的方法。

1 语法结构 ⟫⟫⟫

`RATE(nper, pmt, pv, [fv], [type], [guess])`

RATE 函数语法具有下列参数。

➤ nper：必需。表示年金的付款总期数。

> pmt：必需。表示各期所应支付的金额，其数值在整个年金期间保持不变。通常，pmt 包括本金和利息，但不包括其他费用或税款。如果省略 pmt，则必须包含 fv 参数。

> pv：必需。表示现值，即一系列未来付款现在所值的总金额。

> fv：可选。表示未来值，或在最后一次付款后希望得到的现金余额。如果省略 fv，则假设其值为 0。

> type：可选。表示投资类型。使用数字 0 或 1，用以指定各期的付款时间是在期初还是期末。

> guess：可选。表示预期利率。

知识拓展

确认所指定的 guess 和 nper 单位的一致性，对于年利率为 10% 的 5 年期贷款，如果按月支付，guess 为 10%×12，nper 为 5×12；如果按年支付，guess 为 10%，nper 为 5。

2　应用举例

在给定条件充足的情况下，利用 RATE 函数可以快速地计算贷款年利率。下面详细介绍其操作方法。

选择 B5 单元格，在编辑栏中输入公式"=RATE(B3*12,-B4,B2)*12"，并按键盘上的 Enter 键，在 B5 单元格中，系统会自动计算出贷款年利率，通过以上方法即可完成计算贷款年利率的操作，如图 7-15 所示。

B5		f_x	=RATE(B3*12,-B4,B2)*12	
	A		B	C
1	贷款年利率			
2	贷款金额		320000	
3	贷款年限		15	
4	每月还贷		4000	
5	贷款年利率		12.77%	

图 7-15

Section

7.5　收益率函数

导读

收益率函数是用于计算内部资金流量回报率的函数，本节将列举一些财务函数中进行收益率计算的函数应用，并对其进行详细讲解。

微课堂
0分14秒

7.5.1　使用 IRR 函数计算某项投资的内部收益率

IRR 函数用于返回由数值代表的一组现金流的内部收益率。下面将详细介绍 IRR 函数的语法结构以及使用 IRR 函数计算某项投资内部收益率的方法。

1　语法结构

```
IRR(values, [guess])
```

IRR 函数语法具有下列参数。

➤ values：必需。表示进行计算的数组或单元格的引用，即用来计算内部收益率的数字。

➤ guess：可选。表示对函数 IRR 计算结果的估计值。

2　应用举例

内部收益率是指支出和收入以固定时间间隔发生的一笔投资所获得的利率。如果准备计算某项投资的内部收益率，那么需要使用 IRR 函数来实现。本例表格中显示了某项投资年贴现率、初期投资金额，以及预计今后 3 年内的收益额，要计算出该项投资的内部收益率，其操作方法如下。

选中 B7 单元格，在编辑栏中输入公式"=IRR(B2:B5,B1)"，按键盘上的 Enter 键，即可计算出投资内部收益率，如图 7-16 所示。

B7			f_x	=IRR(B2:B5,B1)	
	A	B	C	D	E
1	年贴现率	10%			
2	初期投资	-15000			
3	第1年收益	5000			
4	第2年收益	7000			
5	第3年收益	9000			
6					
7	内部收益率	17%			

图 7-16

微课堂
0分15秒

7.5.2　使用 MIRR 函数计算某投资的修正内部收益率

MIRR 函数用于返回某一连续期间内现金流的修正内部收益率，它同时考虑了投资的成本和现金再投资的收益率。下面将详细介绍 MIRR 函数的语法结构以及使用 MIRR 函数计算某投资修正内部收益率的方法。

1　语法结构

```
MIRR(values, finance_rate, reinvest_rate)
```

MIRR 函数语法具有下列参数。

- ➤ values：必需。表示要进行计算的一个数组或对包含数字单元格的引用，即用来计算返回内部收益率的数字。
- ➤ finance_rate：必需。表示现金流中使用的资金支付利率。
- ➤ reinvest_rate：必需。表示将现金流再投资的收益率。

☢ 知识拓展

函数 MIRR 根据输入值的次序来解释现金的次序。所以，务必按照实际的顺序输入支出和收入数额，并使用正确的正、负号(现金流入用正值，现金流出用负值)。

2 应用举例

函数 MIRR 同时考虑了投资的成本和现金再投资的收益率，如贷款再投资的问题，需要考虑贷款的利率、再投资的收益率以及投资收益金额来计算该项投资的修正内部收益率。现贷款 100000 元用于某项投资，本例表格中显示了贷款利率、再投资收益率以及预计 3 年后的收益率，计算该项投资修正内部收益率的方法如下。

选中 E2 单元格，在编辑栏中输入公式"=MIRR(B3:B6,B1,B2)"，按键盘上的 Enter 键，即可计算出投资的修正收益率，如图 7-17 所示。

	A	B	C	D	E	F
1	贷款利率	7%				
2	再投资收益率	15%		内部收益率	-2%	
3	贷款金额	-100000				
4	第1年收益	18000				
5	第2年收益	26000				
6	第3年收益	40000				

E2 单元格公式：=MIRR(B3:B6,B1,B2)

图 7-17

7.5.3 使用 XIRR 函数计算未必定期发生的现金流内部收益率

0 分 19 秒

XIRR 函数返回一组不一定定期发生的现金流的内部收益率。下面将详细介绍 XIRR 函数的语法结构以及使用 XIRR 计算未必定期发生的现金流内部收益率的方法。

1 语法结构

```
XIRR(values, dates, [guess])
```

XIRR 函数语法具有下列参数。

- ➤ values：必需。表示与 dates 中的支付时间相对应的一系列现金流。首期支付是可选的，并与投资开始时的成本或支付有关。如果第一个值是成本或支付，则它必须是负值。所有后续支付都基于 365 天/年贴现。值系列中必须至少包含一个正值和一个负值。

➢ dates：必需。表示与现金流支付相对应的支付日期表。日期可按任何顺序排列。应使用 DATE 函数输入日期，或者将日期作为其他公式或函数的结果输入。例如，使用函数 DATE(2016,5,23) 输入 2016 年 5 月 23 日。如果日期以文本形式输入，则会出现问题。

➢ guess：可选。表示对函数 XIRR 计算结果的估计值。

2　应用举例

本例将应用 XIRR 函数计算未必定期发生的现金流的内部收益率。例如在本例表格中，B2:B6 单元格区域为现金流发生日期，C2:C6 单元格区域为现金流量，可以按照以下方法求出内部收益率。

选中 E2 单元格，在编辑栏中输入公式"=XIRR(C2:C6,B2:B6)"，按键盘上的 Enter 键，即可计算出未必定期发生的现金流内部收益率，如图 7-18 所示。

	A	B	C	D	E
					fx =XIRR(C2:C6,B2:B6)
1	编号	日期	现金流量		内部收益率
2	1	2015年3月	¥4,500.00		-48.91%
3	2	2015年5月	¥-3,500.00		
4	3	2015年8月	¥1,500.00		
5	4	2015年10月	¥2,500.00		
6	5	2015年11月	¥-4,000.00		

图 7-18

Section 7.6　专题课堂——债券与证券

导读

Excel 2013 提供了许多债券的函数，运用这些函数可以方便地进行各种类型的债券分析；证券计算函数是用于计算投资证券收益的一类函数。本节将列举一些财务函数中进行债券与证券计算的函数应用，并对其进行详细讲解。

7.6.1　使用 ACCRINT 函数计算定期付息证券应计利息

微课堂
0分23秒

ACCRINT 函数用于返回定期付息证券的应计利息。下面将介绍函数 ACCRINT 的语法结构以及使用 ACCRINT 函数计算定期付息债券应计利息的方法。

1　语法结构

```
ACCRINT(issue, first_interest, settlement, rate, par, frequency, [basis], [calc_method])
```

ACCRINT 函数语法具有下列参数。

➢ issue：必需。表示有价证券的发行日。

➢ first_interest：必需。表示有价证券的首次计息日。

➢ settlement：必需。表示有价证券的结算日。有价证券结算日是在发行日之后、有价证券卖给购买者的日期。

➢ rate：必需。表示有价证券的年息票利率。

➢ par：必需。表示证券的票面值。如果省略此参数，则 ACCRINT 使用¥1000。

➢ frequency：必需。表示年付息次数。如果按年支付，frequency=1；按半年期支付，frequency=2；按季支付，frequency=4。

➢ basis：可选。表示要使用的日计数基准类型。

➢ calc_method：可选。表示一个逻辑值，指定当结算日期晚于首次计息日期时用于计算总应计利息的方法。如果值为 TRUE(1)，则返回从发行日到结算日的总应计利息。如果值为 FALSE(0)，则返回从首次计息日到结算日的应计利息。如果不输入此参数，则默认为 TRUE。

2 应用举例

某企业于 2015 年 1 月 1 日分别购买了 A 和 B 两种债券。首次计息日均为 2016 年 1 月 1 日，按年付息，A 债券的票面利率为 1%，面值为 2000 元，日计数基准为 1；B 债券的票面利率为 3%，面值为 12000，日计数基准为 2。计算这两种债券的应计利息。

选中 B10 单元格，在编辑栏中输入公式"=ACCRINT(B2,B3,B4,B5,B6,B7,B8)"，然后按键盘上的 Enter 键，即可计算出 A 债券的应计利息。

将单元格 B10 中的公式向右填充到单元格 C10 中，即可计算出 B 债券的应计利息，如图 7-19 所示。

B10		⋮	×	✓	f_x	=ACCRINT(B2, B3, B4, B5, B6, B7, B8)	
⊿	A	B	C	D	E	F	
1		**A债券**	**B债券**				
2	发行日	2015/1/1	2015/1/1				
3	首次计息日	2016/1/1	2016/1/1				
4	结算日	2015/12/1	2015/12/1				
5	利率	1%	3%				
6	票面价值	2000	12000				
7	年付息次数	2	4				
8	基准	1	2				
9							
10	债券应计利息	18.32	331.00				

图 7-19

☕ 专家解读

用户应该使用 DATE 函数输入日期，或者将其他公式或函数的结果作为输入值。例如，使用函数 DATE(2017,1,1)输入 2017 年 1 月 1 日。如果日期以文本形式输入，则会出现问题。

7.6.2　使用COUPDAYBS函数计算当前付息期内截止到结算日的天数

0分26秒

COUPDAYBS 函数用于计算成交日所在的付息期的天数。下面将介绍函数 COUPDAYBS 的语法结构以及使用 COUPDAYBS 函数计算当前付息期内截止到结算日天数的方法。

1　语法结构　>>>

COUPDAYBS(settlement, maturity, frequency, [basis])

COUPDAYBS 函数语法具有下列参数。

- settlement：必需。表示有价证券的结算日。有价证券结算日是在发行日之后、有价证券卖给购买者的日期。
- maturity：必需。表示有价证券的到期日。到期日是有价证券有效期截止时的日期。
- frequency：必需。表示年付息次数。如果按年支付，frequency =1；按半年期支付，frequency=2；按季支付，frequency=4。
- basis：可选。表示要使用的日计数基准类型。

2　应用举例　>>>

已知某两种有价证券的交易情况：A 债券每年付息一次，B 债券每季度付息一次。两种证券的结算日均为 2015 年 1 月 1 日，到期日为 2023 年 8 月 1 日，日计数基准为 2。计算当前付息期内截止到结算日天数的方法如下。

选中 B7 单元格，在编辑栏中输入公式"=COUPDAYBS(B2,B3,B4,B5)"，然后按键盘上的 Enter 键，即可计算出 A 债券当前付息期内截止到结算日的天数。

将单元格 B7 中的公式向右填充到单元格 C7 中，即可计算出 B 债券当前付息期内截止到结算日的天数，如图 7-20 所示。

B7		fx	=COUPDAYBS(B2,B3,B4,B5)		
	A	B	C	D	E
1		A证券	B证券		
2	结算日	2015/1/1	2015/1/1		
3	到期日	2023/8/1	2023/8/1		
4	年付息次数	1	4		
5	基准	2	2		
6					
7	当前付息期内截止到结算日的天数	153	61		
8					

图 7-20

7.6.3　使用 DISC 函数计算有价证券的贴现率

0分14秒

DISC 函数用于返回有价证券的贴现率。下面将详细介绍 DISC 函数的语法结构以及使用 DISC 函数计算有价证券贴现率的方法。

1　语法结构

DISC(settlement, maturity, pr, redemption, [basis])

DISC 函数语法具有下列参数。

> settlement：必需。表示有价证券的结算日。有价证券结算日是在发行日之后，有价证券卖给购买者的日期。
> maturity：必需。表示有价证券的到期日。到期日是有价证券有效期截止时的日期。
> pr：必需。表示有价证券的价格(按面值为¥100 计算)。
> redemption：必需。表示面值¥100 的有价证券的清偿价值。
> basis：可选。表示要使用的日计数基准类型。

2　应用举例

本例将应用 DISC 函数计算有价证券的贴现率。下面将详细介绍其操作方法。

选中 E1 单元格，在编辑栏中输入公式"=DISC(B1,B2,B3,B4,B5)"，按键盘上的 Enter键，即可计算有价证券的贴现率，如图 7-21 所示。

E1			fx	=DISC(B1,B2,B3,B4,B5)	
	A	B	C	D	E
1	成交日	2015年10月1日		**有价证券的贴现率**	8.21%
2	到期日	2016年5月11日			
3	有价证券价格	95			
4	清偿价值	100			
5	日计数基准	1			

图 7-21

7.6.4　使用 INTRATE 函数计算一次性付息证券的利率

微课堂
0分15秒

INTRATE 函数用于返回完全投资型证券的利率。下面将详细介绍函数 INTRATE 的语法结构以及使用 INTRATE 函数计算一次性付息证券利率的方法。

1　语法结构

INTRATE(settlement, maturity, investment, redemption, [basis])

INTRATE 函数语法具有以下参数。

> settlement：必需。表示有价证券的结算日。有价证券结算日是在发行日之后、有价证券卖给购买者的日期。
> maturity：必需。表示有价证券的到期日。到期日是有价证券有效期截止时的日期。
> investment：必需。表示有价证券的投资额。
> redemption：必需。表示有价证券到期时的兑换值。
> basis(可选)：表示要使用的日计数基准类型。

2 应用举例

本例将应用 INTRATE 函数计算一次性付息证券的利率，方法如下。

选中 E1 单元格，在编辑栏中输入公式"=INTRATE(B1,B2,B3,B4,B5)"，按键盘上的 Enter 键，即可计算出一次性付息证券的利率，如图 7-22 所示。

E1			fx	=INTRATE(B1,B2,B3,B4,B5)	
	A	B	C	D	E
1	成交日	2015年10月1日		一次性付息证券的利率	18.24%
2	到期日	2016年5月11日			
3	投资额	18000			
4	清偿价值	20000			
5	日计数基准	1			

图 7-22

7.6.5 使用 YIELD 函数计算有价证券的收益率

0分22秒

函数 YIELD 可以返回定期付息有价证券的收益率，是用于计算证券收益率的函数。下面将详细介绍 YIELD 函数的语法结构以及使用 YIELD 函数计算有价证券收益率的操作方法。

1 语法结构

YIELD(settlement, maturity, rate, pr, redemption, frequency, [basis])

YIELD 函数语法具有下列参数。

- settlement：必需。表示有价证券的结算日。有价证券结算日是在发行日之后、有价证券卖给购买者的日期。
- maturity：必需。表示有价证券的到期日。到期日是有价证券有效期截止时的日期。
- rate：必需。表示有价证券的年息票利率。
- pr：必需。表示有价证券的价格（按面值为¥100 计算）。
- redemption：必需。表示面值¥100 的有价证券的清偿价值。
- frequency：必需。表示年付息次数。如果按年支付，frequency=1；按半年期支付，frequency=2；按季支付，frequency=4。
- basis：可选。表示要使用的日计数基准类型。

2 应用举例

某人于 2015 年 11 月 19 日购买了 A、B 两种债券，到期日均为 2018 年 12 月 30 日，按年付息；日计数基准为 2；A 债券票面利率为 5%，成交价格为 97 元；B 债券票面利率为 6%，成交价格为 90 元；清偿价值均为 100 元；若该人一直持有该债券至到期日，计算这两种债券的到期收益率。

选中 B10 单元格，在编辑栏中输入公式"=YIELD(B2,B3,B4,B5,B6,B7,B8)"，然后按键盘上的 Enter 键，即可计算出 A 债券的收益率。将单元格 B10 中的公式向右填充到单元格 C10 中，即可计算出 B 债券的收益率，如图 7-23 所示。

B10　=YIELD(B2, B3, B4, B5, B6, B7, B8)

	A	B	C	D	E	F
1		A债券	B债券			
2	结算日	2015/11/19	2015/11/19			
3	到期日	2018/12/30	2018/12/30			
4	利率	5%	6%			
5	证券价格	97	90			
6	证券清偿价值	100	100			
7	付息次数	1	1			
8	基准	2	2			
9						
10	债券的收益率	6.09%	9.89%			

图 7-23

Section 7.7 实践经验与技巧

导读

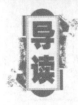

在本节的学习过程中，将侧重介绍与本章知识点有关的实践经验及技巧，主要内容包括计算贷款每期返还的本金金额、计算投资期内所支付的利息和计算汽车的折旧值等方面的知识与操作技巧。

7.7.1　计算贷款每期返还的本金金额

微课堂　0 分 26 秒

PPMT 函数用于计算基于固定利率及等额分期付款方式下，投资在某一给定期间内的本金偿还额。在给定条件充足的情况下，利用 PPMT 函数，可以计算贷款每期返还的本金金额。

某人 2015 年年底向银行贷款 120 万元，该银行的贷款月刊率是 0.22%，要求月末还款，1 年内还请贷款，计算此人每月应返还的本金金额。

选中 B7 单元格，在编辑栏中输入公式“=PPMT($B$2,A7,12,$B$1,0,0)”，然后按键盘上的 Enter 键，即可计算出此人 1 月应还的本金金额。将单元格 B7 中的公式向下填充到 B11 单元格，即可计算出其他月份的还款本金金额，如图 7-24 所示。

B7　=PPMT($B$2, A7, 12, $B$1, 0, 0)

	A	B	C	D	E
1	贷款金额	￥1, 200, 000			
2	月利率	0. 22%			
3	支付次数	12			
4	支付方式	月末			
5					
6	月份	应还本金金额			
7	1	-￥98, 795. 76			
8	2	-￥99, 013. 11			
9	3	-￥99, 230. 94			
10	4	-￥99, 449. 25			
11	5	-￥99, 668. 04			

图 7-24

7.7.2　计算投资期内所支付的利息

微课堂　0 分 23 秒

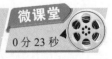

ISPMT 函数用于计算特定投资期内要支付的利息。在给定条件充足的情况下，利用

Excel 2013 公式·函数与数据分析

ISPMT 函数，可以快速、方便地计算投资期内所支付的利息。

某企业为扩大规模，从银行贷款 110 万元，年利率为 4.5%，期限 6 年，计算该公司每年支付的利息。

选中 B6 单元格，在编辑栏中输入公式"=ISPMT($B$2,A6,6,$B$1)"，然后按键盘上的 Enter 键，公式会计算出公司第一年应支付的利息金额，将单元格 B6 中的公式向下填充到 B11 单元格，即可计算出其他年份的利息金额，如图 7-25 所示。

图 7-25

7.7.3　计算汽车的折旧值

0 分 22 秒

DDB 用于使用双倍余额递减法或其他指定方法，计算一笔资产在给定期间内的折旧值。在给定条件充足的情况下，利用 DDB 函数可以准确地计算出汽车的折旧值。

本例中某人购买一辆汽车，购买价格为 16 万元，折旧期限为 5 年，资产的残值为 2.8 万元，折旧率为 1.5。现在要求利用 DDB 函数计算该汽车在每一年的折旧值。

选中 D2 单元格，在编辑栏中输入公式"=DDB($B$2,$B$3,$B$4,C2,$B$5)"，然后按键盘上的 Enter 键，即可计算出汽车第一年的折旧值。将单元格 D2 中的公式向下填充到 D6 单元格，即可计算出其他年限的折旧值，如图 7-26 所示。

图 7-26

Section 7.8　有问必答

1. 如何计算浮动利率存款的未来值？

FVSCHEDULE 函数用于计算基于一系列复利返回本金的未来值，可用于计算某项投资在变动或可调利率下的未来值。在给定条件充足的情况下，利用函数 FVSCHEDULE，可以快速、方便地计算出浮动利率存款的未来值。下面详细介绍其操作方法。

选择 D2 单元格，在编辑栏中输入公式“=FVSCHEDULE(C2,(B2:B13)/12)”，然后按键盘上的 Ctrl+Shift+Enter 组合键。在 D2 单元格中，系统会自动计算出浮动利率存款的未来值，如图 7-27 所示。

D2 {=FVSCHEDULE(C2,(B2:B13)/12)}

	A	B	C	D	E	F
1	月份	浮动利率	存款额	一年后所得		
2	1月	3.90%	80000	83134.2409		
3	2月	3.90%				
4	3月	3.90%				
5	4月	3.85%				
6	5月	3.85%				
7	6月	3.85%				
8	7月	3.70%				
9	8月	3.70%				
10	9月	3.70%				
11	10月	3.88%				
12	11月	3.98%				
13	12月	3.98%				

图 7-27

2. 如何计算两个付款期之间累计支付的利息?

CUMIPMT 函数用于返回一笔贷款在给定的两个期间累计偿还的利息数额。在给定条件充足的情况下，利用 CUMIPMT 函数，可以快速、方便地计算两个付款期之间累计支付的利息。下面详细介绍其操作方法。

选择 B5 单元格，在编辑栏中输入公式“=CUMIPMT(B4/12,B3*12,B2,25,36,0)”，按键盘上的 Enter 键。在 B5 单元格中，系统会自动计算出第三年支付的利息。这样即可完成计算两个付款期之间累计支付利息的操作，如图 7-28 所示。

B5 =CUMIPMT(B4/12,B3*12,B2,25,36,0)

	A	B	C	D
1	计算第三年支付利息			
2	贷款金额	200000		
3	贷款年限	10		
4	年利率	11%		
5	支付利息	-18576.4156		
6				

图 7-28

3. 如何计算两个付款期之间累计支付的本金?

CUMPRINC 函数用于返回一笔贷款在给定的两个期间累计偿还的本金数额。在给定条件充足的情况下，利用 CUMPRINC 函数，可以快速、方便地计算两个付款期之间累计支付的本金。下面详细介绍其操作方法。

选择 B5 单元格，在编辑栏中输入公式“=CUMPRINC(B4/12,B3*12,B2,25,36,0)”，按键盘上的 Enter 键。在 B5 单元格中，系统会自动计算出第三年支付的本金。这样即可完成计算两个付款期之间累计支付本金的操作，如图 7-29 所示。

Excel 2013 公式·函数与数据分析

B5	:	× ✓ fx	=CUMPRINC(B4/12, B3*12, B2, 25, 36, 0)		
	A	B		C	D
1	**计算第三年支付本金**				
2	贷款金额	200000			
3	贷款年限	10			
4	年利率	11%			
5	支付本金	-14483.58711			

图 7-29

4. 如何计算到期付息的有价证券年收益率?

YIELDMAT 函数用于返回到期付息的有价证券的年收益率。下面将详细介绍操作方法。

选中 E1 单元格,在编辑栏中输入公式"=YIELDMAT(B1,B2,B3,B4,B5,B6)",然后按键盘上的 Enter 键,即可计算出到期付息的有价证券年收益率,如图 7-30 所示。

E1	:	× ✓ fx	=YIELDMAT(B1, B2, B3, B4, B5, B6)	
	A	B	C D	E
1	成交日	2016年5月1日	到期付息的有价证券的年收益率	6.01%
2	到期日	2018年5月11日		
3	发行日	2013年3月1日		
4	利率	4%		
5	现值	95		
6	日计数基准	1		

图 7-30

5. 如何使用余额递减法计算房屋折旧值?

VDB 函数用于使用双倍余额递减法或其他指定的方法,返回指定的任何期间内(包括部分期间)的资产折旧值。下面将详细介绍使用 VDB 函数的余额递减法计算房屋折旧值的方法。

选择 B7 单元格,在编辑栏中输入公式"=VDB(B2,B3,B4,B5,B6)",并按键盘上的 Enter 键。在 B7 单元格中,系统会自动计算房屋的折旧值。通过以上方法即可完成使用余额递减法计算房屋折旧值的操作,如图 7-31 所示。

B7	:	× ✓ fx	=VDB(B2, B3, B4, B5, B6)		
	A	B		C	D
1	**房屋折旧**				
2	房屋价值	1200000			
3	房屋残值	800000			
4	折旧年限	70			
5	开始时间(年)	3			
6	结束时间(年)	50			
7	折旧值	¥300,053.64			

图 7-31

第 **8** 章

统 计 函 数

- ❖ 常用的统计函数名称及功能
- ❖ 平均值函数
- ❖ 数理统计函数
- ❖ 条目统计函数
- ❖ 专题课堂——最大值与最小值

　　本章主要介绍平均值函数、数理统计函数和条目统计函数方面的知识与技巧。在本章的最后还针对实际的工作需求，将讲解使用最大值与最小值函数的方法。通过本章的学习，读者可以掌握统计函数方面的知识，为深入学习 Excel 2013 公式、函数与数据分析知识奠定基础。

Excel 2013 公式·函数与数据分析

常用的统计函数名称及功能

随着信息化时代的到来，越来越多的数据信息被存放在数据库中。灵活地运用统计函数，对存储在数据库中的数据信息进行分类统计显得尤为重要。统计函数的出现，方便了 Excel 用户从复杂数据中筛选有效数据。

在 Excel 的统计函数中，函数的种类很多，如计算数值个数函数和计算平均值函数，以及计算数值的最大值函数等。表 8-1 中显示了常用的统计函数名称及功能。

表 8-1

函 数	说 明
AVERAGE	返回其参数的平均值
AVERAGEIF	返回区域中满足给定条件的所有单元格的平均值(算术平均值)
AVERAGEIFS	返回满足多个条件的所有单元格平均值(算术平均值)
BINOMDIST	返回一元二项式分布的概率值
COUNT	计算参数列表中数字的个数
COUNTBLANK	计算区域内空白单元格的数量
COUNTIF	计算区域内满足给定条件的单元格的数量
COUNTIFS	计算区域内符合多个条件的单元格的数量
COUNTA	计算参数列表中值的个数
DEVSQ	返回偏差的平方和
EXPONDIST	返回指数分布
GEOMEAN	返回几何平均值
GROWTH	返回根据现有的数据预测的指数增长值
KURT	返回数据集的峰值
LARGE	返回数据集中第 k 个最大值
MAX	返回参数列表中的最大值
MAXA	返回参数列表中的最大值，包括数字、文本和逻辑值
MIN	返回参数列表中的最小值
MINA	返回参数列表中的最小值，包括数字、文本和逻辑值
MODE	返回在数据集内出现次数最多的值
SMALL	返回数据集中的第 k 个最小值
TRIMMEAN	返回数据集的内部平均值

平均值函数

 在日常生活中，经常用到平均值函数来进行统计分析。本节将列举一些统计函数中进行平均值计算的函数应用，并对其进行详细讲解。

8.2.1 使用 AVERAGE 函数计算人均销售额

AVERAGE 函数用于返回参数的平均值(算术平均值)。下面将详细介绍函数 AVERAGE 的语法结构以及使用 AVERAGE 函数计算人均销售额的方法。

1 语法结构 　　　　　　　　　　　　　　　　　　　　　　　　　　　　　》》》

AVERAGE(number1, [number2], ...)

AVERAGE 函数语法具有下列参数。

➤ number1：必需。表示要计算平均值的第 1 个数字、单元格引用(用于表示单元格在工作表上所处位置的坐标集，如显示在第 B 列和第 3 行交叉处的单元格，其引用形式为 B3)或单元格区域。

➤ number2,...：可选。表示要计算平均值的其他数字、单元格引用或单元格区域，最多可包含 255 个。

2 应用举例 　　　　　　　　　　　　　　　　　　　　　　　　　　　　　》》》

使用 AVERAGE 函数可以快速地计算出销售额的平均值。下面详细介绍计算人均销售额的操作方法。

选择 B9 单元格，在编辑栏中输入公式"=AVERAGE(B2:B8)"，并按键盘上的 Enter 键。在 B9 单元格中，系统会自动计算出人均销售额，如图 8-1 所示。

	A	B	C
1	员工姓名	销售额	
2	苏普	7000	
3	江城子	8000	
4	柳长街	9000	
5	韦好客	7000	
6	袁冠南	7000	
7	燕七	9000	
8	金不换	9000	
9	人均销售额	8000	

B9 　　　fx =AVERAGE(B2:B8)

图 8-1

8.2.2　使用 AVERAGEA 函数统计平均工资

微课堂 0分15秒

AVERAGEA 函数用于计算参数列表的平均值(算术平均值)。下面将详细介绍 AVERAGEA 函数的语法结构以及使用 AVERAGEA 函数统计平均工资的操作方法。

1　语法结构

```
AVERAGEA(value1, value2, …)
```

AVERAGEA 函数语法具有下列参数。

➢ value1: 必选。表示要计算非空值的平均值的第 1 个数字, 可以是直接输入的数字、单元格引用或数组。

➢ value2,…: 可选。表示要计算非空值平均值的第 2～255 个数字, 可以是直接输入的数字、单元格引用或数组。

2　应用举例

使用 AVERAGE 函数求平均值, 其参数必须为数字, 它忽略了文本和逻辑值。如果准备求包含文本值的平均值, 那么就需要使用 AVERAGEA 函数。下面详细介绍使用函数 AVERAGEA 统计平均工资的方法。

选中 D2 单元格, 在编辑栏中输入公式 "=AVERAGEA (B2:B10)", 然后按键盘上的 Enter 键, 即可应用 AVERAGEA 函数统计出平均工资, 如图 8-2 所示。

	D2	▼	:	✕ ✓	f_x	=AVERAGEA(B2:B10)		
◢	A	B	C	D	E	F	G	
1	**姓名**	**工资**		**平均工资**				
2	柳兰歌	500		567.3333333				
3	秦水支	700						
4	李念儿	800						
5	文彩依	请假						
6	柳婵诗	650						
7	顾莫言	706						
8	任水寒	请假						
9	金磨针	850						
10	丁玲珑	900						

图 8-2

8.2.3　使用 AVERAGEIF 函数求每季度平均支出金额

微课堂 0分14秒

AVERAGEIF 函数用于返回某个区域内满足给定条件的所有单元格的平均值(算术平均值)。下面将详细介绍 AVERAGEIF 函数的语法结构以及使用 AVERAGEIF 函数求每季度平均支出金额的方法。

1 语法结构 >>>

AVERAGEIF(range,criteria,[average_range])

AVERAGEIF 函数语法具有下列参数。

➤ range：必需。表示要计算平均值的一个或多个单元格，其中包括数字或包含数字的名称、数组或引用。

➤ criteria：必需。表示数字、表达式、单元格引用或文本形式的条件，用于定义要对哪些单元格计算平均值。例如，条件可以表示为 32、"32"、">32"、"苹果"或 B4。

➤ average_range：可选。表示要计算平均值的实际单元格集。如果忽略，则使用 range。

2 应用举例 >>>

工作表中有每季度的收入和支出金额，现要使用 AVERAGEIF 函数求出每季度平均支出的金额。下面具体介绍其操作方法。

选中 E2 单元格，在编辑栏中输入公式"=AVERAGEIF(B2:B9,"支出",C2)"，按键盘上的 Enter 键，即可计算出每季度平均支出金额，如图 8-3 所示。

E2			⋮	×	✓	fx	=AVERAGEIF(B2:B9,"支出",C2)	
	A	B	C	D	E	F	
1	季度	收支	金额		每季度平均支出		
2	一季度	收入	856		868.5		
3	一季度	支出	853				
4	二季度	收入	854				
5	二季度	支出	878				
6	三季度	收入	873				
7	三季度	支出	865				
8	四季度	收入	869				
9	四季度	支出	878				

图 8-3

8.2.4 使用 AVERAGEIFS 函数计算满足多重条件的平均值

微课堂
0 分 20 秒

AVERAGEIFS 函数用于返回满足多重条件的所有单元格的平均值(算术平均值)。下面将介绍 AVERAGEIFS 函数的语法结构以及使用 AVERAGEIFS 函数计算满足多重条件数据平均值的方法。

1 语法结构 >>>

AVERAGEIFS(average_range,criteria_range1,criteria1,[criteria_range2,criteria2],...)

Excel 2013 公式·函数与数据分析

AVERAGEIFS 函数语法具有下列参数。

➢ average_range：必需。表示要计算平均值的一个或多个单元格，其中包括数字或包含数字的名称、数组或引用。

➢ criteria_range1, criteria_range2, …：表示计算关联条件的 1～127 个区域。

➢ criteria1, criteria2, …：表示数字、表达式、单元格引用或文本形式的 1～127 个条件，用于定义将对哪些单元格求平均值。例如，条件可以表示为 32、"32"、">32"、"苹果"或 B4。

2　应用举例　　　　　　　　　　　　　　　　　　　　　　　**▶▶▶**

AVERAGEIFS 函数主要用于计算满足多个给定条件的所有单元格的平均值。用户使用 AVERAGEIFS 函数，可以方便地计算出女员工销售额大于 6000 的人均销售额。下面详细介绍其操作方法。

选择 F1 单元格，在编辑栏中输入公式"=AVERAGEIFS(C2:C9,B2:B9,"女",C2:C9, ">6000")"，并按键盘上的 Enter 键。在 F1 单元格中，系统会自动计算出女员工销售额大于 6000 的人均销售额。通过以上方法，即可完成计算女员工销售额大于 6000 的人均销售额的操作，如图 8-4 所示。

F1			fx	=AVERAGEIFS(C2:C9,B2:B9,"女",C2:C9,">6000")		
	A	B	C	D	E F	G
1	姓名	性别	销售额	销售额大于6000的女员工平均销售额	7600	
2	秦水支	女	8000			
3	李念儿	男	5000			
4	文彩依	男	7000			
5	柳婵诗	女	5000			
6	顾莫言	男	8000			
7	任水寒	女	7000			
8	金磨针	女	7800			
9	丁玲珑	男	8000			

图 8-4

8.2.5　使用 GEOMEAN 函数计算销售量的几何平均值

微课堂　0分16秒

GEOMEAN 函数用于返回正数数组或区域的几何平均值。下面将详细介绍 GEOMEAN 函数的语法结构以及使用 GEOMEAN 函数计算销售量几何平均值的方法。

1　语法结构　　　　　　　　　　　　　　　　　　　　　　　**▶▶▶**

```
GEOMEAN(number1,[number2],...)
```

GEOMEAN 函数语法具有下列参数。

➢ number1：必需。表示要计算几何平均值的第 1 个数字，可以是直接输入的数字、单元格引用或数组。

➢ number2,…：可选。表示要计算几何平均值的第 2～255 个数字，可以是直接输入的数字、单元格引用或数组。

 知识拓展

如果参数为错误值或不能转换为数字文本，将会导致错误。如果任何数据小于0，函数 GEOMEAN 返回错误值 "#NUM!"。

2 应用举例　　　　　　　　　　　　　　　　　　　　　　>>>

本例将使用 GEOMEAN 函数计算当前工作表中销售量的几何平均值。

选中 D2 单元格，在编辑栏中输入公式 "=GEOMEAN(B2:B7)"，然后按键盘上的 Enter 键，即可计算出上半年销售量的几何平均值，如图 8-5 所示。

D2		▼	:	×	✓	f_x	=GEOMEAN(B2:B7)	
▲	A	B	C		D			E
1	月份	销售量			上半年销售量几何平均值			
2	1	13625			20616.44041			
3	2	13652						
4	3	45325						
5	4	43256						
6	5	13652						
7	6	15423						

图 8-5

数理统计函数

导读　所谓数理统计函数，就是以有效的方式收集、整理和分析数据，并在此基础上对随机性问题作出系统判断的公式，对数据进行相关的概率分布统计，从而进行回归分析。本节将列举一些统计函数中进行数理统计计算的函数应用案例及相关知识。

8.3.1　使用 FORECAST 函数预测未来指定日期的温度
微课堂
0分16秒

FORECAST 函数用于根据已有的数值计算或预测未来值。此预测值为基于给定的 x 值推导出的 y 值，已知的数值为已有的 x 值和 y 值，再利用线性回归对新值进行预测。可以使用该函数对未来销售额、库存需求或消费趋势进行预测。下面将详细介绍 FORECAST 函数的语法结构以及使用 FORECAST 函数预测未来指定日期温度的方法。

1 语法结构　　　　　　　　　　　　　　　　　　　　　　>>>

FORECAST(x,known_y's,known_x's)

Excel 2013 公式·函数与数据分析

FORECAST 函数语法具有下列参数。

- ➤ x：必需。表示需要进行值预测的数据点。
- ➤ known_y's：必需。表示因变量数组或数据区域。
- ➤ known_x's：必需。表示自变量数组或数据区域。

2　应用举例

使用 FORECAST 函数可以预测未来指定日期的温度。下面详细介绍其操作方法。

选择 B8 单元格，在编辑栏中输入公式"=FORECAST(A8,B2:B7,A2:A7)"，并按键盘上的 Enter 键。在 B8 单元格中，系统会自动预测出未来指定日期的温度。通过以上方法即可完成预测未来指定日期温度的操作，如图 8-6 所示。

B8				f_x	=FORECAST(A8,B2:B7,A2:A7)		
	A		B			C	D
1	日期（日）		最高温度（℃）				
2	19		2				
3	20		1				
4	21		−3				
5	22		−3				
6	23		0				
7	24		−3				
8	25		−3.8				

图 8-6

8.3.2　使用 FREQUENCY 函数统计每个分数段人员个数

微课堂 0 分 19 秒

FREQUENCY 函数用于计算数值在某个区域内的出现频率，然后返回一个垂直数组。下面将介绍 FREQUENCY 函数的语法结构以及使用 FREQUENCY 函数分别统计每个分数段人员个数的方法。

1　语法结构

```
FREQUENCY(data_array, bins_array)
```

FREQUENCY 函数语法具有下列参数。

- ➤ data_array：必需。表示一个值数组或对一组数值的引用，要为它计算频率。如果 data_array 中不包含任何数值，函数 FREQUEY 将返回一个零数组。
- ➤ bins_array：必需。表示一个区间数组或对区间的引用，该区间用于对 data_array 中的数值进行分组。如果 bins_array 中不包含任何数值，函数 FREQUENCY 返回的值与 data_array 中的元素个数相等。

2　应用举例

在本例中，计算 10 个人中有几个人的成绩在 60 分以下，有几个人成绩在 60～70 分，有几个人成绩在 70～90 分，以及有几个人成绩超过 90 分。

选中 E2:E5 单元格区域，在编辑栏中输入公式"=FREQUENCY(B2:B11,D2:D5)"，按键盘上的 Ctrl+Shift+Enter 组合键，即可计算出每个分数段的人员个数，如图 8-7 所示。

E2				fx	{=FREQUENCY(B2:B11,D2:D5)}			
	A	B	C	D	E	F	G	H
1	姓名	成绩		分数段	人数			
2	韩千叶	72		60	2			
3	柳辰飞	63		70	2			
4	夏舒征	84		90	3			
5	慕容冲	94		超过90	3			
6	萧合凰	96						
7	阮停	69						
8	西粼宿	58						
9	孙祈钒	59						
10	狄云	80						
11	丁典	98						

图 8-7

🔬 知识拓展

本例公式利用 D2:D5 单元格区域的分数段对 B2:B11 单元格区域的成绩计算频率分布。D2:D5 单元格区域必须是数值，而公式是多单元格数组公式，且数组的元素个数比分数段多一个，所以分段条件是 3 个，但频率计算结果占用 4 个单元格。

计算多个区间的频率时，必须以多单元格数组公式形式输入，不能在第 1 个单元格输入公式后再填充公式。

8.3.3 使用 GROWTH 函数预测下一年的销量

微课堂
0分15秒

GROWTH 函数用于根据现有的数据预测指数增长值。根据现有的 x 值和 y 值，GROWTH 函数返回一组新的 x 值对应的 y 值，所以可以使用 GROWTH 函数来拟合满足现有 x 值和 y 值的指数曲线。下面将详细介绍 GROWTH 函数的语法结构以及使用 GROWTH 函数预测下一年销量的方法。

1 语法结构

GROWTH(known_y's,[known_x's],[new_x's],[const])

GROWTH 函数语法具有下列参数。

➤ known_y's：必需。表示满足指数回归拟合曲线 y=b*m^x 的一组已知的 y 值。

❖ 如果数组 known_y's 在单独一列中，则 known_x's 的每一列被视为一个独立的变量。

❖ 如果数组 known_y's 在单独一行中，则 known_x's 的每一行被视为一个独立的变量。

❖ 如果 known_y's 中的任何数为零或为负数，GROWTH 函数将返回错误值

Excel 2013 公式·函数与数据分析

"#NUM!"。

- ➢ known_x's：可选。表示满足指数回归拟合曲线 y=b*m^x 的一组已知的可选 x 值。
  - ❖ 数组 known_x's 可以包含一组或多组变量。如果仅使用一个变量，那么只要 known_x's 和 known_y's 具有相同的维数，则它们可以是任何形状的区域。如果用到多个变量，则 known_y's 必须为向量。
  - ❖ 如果省略 known_x's，则假设该数组为{1,2,3,...}，其大小与 known_y's 相同。
- ➢ new_x's：可选。表示需通过 GROWTH 函数为其返回对应 y 值的一组新 x 值。
  - ❖ new_x's 与 known_x's 一样，对每个自变量必须包括单独的一列。因此，如果 known_y's 是单列的，known_x's 和 new_x's 应该有同样的列数。如果 known_y's 是单行的，known_x's 和 new_x's 应该有同样的行数。
  - ❖ 如果省略 new_x's，则假设它和 known_x's 相同。
  - ❖ 如果 known_x's 与 new_x's 都被省略，则假设它们为数组{1,2,3,...}，其大小与 known_y's 相同。
- ➢ const：可选。表示一逻辑值，用于指定是否将常量 b 强制设为 1。
  - ❖ 如果 const 为 TRUE 或省略 b，将按正常计算。
  - ❖ 如果 const 为 FALSE，b 将设为 1，m 值将被调整以满足 y=m^x。

2 应用举例 ＞＞＞

GROWTH 函数主要是根据现有的数据计算或预测指数的增长值，通过使用 GROWTH 函数可以预测下一年的销量。下面详细介绍其操作方法。

选择 B6 单元格，在编辑栏中输入公式"=GROWTH(B2:B5,A2:A5,A6)"，并按键盘上的 Enter 键。在 B6 单元格中，系统会自动预测出下一年的销量。通过以上方法，即可完成预测下一年销量的操作，如图 8-8 所示。

B6	▼	:	×	✓	fx	=GROWTH(B2:B5,A2:A5,A6)

▲	A	B	C
1	**年**	**销量**	
2	2012	765000	
3	2013	774000	
4	2014	789000	
5	2015	799000	
6	2016	811436.5451	

图 8-8

8.3.4 使用 MODE.SNGL 函数统计配套生产最佳产量值

微课堂 0分15秒

MODE.SNGL 函数用于返回在某一数组或数据区域中出现频率最多的数值。下面将详细介绍 MODE.SNGL 函数的语法结构以及使用 MODE.SNGL 函数统计配套生产最佳产量值的方法。

1 语法结构 >>>

MODE.SNGL(number1,[number2],...)

MODE.SNGL 函数语法具有下列参数。

➤ number1：必需。表示用于计算众数的第 1 个参数。

➤ number2,...：可选。表示用于计算众数的第 2～254 个参数，也可以用单一数组或对某个数组的引用来代替用逗号分隔的参数。

2 应用举例 >>>

本例通过使用 MODE.SNGL 函数来统计出配套生产最佳产量值。下面详细介绍其操作方法。

选择 C6 单元格，在编辑栏中输入公式"=MODE.SNGL(B2:D5)"，并按键盘上的 Enter 键。在 C6 单元格中，系统会自动统计出配套生产的最佳产量值。通过以上方法即可完成统计配套生产最佳产量值的操作，如图 8-9 所示。

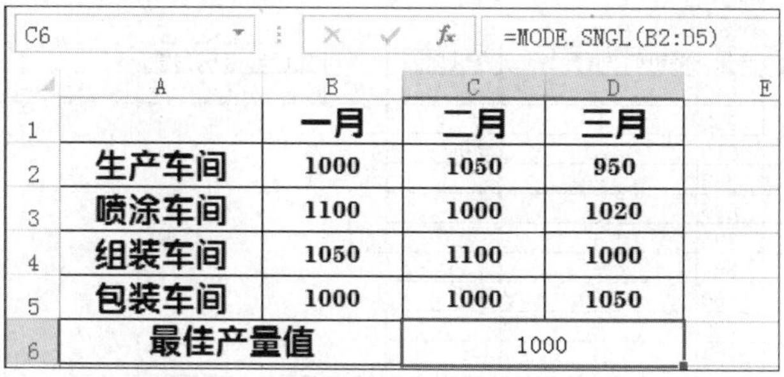

C6			f_x	=MODE.SNGL(B2:D5)	
	A	B	C	D	E
1		一月	二月	三月	
2	生产车间	1000	1050	950	
3	喷涂车间	1100	1000	1020	
4	组装车间	1050	1100	1000	
5	包装车间	1000	1000	1050	
6	最佳产量值		1000		

图 8-9

Section 8.4 条目统计函数

条目统计函数用于统计记录数据等。本节将列举一些统计函数中进行条目统计计算的函数应用，并对其进行详细讲解。

8.4.1 使用 COUNT 函数统计生产异常机台数

微课堂 0分13秒

COUNT 函数用于计算包含数字的单元格以及参数列表中数字的个数。使用函数 COUNT，可以获取区域或数字数组中数字字段的输入项个数。下面将详细介绍 COUNT 函数的语法结构以及使用 COUNT 函数统计生产异常机台数的方法。

Excel 2013 公式·函数与数据分析

1　语法结构　>>>

COUNT(value1,[value2], ...)

COUNT 函数语法具有下列参数。

➢ value1：必需。表示要计算其中数字个数的第 1 个项、单元格引用或区域。
➢ value2, ...：可选。表示要计算其中数字个数的其他项、单元格引用或区域，最多可包含 255 个。

2　应用举例　>>>

在本例的工作表中给出了生产中途因停电、待料、修机等各种因素造成的异常机台数，现在需要统计出因各种原因造成停机的机器总数量。

选中 F2 单元格，在编辑栏中输入公式 "=COUNT(C2:C11)"，按键盘上的 Enter 键，即可统计出生产异常机台数，8-10 所示。

	F2		▼	:	×	✓	fx	=COUNT(C2:C11)		
▲	A	B	C		D	E	F		G	H
1	机台	产量	停机时间(分钟)		停机原因		生产异常机台数			
2	1#	642	–				3			
3	2#	793								
4	3#	610	20		修机					
5	4#	765	–							
6	5#	605	80		待料					
7	6#	795	–							
8	7#	689	–							
9	8#	400	120		修机					
10	9#	755	–							
11	10#	756	–							

图 8-10

8.4.2　使用 COUNTA 函数统计出勤异常人数

微课堂 0 分 16 秒

COUNTA 函数用于计算区域中不为空的单元格的个数。下面将详细介绍 COUNTA 函数的语法结构以及使用 COUNTA 函数统计出勤异常人数的方法。

1　语法结构　>>>

COUNTA(value1,[value2], ...)

COUNTA 函数语法具有下列参数。

➢ value1：必需。表示要计数的值的第 1 个参数。
➢ value2,...：可选。表示要计数的值的其他参数，最多可包含 255 个参数。

2　应用举例　>>>

COUNTA 函数主要是用于统计非空值的个数，所以使用 COUNTA 函数可以方便地统计一个时间段内出勤异常的人数。下面详细介绍其操作方法。

选择 D2 单元格，在编辑栏中输入公式"=COUNTA(B2:B11)"，并按键盘上的 Enter
键。在 D2 单元格中，系统会自动统计出出勤异常的人数，如图 8-11 所示。

	A	B	C	D	E	F	G
1	姓名	异常状况		异常人数			
2	韩千叶			3			
3	柳辰飞	迟到					
4	夏舒征						
5	慕容冲	请假					
6	萧合凰						
7	阮停						
8	西糍宿						
9	孙祈钒	旷课					
10	狄云						
11	丁典						

图 8-11

知识拓展

本例利用 COUNTA 函数统计 B2:B11 单元格区域的非空单元格个数来计算出勤异常
人数。如果在函数中引用同一单元格两次，COUNTA 函数也会计算两次。例如公式
"=COUNTA (C1:C4,A1:C1)"，其中单元格 C1 非空，将会被计算两次。

8.4.3 使用 COUNTBLANK 函数统计未检验完成的产品数

微课堂
0分15秒

COUNTBLANK 函数用于计算指定单元格区域中空白单元格的个数。下面将详细介绍
COUNTBLANK 函数的语法结构以及使用 COUNTBLANK 函数统计未检验完成产品数的
操作方法。

1 语法结构

COUNTBLANK(range)

COUNTBLANK 函数语法具有下列参数。

➤ range：必需。表示需要计算其中空白单元格个数的区域。

2 应用举例

本例将详细介绍使用 COUNTBLANK 函数统计未检验完成产品数的方法。

选中 D2 单元格，在编辑栏中输入公式"=COUNTBLANK(B2:B11)"，按键盘上的 Enter
键，即可统计未检验完成的产品数，如图 8-12 所示。

知识拓展

使用 COUNTBLANK 函数统计数据时，即使单元格中含有返回值为空的文本（""）
的公式，该单元格也会计算在内；但包含零值的单元格不计算在内。

D2 =COUNTBLANK(B2:B11)

	A	B	C	D
1	抽样产品	检验结果		未检验完成数
2	A	合格		3
3	B			
4	C	不合格		
5	D	合格		
6	E	合格		
7	F			
8	G	不合格		
9	H	不合格		
10	I	合格		
11	J			

图 8-12

8.4.4 使用 COUNTIF 函数统计成绩不及格的学生人数

微课堂 0 分 17 秒

COUNTIF 函数用于对区域中满足单个指定条件的单元格进行计数，也可以对大于或小于某一指定数字的所有单元格进行计数。下面将详细介绍 COUNTIF 函数的语法结构以及使用 COUNTIF 函数统计不及格学生人数的方法。

1 语法结构

```
COUNTIF(range,criteria)
```

COUNTIF 函数语法具有下列参数。

➢ range：必需。表示要对其进行计数的一个或多个单元格，其中包括数字或名称、数组或包含数字的引用。

➢ criteria：必需。表示用于定义将对哪些单元格进行计数的数字、表达式、单元格引用或文本字符串。例如，条件可以表示为 32、">32"、B4、"苹果"或"32"。

2 应用举例

本例将使用 COUNTIF 函数统计出不及格学生的人数。下面详细介绍其操作方法。

选择 C5 单元格，在编辑栏中输入公式“=COUNTIF(B2:B8,"<60")”，并按键盘上的 Enter 键。在 C5 单元格中，系统会自动统计出数学成绩不及格的学生人数。通过以上方法即可完成统计数学成绩不及格学生人数的操作，如图 8-13 所示。

C5 =COUNTIF(B2:B8,"<60")

	A	B	C
1	学生姓名	数学成绩	
2	秦水支	90	不及格人数
3	李念儿	58	
4	文彩依	62	
5	柳婵诗	43	2
6	顾莫言	88	
7	任水寒	79	
8	金磨针	60	

图 8-13

知识拓展

使用 COUNTIF 函数统计数据时，可以在条件中使用通配符，如问号(?)和星号(*)，其中问号匹配任意单个字符，星号匹配任意一串字符。如果要查找实际的问号或星号，须在该字符前输入波形符(~)。

8.4.5　使用 COUNTIFS 函数统计 A 班成绩优秀的学生数

微课堂　0 分 19 秒

COUNTIFS 函数是将条件应用于跨多个区域的单元格，并计算符合所有条件的次数。下面将详细介绍 COUNTIFS 函数的语法结构以及使用 COUNTIFS 函数统计满足多个条件记录数目的方法。

1　语法结构

```
COUNTIFS(criteria_range1, criteria1, [criteria_range2,criteria2]…)
```

COUNTIFS 函数语法具有下列参数。

- criteria range1：必需。表示其中计算关联条件的第 1 个区域。
- criteria1：必需。表示条件的形式，为数字、表达式、单元格引用或文本，可用来定义将对哪些单元格进行计数。例如，条件可以表示为 32、">32"、B4、"苹果" 或 "32"。
- criteria _range2, criteria2, ...：可选。表示附加的区域及其关联条件。最多允许 127 个区域/条件对。

2　应用举例

以成绩 85 分以上即为优秀为基础，使用 COUNTIFS 函数，可以快速地将 A 班成绩优秀的学生人数统计出来。下面将详细介绍其操作方法。

选择 D6 单元格，在编辑栏中输入公式“=COUNTIFS(B2:B8,">85",C2:C8,"A 班")”，按键盘上的 Enter 键。在 D6 单元格中，系统会自动统计出 A 班语文成绩优秀的学生人数。通过以上方法即可完成统计 A 班成绩优秀学生人数的操作，如图 8-14 所示。

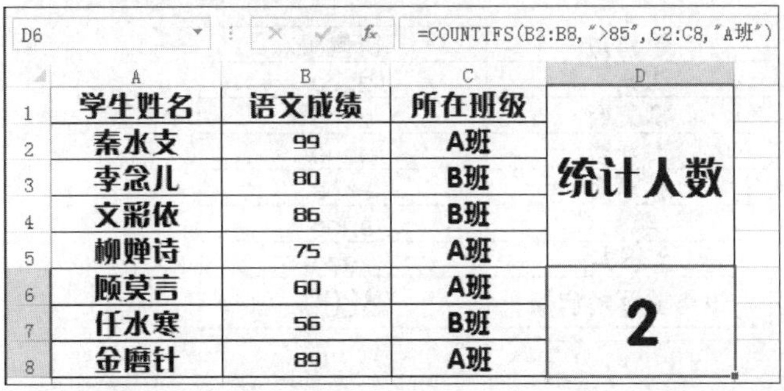

D6　=COUNTIFS(B2:B8,">85",C2:C8,"A班")

	A	B	C	D
1	学生姓名	语文成绩	所在班级	统计人数
2	秦水支	99	A班	
3	李念儿	80	B班	
4	文彩依	86	B班	
5	柳婵诗	75	A班	
6	顾莫言	60	A班	2
7	任水寒	56	B班	
8	金磨针	89	A班	

图 8-14

Excel 2013 公式・函数与数据分析

专题课堂——最大值与最小值

最大值与最小值函数用于统计数据中的大、小值等。本节将列举一些统计函数中进行最大值与最小值计算的函数应用，并对其进行详细讲解。

8.5.1 使用 LARGE 函数提取销售季军的销售额

LARGE 函数用于返回数据集中第 k 个最大值。使用此函数，可以根据相对标准来选择数值。例如，可以使用函数 LARGE 得到第 1 名、第 2 名或第 3 名的得分。下面将详细介绍 LARGE 函数的语法结构以及使用 LARGE 函数提取销售季军销售额的方法。

1 语法结构 >>>

LARGE(array,k)

LARGE 函数语法具有下列参数。

➢ array：必需。表示确定 k 个最大值的数组或数据区域。

➢ k：必需。表示返回值在数组或数据单元格区域中的位置(从大到小排列)。

2 应用举例 >>>

本例将使用 LARGE 函数提取销售季军的销售额。下面详细介绍其方法。

选择 B8 单元格，在编辑栏中输入公式"=LARGE(B2:B7,3)"，并按键盘上的 Enter 键。在 B8 单元格中，系统会自动提取出销售季军的销售额。通过以上方法即可完成提取销售季军销售额的操作，如图 8-15 所示。

	A	B	C	D
B8		=LARGE(B2:B7,3)		
1	销售员	销售额		
2	江城子	2200		
3	柳长街	2300		
4	韦好客	3200		
5	袁冠南	5400		
6	燕七	5200		
7	金不换	2900		
8	销售季军销售额	3200		

图 8-15

8.5.2　使用 MAX 函数统计销售额中的最大值

MAX 函数用于返回一组值中的最大值。下面将详细介绍 MAX 函数的语法结构以及使用 MAX 函数统计销售额中最大值的方法。

1　语法结构

```
MAX(number1,[number2],...)
```

MAX 函数语法具有下列参数。
➢ number1：必需。表示要返回最大值的第 1 个数字，可以是直接输入的数字、单元格引用或数组。
➢ number2,…：可选。表示要返回最大值的第 2～255 个数字，可以是直接输入的数字、单元格引用或数组。

2　应用举例

使用 MAX 函数可以计算出一组数据中的最大值。下面将详细介绍统计销售额中最大值的操作方法。

选择 B7 单元格，在编辑栏中输入公式 "=MAX(B2:B6)"，并按键盘上的 Enter 键。在 B7 单元格中，系统会自动计算出销售额中的最大值。通过以上方法即可完成计算销售额中最大值的操作，如图 8-16 所示。

	A	B	C
		f_x	=MAX(B2:B6)
1	姓名	销售额	
2	江城子	8000	
3	柳长街	5000	
4	韦好客	6000	
5	袁冠南	9000	
6	燕七	7000	
7	销售额最大值	9000	

图 8-16

8.5.3　使用 MAXA 函数计算已上报销售额中的最大值

MAXA 函数用于返回参数列表中非空值的最大值。下面将详细介绍 MAXA 函数的语法结构以及使用 MAXA 函数计算已上报销售额中最大值的操作方法。

1　语法结构

```
MAXA(value1,[value2],...)
```

Excel 2013 公式·函数与数据分析

MAXA 函数语法具有下列参数。

➢ value1：必需。表示从中找出最大值的第 1 个数值参数。

➢ value2,...：可选。表示从中找出最大值的第 2~255 个数值参数。

2 应用举例

MAXA 函数是用于返回一组非空值中的最大值。下面将详细介绍使用 MAXA 函数计算已上报销售额中的最大值的方法。

选择 B8 单元格，在编辑栏中输入公式"=MAXA(B2:B7)"，并按键盘上的 Enter 键。在 B8 单元格中，系统会自动计算出已上报销售额中的最大值。通过以上方法即可完成计算已上报销售额中最大值的操作，如图 8-17 所示。

	A	B	C	D
		=MAXA(B2:B7)		
1	姓名	上报的销售额		
2	江城子	5000		
3	柳长街			
4	韦好客	6000		
5	袁冠南			
6	燕七	3000		
7	金不换	2000		
8	最大值	6000		

图 8-17

8.5.4　使用 MIN 函数统计销售额中的最小值

MIN 函数用于返回一组值中的最小值。下面将详细介绍 MIN 函数的语法结构以及使用 MIN 函数统计销售额中最小值的操作方法。

1 语法结构

MIN(number1,[number2],...)

MIN 函数语法具有下列参数。

➢ number1,number2,...：表示要从中查找最小值的 1~255 个数字。

 专家解读

MIN 函数中的参数可以是数字或者包含数字的名称、数组或引用。如果参数中不含数字，则函数 MIN 返回 0。如果参数为错误值或为不能转换为数字的文本，会导致错误。

2 应用举例

本例将使用 MIN 函数统计销售额中的最小值。下面详细介绍其方法。

选择 B7 单元格，在编辑栏中输入公式"=MIN(B2:B6)"，并按键盘上的 Enter 键。在

B7 单元格中，系统会自动计算出销售额中的最小值。通过以上方法即可完成计算销售额中最小值的操作，如图 8-18 所示。

| B7 | ▼ | ⋮ | × | ✓ | ƒx | =MIN(B2:B6) |

	A	B	C	D
1	姓名	销售额		
2	江城子	6000		
3	柳长街	5000		
4	韦好客	8000		
5	袁冠南	2000		
6	燕七	9000		
7	销售额最小值	2000		

图 8-18

8.5.5 使用 SMALL 函数提取最后一名的销售额

微课堂
0分16秒

SMALL 函数用于返回数据集中第 k 个最小值。使用此函数，可以返回数据集中特定位置上的数值。下面将详细介绍 SMALL 函数的语法结构以及使用 SMALL 函数提取最后一名销售额的方法。

1 语法结构 ⟫⟫⟫

SMALL(array,k)

SMALL 函数语法具有下列参数。

➢ array：必需。表示要找到第 k 个最小值的数组或数字型数据区域。

➢ k：必需。表示要返回的数据在数组或数据区域里的位置(从小到大)。

2 应用举例 ⟫⟫⟫

本例将使用 SMALL 函数提取最后一名的销售额。下面详细介绍其方法。

选择 B8 单元格，在编辑栏中输入公式"=SMALL(B2:B7,1)"，并按键盘上的 Enter 键。在 B8 单元格中，系统会自动提取出销售员最后一名的销售额。通过以上方法即可完成提取最后一名销售额的操作，如图 8-19 所示。

| B8 | ▼ | ⋮ | × | ✓ | ƒx | =SMALL(B2:B7,1) |

	A	B	C
1	销售员	销售额	
2	江城子	2200	
3	柳长街	2300	
4	韦好客	3200	
5	袁冠南	5400	
6	燕七	5200	
7	金不换	2900	
8	最后一名销售额	2200	

图 8-19

Excel 2013 公式·函数与数据分析

 专家解读

SMALL 函数的第 2 参数不能是负数，也不能大于第 1 参数中的数值个数，否则将产生错误值。如果 SMALL 函数的第 2 参数是小数，公式会将其截尾取整再参与计算。

Section 8.6 实践经验与技巧

导读 在本节的学习过程中，将侧重介绍与本章知识点有关的实践经验及技巧，主要内容包括根据总成绩对考生进行排名、计算单日最高销售金额和计算平均成绩(忽略缺考人员)等方面的知识与操作技巧。

8.6.1 根据总成绩对考生进行排名

微课堂
0分24秒

RANK.AVG 函数主要是用于返回一个数值在一组数字中的排位。通过 RANK.AVG 函数，可以对考生成绩进行排名。下面详细介绍其操作方法。

选择 F2 单元格，在编辑栏中输入公式 "=RANK.AVG(E2,$E$2:$E$11)"，并按键盘上的 Enter 键。在 F2 单元格中，系统会自动对该考生进行排名。向下填充公式至其他单元格，即可完成根据总成绩对考生进行排名的操作，如图 8-20 所示。

	A	B	C	D	E	F	G	H	I
F2			fx	=RANK.AVG(E2,$E$2:$E$11)					
1	考生姓名	数学成绩	语文成绩	英语成绩	总成绩	排名			
2	萧合凰	85	66	133	284	8			
3	阮停	137	119	102	358	1			
4	西帮宿	94	143	89	326	3			
5	孙祈钒	53	60	137	250	10			
6	狄云	70	111	110	291	7			
7	丁典	133	101	83	317	4			
8	花错	94	123	85	302	5			
9	顾西风	60	119	102	281	9			
10	统月	111	143	89	343	2			
11	苏普	98	60	137	295	6			

图 8-20

8.6.2 计算单日最高销售金额

微课堂
0分24秒

在本例中，每日售出多个产品，且每天销售产品不一致，现需计算一天中销售金额最高是多少。

选择 E2 单元格，在编辑栏中输入公式“=MAX(SUMIF(A2:A11,A2:A11,C2:C11))”，并按键盘上的 Ctrl+Shift+Enter 组合键。在 E2 单元格中，系统会自动计算出单日最高销售金额。这样即可完成计算单日最高销售金额的操作，如图 8-21 所示。

E2 | {=MAX(SUMIF(A2:A11,A2:A11,C2:C11))}

	A	B	C	D	E	F	G
1	日期	产品	金额		单日最大销售金额		
2	2015/1/1	电话	80		2190		
3	2015/1/1	电饭锅	65				
4	2015/1/2	热水器	220				
5	2015-1-2	电视	450				
6	2015/1/3	洗衣机	890				
7	2015/1/3	电话	80				
8	2015/1/3	吸尘器	140				
9	2015/1/4	电视	420				
10	2015/1/4	显示器	1350				
11	2015/1/4	手表	420				

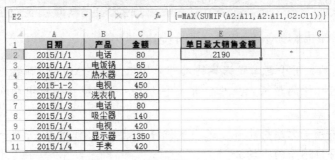

图 8-21

一点即通

本例首先利用 SUMIF 函数汇总每一天的销售金额，然后通过 MAX 函数提取最大值，从而取得单日最高销售金额。

本例重点在于汇总每日的销售金额，生成一个内存数组。这个数组中每日的销售金额将出现多次，但并不影响 MAX 函数的最大值。

8.6.3 计算平均成绩(忽略缺考人员)

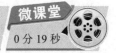

微课堂 0 分 19 秒

本例用所有人的成绩计算平均值，结果保留两位小数，并忽略其中的缺考人员。

选择 D2 单元格，在编辑栏中输入公式“=ROUND(AVERAGE(B2:B10),2)”，并按键盘上的 Enter 键。在 D2 单元格中，系统会计算出 B 列中所有人员的平均分。这样即可完成计算平均成绩(忽略缺考人员)的操作，如图 8-22 所示。

D2 | =ROUND(AVERAGE(B2:B10),2)

	A	B	C	D	E	F
1	姓名	成绩		平均成绩		
2	顾西风	98		81.86		
3	统月	缺考				
4	苏普	89				
5	江城子	57				
6	柳长街	53				
7	韦好客	91				
8	袁冠南	缺考				
9	燕七	88				
10	金不换	97				

图 8-22

一点即通

本例公式通过 AVERAGE 函数计算平均分，并将缺考人员忽略不计，然后利用 ROUND 函数将结果保留两位小数。

Section
8.7 | 有问必答

1. 如何使用 TRIMMEAN 函数进行评分统计?

TRIMMEAN 函数用于返回数据集的内部平均值。TRIMMEAN 函数先从数据集的头部和尾部除去一定百分比的数据点,然后再求平均值。当希望在分析中剔除一部分数据的计算时,可以使用此函数。

例如,学校举行一次演讲比赛,采用 5 位评委进行打分,然后去掉一个最高分和一个最低分,再计算每位选手的平均分。

选中 H2 单元格,在编辑栏中输入公式 "=TRIMMEAN(C2:G2,0.4)",按键盘上的 Enter 键,即可计算出选手 "韦好客" 的最后得分,选中 H2 单元格,向下拖动复制公式,即可计算出其他选手的最后得分,如图 8-23 所示。

H2			fx	=TRIMMEAN(C2:G2,0.4)			
	A	B	C	D	E	F	G	H
1	学号	姓名	评委1	评委2	评委3	评委4	评委5	最后得分
2	1001	韦好客	8.5	8.7	8.5	9	8	8.566666667
3	1002	袁冠南	9	9	8	8.5	8	8.5
4	1003	燕七	8	8	8.5	9	8	8.166666667
5	1004	金不换	8.5	9	8	9	8	8.833333333
6								
7								

图 8-23

2. 如何使用 MEDIAN 函数计算中间成绩?

MEDIAN 函数用于返回给定数值的中值,中值是在一组数值中居于中间的数值。本例将计算成绩的中间值,即大于该值和小于该值的成绩次数相等。

选中 D2 单元格,在编辑栏中输入公式 "=MEDIAN(B2:B11)",按键盘上的 Enter 键,即可计算出中间成绩,如图 8-24 所示。

D2			fx	=MEDIAN(B2:B11)			
	A	B	C	D	E	F	G
1	试跑次数	成绩(秒)		中间成绩			
2	第1次	11.48		12.7			
3	第2次	11.44					
4	第3次	13.78					
5	第4次	13.21					
6	第5次	12.7					
7	第6次	12.7					
8	第7次	12.78					
9	第8次	12.88					
10	第9次	11.48					
11	第10次	12					

图 8-24

3. 如何使用 MINA 函数计算已上报销售额中的最小值?

MINA 函数用于返回一组非空值中的最小值。下面详细介绍使用 MINA 函数计算已上报销售额中的最小值的方法。

选择 B7 单元格,在编辑栏中输入公式"=MINA(B2:B6)",并按键盘上的 Enter 键。在 B7 单元格中,系统会自动计算出已上报销售额中的最小值。通过以上方法,即可完成计算已上报销售额中最小值的操作,如图 8-25 所示。

B7			f_x	=MINA(B2:B6)	
	A	B	C	D	E
1	姓名	销售额			
2	韩千叶	6000			
3	柳辰飞				
4	夏舒征	7000			
5	慕容冲				
6	萧合瑅	5000			
7	销售额最小值	5000			

图 8-25

4. 如何检验电视与电脑耗电量的平均值?

T.TEST 函数用于返回与 T 检验相关的概率,通过使用 T.TEST 函数可以检验电视与电脑耗电量的平均值。下面详细介绍其操作方法。

选择 C8 单元格,在编辑栏中输入公式"=ROUND(T.TEST(B2:B7,C2:C7,2,2),8)",并按键盘上的 Enter 键。在 C8 单元格中,系统会自动检验出电视与电脑耗电量的平均值。通过以上方法,即可完成检验电视与电脑耗电量平均值的操作,如图 8-26 所示。

C8			f_x	=ROUND(T.TEST(B2:B7,C2:C7,2,2),8)		
	A	B	C	D	E	F
1	月份	电视(千瓦/小时)	电脑(千瓦/小时)			
2	一月	30	40			
3	二月	35	38			
4	三月	32	45			
5	四月	29	42			
6	五月	27	39			
7	六月	33	41			
8		T检结果	0.00008783			

图 8-26

5. 如何检验电视与电脑耗电量的方差?

F.TEST 函数用于返回与 F 检验相关的概率,通过使用 F.TEST 函数可以检验电视与电脑耗电量的方差。下面详细介绍其操作方法。

选择 C8 单元格,在编辑栏中输入公式"=F.TEST(B2:B7,C2:C7)",并按键盘上的 Enter 键。在 C8 单元格中,系统会自动检验出电视与电脑耗电量的方差。通过以上方法,即可

Excel 2013 公式 · 函数与数据分析

完成检验电视与电脑耗电量方差的操作，如图 8-27 所示。

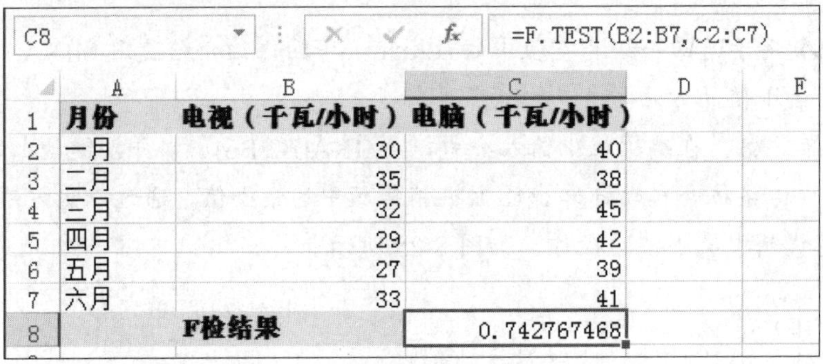

C8		× ✓ fx	=F.TEST(B2:B7,C2:C7)	
	A	B	C	D	E
1	月份	电视（千瓦/小时）	电脑（千瓦/小时）		
2	一月	30	40		
3	二月	35	38		
4	三月	32	45		
5	四月	29	42		
6	五月	27	39		
7	六月	33	41		
8		F检结果	0.742767468		

图 8-27

第**9**章

查找与引用函数

本章
要点

❖ 查找和引用函数概述

❖ 普通查询

❖ 引用查询

❖ 专题课堂——引用表数据

本章主
要内容

　　本章主要介绍查找和引用函数概述、普通查询和引用查询方面的知识与技巧。在本章的最后还将针对实际的工作需求，讲解引用表数据的方法。通过本章的学习，读者可以掌握查找与引用函数方面的知识，为深入学习 Excel 2013 公式、函数与数据分析知识奠定基础。

Section 9.1 查找和引用函数概述

　　当需要在数据清单或表格中查找特定数值，或需要查找某一单元格的引用时，可以使用查找和引用函数。例如，如果需要在表格中查找与第 1 列中的值相匹配的数值，可以使用 VLOOKUP 函数。本节将详细介绍查找和引用函数的基础知识。

　　如果准备快速而准确地在工作表中查询或引用数据，可以使用 Excel 2013 提供的查找和引用函数。在 Excel 2013 中提供的查找与引用函数共有 18 种，表 9-1 中显示了查找和引用函数的名称及功能。

表 9-1

函 数	说 明
ADDRESS	以文本形式将引用值返回到工作表的单个单元格
AREAS	返回引用中涉及的区域个数
CHOOSE	从值的列表中选择值
COLUMN	返回引用的列号
COLUMNS	返回引用中包含的列数
GETPIVOTDATA	提取存储在数据透视表中的数据
HLOOKUP	查找数组的首行，并返回指定单元格的值
HYPERLINK	创建一个快捷方式或链接，以便打开一个存储在硬盘、网络服务器或 Internet 上的文档
INDEX	使用索引从引用或数组中选择值
INDIRECT	返回由文本值指定的引用
LOOKUP	在向量或数组中查找值
MATCH	在引用或数组中查找值
OFFSET	从给定引用中返回引用偏移量
ROW	返回引用的行号
ROWS	返回引用中包含的行数
RTD	从支持 COM 自动化的程序中检索实时数据
TRANSPOSE	返回数组的转置
VLOOKUP	在数组第一列中查找，然后在行之间移动以返回单元格的值

导读

　　在工作表中，常常需要查找一些特定的数值，这时就需要用户使用查找函数，从而利于查询资料的方便。本节将介绍一些查找和引用函数中进行普通查询的函数应用。

9.2.1 使用 CHOOSE 函数标注热销产品

微课堂 0分21秒

　　CHOOSE 函数用于从给定的参数中返回指定的值。下面将详细介绍 CHOOSE 函数的语法结构以及使用 CHOOSE 函数标注热销产品的方法。

1 语法结构　》》》

`CHOOSE(index_num, value1, [value2], ...)`

CHOOSE 函数语法具有下列参数。

➤ index_num：必需。表示指定所选定的值参数。index_num 必须为 1～254 的数字，或者为公式或对包含 1～254 中某个数字的单元格的引用。

　　❖ 如果 index_num 为 1，函数 CHOOSE 返回 value1；如果为 2，函数 CHOOSE 返回 value2，依此类推。

　　❖ 如果 index_num 小于 1 或大于列表中最后一个值的序号，函数 CHOOSE 返回错误值 "#VALUE!"。

　　❖ 如果 index_num 为小数，则在使用前将被截尾取整。

➤ value1, value2, ...：value1 是必需的，后续值是可选的。这些值参数的个数介于 1～254，函数 CHOOSE 基于 index_num 从这些值参数中选择一个数值或一项要执行的操作。参数可以为数字、单元格引用、已定义名称、公式、函数或文本。

2 应用举例　》》》

　　CHOOSE 函数用于从列表中提取某个值，使用 CHOOSE 函数配合 IF 函数，即可标注热销产品。下面详细介绍其操作方法。

　　选择 C2 单元格，在编辑栏中输入公式 "=CHOOSE(IF(B2>15000,1,2),"热销","")"，并按键盘上的 Enter 键。在 C2 单元格中，系统会自动标记出该商品是否热销。向下拖动填充公式至其他单元格，即可完成标注热销产品的操作，如图 9-1 所示。

Excel 2013 公式·函数与数据分析

C2	▼	:	×	✓	f_x	=CHOOSE(IF(B2>15000,1,2),"热销","")

▲	A	B	C	D
1	产品	销量	标注	
2	产品1	18971	热销	
3	产品2	19542	热销	
4	产品3	13021		
5	产品4	12561		
6	产品5	15024	热销	

图 9-1

9.2.2 使用 HLOOKUP 函数查找某业务员在某季度的销量

HLOOKUP 函数用于在表格或数值数组的首行查找指定的数值，并在表格或数组中指定行的同一列中返回一个数值。下面将详细介绍 HLOOKUP 函数的语法结构以及使用 HLOOKUP 查找某业务员在某季度销量的方法。

1 语法结构 >>>

HLOOKUP(lookup_value, table_array, row_index_num, [range_lookup])

HLOOKUP 函数语法具有下列参数。

➢ lookup_value：必需。表示需要在数据表的第 1 行中进行查找的数值。lookup_value 可以为数值、引用或文本字符串。

➢ table_array：必需。表示需要在其中查找数据的信息表，可以使用对区域或区域名称的引用。table_array 第 1 行的数值可以为文本、数字或逻辑值。

➢ row_index_num：必需。表示 table_array 中待返回的匹配值的行序号。row_index_num 为 1 时，返回 table_array 第 1 行的数值；row_index_num 为 2 时，返回 table_array 第 2 行的数值，依此类推。如果 row_index_num 小于 1，则 HLOOKUP 返回错误值 "#VALUE!"；如果 row_index_num 大于 table_array 的行数，则 HLOOKUP 返回错误值 "#REF!"。

➢ range_lookup：可选。表示一逻辑值，指明函数 HLOOKUP 查找时是精确匹配还是近似匹配。如果为 TRUE 或省略，则返回近似匹配值。也就是说，如果找不到精确匹配值，则返回小于 lookup_value 的最大数值。如果 range_lookup 为 FALSE，函数 HLOOKUP 将查找精确匹配值，如果找不到，则返回错误值 "#N/A"。

2 应用举例 >>>

HLOOKUP 函数用于在区域或数组的首行查找指定的值，使用 HLOOKUP 可以查找某业务员在某季度的销量。下面详细介绍其方法。

选择 I2 单元格，在编辑栏中输入公式 "=HLOOKUP(G2,A1:E9,MATCH(H2,A:A,0),0)"，并按键盘上的 Enter 键。在 I2 单元格中，系统会计算 G2:H2 单元格区域指定的业务员在指定季度中的销量，如图9-2所示。

I2				f_x	=HLOOKUP(G2,A1:E9,MATCH(H2,A:A,0),0)					
	A	B	C	D	E	F	G	H	I	J	K
1	业务员	一季度	二季度	三季度	四季度		季度	业务员	销量		
2	甲	363	250	268	254		二季度	戊	382		
3	乙	212	371	316	395						
4	丙	203	314	298	389						
5	丁	272	387	218	353						
6	戊	370	382	202	283						
7	己	258	202	210	229						
8	庚	349	265	393	231						
9	辛	248	362	274	285						

图9-2

🔘 知识拓展

　　本例公式利用 HLOOKUP 函数在 A1:E9 单元格区域中查找季度名，找到后返回业务员在 A 列的排位所对应列的值，本例为精确查找。

9.2.3　使用 LOOKUP 函数查找信息(向量型)

微课堂
0分22秒

　　LOOKUP 函数用于从单行、单列区域或从一个数组中返回值。LOOKUP 函数有两种语法格式：向量型和数组型。

　　向量是只含有一行或一列的区域。LOOKUP 的向量形式在单行区域或单列区域中查找值，然后返回第 2 个单行区域或单列区域中相同位置的值。下面将介绍 LOOKUP 函数的语法结构以及使用 LOOKUP 函数查找信息(向量型)的方法。

1　语法结构　⟩⟩⟩

LOOKUP(lookup_value, lookup_vector, [result_vector])

LOOKUP 函数(向量型)语法具有以下参数。

➤ lookup_value：必需。LOOKUP 在第 1 个向量中搜索的值。lookup_value 可以是数字、文本、逻辑值、名称或对值的引用。

➤ lookup_vector：必需。只包含一行或一列的区域。lookup_vector 中的值可以是文本、数字或逻辑值。lookup_vector 中的值必须按升序排列；否则 LOOKUP 函数可能无法返回正确的值。文本不区分大小写。

➤ result_vector：可选。只包含一行或一列的区域。result_vector 参数必须与 lookup_vector 参数大小相同。

🔘 知识拓展

　　如果 LOOKUP 函数找不到 lookup_value，则该函数会与 lookup_vector 中小于或等于 lookup_value 的最大值进行匹配。

2 应用举例

工作表中 A 列是身份证号，B 列是姓名，资料以姓名升序排列，查找单元格 E2 的姓名对应的身份证号的方法如下。

选择 E4 单元格，在编辑栏中输入公式 "=LOOKUP(E2,B2:B9,A2:A9)"，并按键盘上的 Enter 键，系统会提取出单元格 E2 的姓名对应的身份证号，如图 9-3 所示。

	A	B	C	D	E	F
1	身份证号	姓名	性别		姓名	
2	130301200308090510	钱	男		吴	
3	130301200308090511	孙	女		身份证号	
4	130301200308090510	王	男		131302991229124	
5	131302991229124	吴	女			
6	130301200308090510	伍	男			
7	511025198503196191	赵	男			
8	432502200512302141	郑	男			
9	130502198705293161	周	女			

E4 单元格编辑栏：=LOOKUP(E2,B2:B9,A2:A9)

图 9-3

9.2.4 使用 LOOKUP 函数查找信息(数组型)

微课堂
0 分 26 秒

LOOKUP 函数(数组型)用于在数组的第 1 行或第 1 列中查找指定数值，然后返回最后一行或最后一列中相同位置处的数值。下面将详细介绍 LOOKUP 函数的语法结构以及使用 LOOKUP 函数查找信息(数组型)的方法。

1 语法结构

```
LOOKUP(lookup_value, array)
```

LOOKUP 函数(数组型)语法具有以下参数。

➢ lookup_value：必需。表示函数 LOOKUP 在数组中搜索的值。lookup_value 参数可以是数字、文本、逻辑值、名称或对值的引用。
  ❖ 如果 LOOKUP 找不到 lookup_value 的值，它会使用数组中小于或等于 lookup_value 的最大值。
  ❖ 如果 lookup_value 的值小于第 1 行或第 1 列中的最小值(取决于数组维度)，LOOKUP 会返回 "#N/A" 错误值。
➢ array：必需。包含与 lookup_value 进行比较的文本、数字或逻辑值的单元格区域。

2 应用举例

在本例中，已知某公司 2016 年上半年中每月的销售总额，然后根据税率基准表计算每月的应交税额。

选择 C3 单元格,在编辑栏中输入公式"=IF(B3<$A$12,0,LOOKUP(B3,$A$12:$C$18))*B3",并按键盘上的 Enter 键。系统会提取出第 1 个月应交的税额,拖动 C3 单元格的填充柄将公式向下填充,即可提取出其他月份应交的税额,如图 9-4 所示。

C3		▼	:	×	✓	fx	=IF(B3<$A$12,0,LOOKUP(B3,$A$12:$C$18))*B3		
	A	B	C		D	E	F	G
1			每月应交税额					
2	月份	销售收入（元）	应交税额					
3	1月	1850	0					
4	2月	4580	366.4					
5	3月	9560	1147.2					
6	4月	15620	2499.2					
7	5月	21500	4300					
8	6月	56200	19810.5					
9								
10			税率基准表					
11	收入下限（元）	收入上限（元）	税率					
12	2000	5000	8.00%					
13	5001	10000	12.00%					
14	10001	20000	16.00%					
15	20001	30000	20.00%					
16	30001	40000	25.00%					
17	40001	50000	30.00%					
18	50001		35.25%					

图 9-4

知识拓展

本例首先通过 IF 函数判断每月销售收入,如果在 2000 元以下,则税率为 0;如果在 2000 元以上,则税率利用 LOOKUP 函数在税率基准表中进行查询,最后乘以销售收入得到每月应交的税额。

9.2.5 使用 VLOOKUP 函数对岗位考核成绩进行评定

微课堂 0分24秒

VLOOKUP 函数用于在表格或数组的首列查找指定的数值,并由此返回表格数组当前行中其他列的值。下面将介绍 VLOOKUP 函数的语法结构以及使用 VLOOKUP 函数对岗位考核成绩进行评定的方法。

1 语法结构 >>>

VLOOKUP(lookup_value, table_array, col_index_num, [range_lookup])

VLOOKUP 函数语法具有下列参数。

➤ lookup_value:必需。表示要在表格或区域的第 1 列中搜索的值。lookup_value 参数可以是值或引用。如果为 lookup_value 参数提供的值小于 table_array 参数第 1 列中的最小值,则 VLOOKUP 将返回错误值"#N/A"。

➤ table_array:必需。表示两列或多列数据。执行对一个区域或区域名称的引用。

Excel 2013 公式·函数与数据分析

Table_array 第 1 列中的值是由 lookup_value 搜索的值。这些值可以是文本、数字或逻辑值，不区分大小写。

➢ col_index_num：必需。表示 table_array 参数中必须返回的匹配值的列号。col_index_num 参数为 1 时，返回 table_array 第 1 列中的值；col_index_num 为 2 时，返回 table_array 第 2 列中的值，依此类推。如果 col_index_num 参数小于 1，则 VLOOKUP 返回错误值 "#VALUE!"；大于 table_array 的列数，则 VLOOKUP 返回错误值 "#REF!"。

➢ range_lookup：可选。表示一个逻辑值，指定希望 VLOOKUP 查找精确匹配值还是近似匹配值。

❖ 如果 range_lookup 为 TRUE 或被省略，则返回精确匹配值或近似匹配值。如果找不到精确匹配值，则返回小于 lookup_value 的最大值。

❖ 如果 range_lookup 为 TRUE 或被省略，则必须按升序排列 table_array 第 1 列中的值；否则，VLOOKUP 可能无法返回正确的值。

❖ 如果 range_lookup 为 FALSE，则不需要对 table_array 第 1 列中的值进行排序。

❖ 如果 range_lookup 参数为 FALSE，VLOOKUP 将只查找精确匹配值。如果 table_array 的第 1 列中有两个或更多值与 lookup_value 匹配，则使用第 1 个找到的值。如果找不到精确匹配值，则返回错误值 "#N/A"。

2   应用举例   >>>

VLOOKUP 函数是在指定区域中的首列查找指定值，返回与指定值同行的该区域中其他列的值。使用 VLOOKUP 函数可以对岗位考核成绩进行评定。下面介绍其操作方法。

选择 C2 单元格，在编辑栏中输入公式 "=VLOOKUP(B2,{0,"不及格";60,"及格";75,"良";85,"优秀"},2)"，并按键盘上的 Enter 键。在 C2 单元格中，系统会自动对该员工的考核成绩进行评定。向下填充公式至其他单元格，即可完成对岗位考核成绩进行评定的操作，如图 9-5 所示。

C2		× ✓ fx	=VLOOKUP(B2,{0,"不及格";60,"及格";75,"良";85,"优秀"},2)	
	A	B	C	D
1	员工姓名	考核成绩	评定	
2	李念儿	86	优秀	
3	文彩依	75	良	
4	柳婵诗	60	及格	
5	顾莫言	58	不及格	
6	任水寒	92	优秀	
7	金磨针	87	优秀	
8	丁玲珑	65	及格	
9				

图 9-5

引用查询

在查找数据时，除了普通查询之外，有时也需要适当地引用才能够查找到所要的信息。本节将列举一些查找和引用函数中进行引用查询的函数应用，并对其进行详细讲解。

9.3.1 使用 INDEX 函数快速提取员工编号

INDEX 函数用于返回指定的行与列交叉处的单元格引用。如果引用由不连续的选定区域组成，可以返回某一选定区域。下面将详细介绍 INDEX 函数的语法结构以及使用 INDEX 函数快速提取员工编号的方法。

1 语法结构 >>>

INDEX(reference, row_num, [column_num], [area_num])

INDEX 函数语法具有下列参数。

➤ reference：必需。表示对一个或多个单元格区域的引用。

❖ 如果为引用输入一个不连续的区域，必须用括号括起来。

❖ 如果引用中的每个区域只包含 1 行或 1 列，则相应的参数 row_num 或 column_num 分别为可选项。例如，对于单行的引用，用户可以使用函数 INDEX(reference,,column_num)。

➤ row_num：必需。表示引用中某行的行号，函数从该行返回 1 个引用。

➤ column_num：可选。表示引用中某列的列标，函数从该列返回 1 个引用。

➤ area_num：可选。表示选择引用中的 1 个区域，以从中返回 row_num 和 column_num 的交叉区域。选中或输入的第 1 个区域序号为 1，第 2 个为 2，依此类推。如果省略 area_num，则函数 INDEX 使用区域 1。

2 应用举例 >>>

INDEX 函数用于返回单元格区域或数组中行与列交叉位置上的值，使用 INDEX 函数即可快速提取员工编号。下面详细介绍其操作方法。

选择 D4 单元格，在编辑栏中输入公式"=INDEX(A1:A7,MATCH(D1,B1:B7,0))"，并按键盘上的 Enter 键。在 D4 单元格中，系统会自动提取出该员工的员工编号。通过以上方法即可完成快速提取员工编号的操作，如图 9-6 所示。

Excel 2013 公式·函数与数据分析

| D4 | : | × | ✓ | fx | =INDEX(A1:A7,MATCH(D1,B1:B7,0)) |

	A	B	C	D	E
1	**员工编号**	**员工姓名**			
2	HW1023	柳婵诗	**姓名**	**刘伞**	
3	HW2046	顾莫言			
4	HW1954	刘伞			
5	HW1654	钱思	**员工编号**	**HW1954**	
6	HW2037	李念儿			
7	HW1679	文彩依			

图 9-6

9.3.2 使用 MATCH 函数不区分大小写提取成绩

MATCH 函数用于在单元格区域中搜索指定项，然后返回该项在单元格区域中的相对位置。下面将详细介绍 MATCH 函数的语法结构以及使用 MATCH 函数不区分大小写提取成绩的方法。

1 语法结构 >>>

MATCH(lookup_value, lookup_array, [match_type])

MATCH 函数语法具有下列参数。

➤ lookup_value：必需。表示需要在 lookup_array 中查找的值。例如，如果要在电话簿中查找某人的电话号码，则应该将姓名作为查找值，但实际上需要的是电话号码。lookup_value 参数可以为值(数字、文本或逻辑值)或对数字、文本或逻辑值的单元格引用。

➤ lookup_array：必需。表示要搜索的单元格区域。

➤ match_type：可选。表示查找方式，用于指定精确查找或模糊查找，取值为-1、0或 1。表 9-2 列出了 MATCH 函数在参数 match_type 取不同值时的返回值。

表 9-2

match_type 参数值	MATCH 返回值
1 或省略	MATCH 函数会查找小于或等于 lookup_value 的最大值。lookup_array 参数中的值必须按升序排列
0	MATCH 函数会查找等于 lookup_value 的第一个值。lookup_array 参数中的值可以按任何顺序排列
-1	MATCH 函数会查找大于或等于 lookup_value 的最小值。lookup_array 参数中的值必须按降序排列

2 应用举例 >>>

MATCH 函数用于返回指定数据的相对位置，使用 MATCH 函数配合 INDEX 函数，

可以在不区分大小写的情况下提取成绩。下面详细介绍其操作方法。

选择 C5 单元格，在编辑栏中输入公式"=INDEX(B2:B6,MATCH(C1,A2:A6,0))"，并按键盘上的 Enter 键。在 C5 单元格中，系统会自动提取出成绩。通过以上方法，即可完成不区分大小写提取成绩的操作，如图 9-7 所示。

图 9-7

9.3.3　使用 OFFSET 函数根据指定姓名和科目查询成绩

微课堂
0 分 19 秒

OFFSET 函数用于以指定的引用为参照系，通过给定偏移量得到新的引用。返回的引用可以为一个单元格或单元格区域，并可以指定返回的行数或列数。下面将介绍 OFFSET 函数的语法结构以及使用 OFFSET 函数根据指定姓名和科目查询成绩的方法。

1　语法结构

```
OFFSET(reference, rows, cols, [height], [width])
```

OFFSET 函数语法具有下列参数。

➢ reference：必需。表示作为偏移量参照系的引用区域。reference 必须为对单元格或相连单元格区域的引用；否则，OFFSET 返回错误值"#VALUE!"。

➢ rows：必需。表示相对于偏移量参照系的左上角单元格，上(下)偏移的行数。如使用 5 作为参数 rows，则说明目标引用区域的左上角单元格比 reference 低 5 行。行数可为正数(代表在起始引用的下方)或负数(代表在起始引用的上方)。

➢ cols：必需。表示相对于偏移量参照系的左上角单元格，左(右)偏移的列数。如使用 5 作为参数 cols，则说明目标引用区域的左上角的单元格比 reference 靠右 5 列。列数可为正数(代表在起始引用的右边)或负数(代表在起始引用的左边)。

➢ height：可选。高度，即所要返回的引用区域的行数。height 必须为正数。

➢ width：可选。宽度，即所要返回的引用区域的列数。width 必须为正数。

2　应用举例

使用 OFFSET 函数配合 MATCH 函数，可以根据指定姓名和科目查询成绩。下面详细介绍其操作方法。

Excel 2013 公式·函数与数据分析

选择 F2 单元格，在编辑栏中输入公式 "=OFFSET(A1,MATCH(F1,A2:A9,0),MATCH (G1,B1:D1,0))"，并按键盘上的 Enter 键。在 F2 单元格中，系统会根据指定的姓名与科目找出相应单元格的值，如图 9-8 所示。

	A	B	C	D	E	F	G	H
	F2			fx	=OFFSET(A1,MATCH(F1,A2:A9,0), MATCH(G1,B1:D1,0))			
1	姓名	语文	数学	地理		柳婵诗	数学	
2	秦水支	82	46	89		72		
3	李念儿	68	46	94				
4	文彩依	57	50	88				
5	柳婵诗	57	72	94				
6	顾莫言	63	76	63				
7	任水寒	97	96	96				
8	金磨针	92	47	85				
9	丁玲珑	87	46	43				

图 9-8

🔅 知识拓展

本例公式利用 MATCH 函数计算单元格 F1 中的姓名在 A 列的排位，以及单元格 G1 的科目在第 1 行的排位，然后分别作为 OFFSET 函数的行偏移与列偏移，从而引用目标数据。

9.3.4 使用 TRANSPOSE 函数转换数据区域

微课堂
0 分 22 秒

TRANSPOSE 函数用于转置数据区域的行、列位置，使用 TRANSPOSE 函数可以将表格中的纵向数据转换为横向数据。下面详细介绍其操作方法。

1 语法结构 »»»

TRANSPOSE(array)

TRANSPOSE 函数语法具有以下参数。

➢ array：必需。表示需要进行转置的数组或工作表上的单元格区域。所谓数组的转置，就是将数组的第 1 行作为新数组的第 1 列，将数组的第 2 行作为新数组的第 2 列，依此类推。

2 应用举例 »»»

选择 A8:F10 单元格区域，在编辑栏中输入公式 "=TRANSPOSE(A1:C6)"，并按 Ctrl+Shift+Enter 组合键。在 A8:F10 单元格区域中，系统会自动将表中原有的纵向数据转换为横向显示的数据，通过以上方法即可完成转换数据区域的操作，如图 9-9 所示。

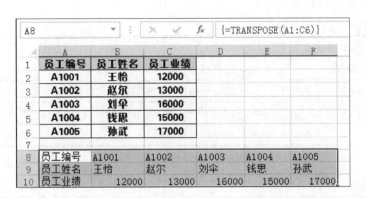

图 9-9

知识拓展

在使用 TRANSPOSE 函数转换数据区域的时候，需要注意的是，如果在被转换的数据中包含日期格式的数据，用户需要将转换的目标单元格区域中的单元格设置为日期格式，否则在使用 TRANSPOSE 函数转换数据之后，返回的日期结果会显示为序列号。

Section 9.4 专题课堂——引用表数据

在查找和引用数据中，引用表数据的函数主要有 ADDRESS 函数、AREAS 函数、COLUMNS 函数、HYPERLINK 函数和 ROW 函数等。本节将列举一些查找和引用函数中进行引用表中数据的函数应用，并对其进行详细讲解。

9.4.1 使用 ADDRESS 函数定位年会抽奖号码位置

0 分 17 秒

ADDRESS 函数用于按照给定的行号和列标，建立文本类型的单元格地址。下面将详细介绍 ADDRESS 函数的语法结构以及使用 ADDRESS 函数定位年会抽奖号码位置的方法。

1 语法结构

```
ADDRESS(row_num, column_num, [abs_num], [a1], [sheet_text])
```

ADDRESS 函数语法具有下列参数。

➢ row_num：必需。表示在单元格引用中使用的行号。

➢ column_num：必需。表示在单元格引用中使用的列标。

➢ abs_num：可选。表示指定要返回的引用类型。表 9-3 列出了参数 abs_num 的取值及其作用。

表 9-3

abs_num 参数值	返回的引用类型
1 或省略	绝对引用行和列
2	绝对引用行号，相对引用列标
3	相对引用行号，绝对引用列标
4	相对引用行和列

 专家解读

如果返回值类型的数字范围超出了 1～4，则会显示错误值 "#VALUE!"。

2 应用举例 >>>

使用 ADDRESS 函数可以定位指定的单元格位置。下面详细介绍使用函数 ADDRESS 定位年会抽奖号码位置的方法。

选择 D5 单元格，在编辑栏中输入公式 "=ADDRESS(5,1,1)"，并按键盘上的 Enter 键。在 D5 单元格中，系统会自动定位中奖号码所在的员工编号的位置。通过以上方法即可完成定位年会抽奖号码位置的操作，如图 9-10 所示。

D5			▼	⋮	✕ ✔	*fx*	=ADDRESS(5,1,1)	
▲	A	B		C		D		E
1	员工编号	摇奖号码		中奖号码		员工编号所在单元格		
2	1001	A5684						
3	1002	A5685						
4	1003	A5686						
5	1004	A5687		A5687		$A$5		
6	1005	A5688						
7	1006	A5689						
8	1007	A5690						

图 9-10

9.4.2 使用 AREAS 函数统计选手组别数量

微课堂
0 分 15 秒

AREAS 函数用于返回引用中包含的区域个数，区域表示连续的单元格区域或某个单元格。下面将详细介绍 AREAS 函数的语法结构以及使用 AREAS 函数统计选手组别数量的方法。

1 语法结构 >>>

```
AREAS(reference)
```

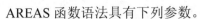

AREAS 函数语法具有下列参数。

➢ reference：必需。表示对某个单元格或单元格区域的引用，也可以引用多个区域。如果需要将几个引用指定为一个参数，则必须用括号括起来，以免 Microsoft Excel 将逗号视为字段分隔符。

专家解读

在引用多个单元格区域时，区域间要用逗号隔开，而且整个 reference 参数必须用 "()" 括起来，否则会出现错误结果。

2　应用举例　>>>

本例以公司开运动会为例，使用 AREAS 函数可以快速统计出共有几个组别的选手。下面详细介绍其操作方法。

选择 D6 单元格，在编辑栏中输入公式 "=AREAS((B1:B5,C1:C5,D1:D5,E1:E5))"，并按键盘上的 Enter 键。在 D6 单元格中，系统会自动计算出组别的数量。通过以上方法，即可完成统计选手组别数量的操作，如图 9-11 所示。

D6			f_x	=AREAS((B1:B5,C1:C5,D1:D5,E1:E5))		
	A	B	C	D	E	F	G
1		人事部	技术部	销售部	生产部		
2	第一棒	王怡	孙武	薛久	朱市叁		
3	第二棒	赵尔	吴琉	苏轼	何世思		
4	第三棒	刘伞	李琦	蒋诗意	田世武		
5	第四棒	钱思	那巴	胡世尔	董世柳		
6		组别数量		4			

图 9-11

9.4.3　使用 COLUMNS 函数统计公司的部门数量

COLUMNS 函数用于返回数据或引用的列数。下面将详细介绍函数 COLUMNS 的语法结构以及使用 COLUMNS 函数统计公司部门数量的方法。

1　语法结构　>>>

COLUMNS(array)

COLUMNS 函数语法具有下列参数。

➢ array：必需。表示需要得到其列数的数组、数组公式或对单元格区域的引用。

2　应用举例　>>>

COLUMNS 函数用于返回单元格区域或者数组中包含的列数，使用 COLUMNS 函数

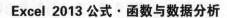

可以快速统计出公司的部门数量。下面详细介绍其操作方法。

选择 F4 单元格，在编辑栏中输入公式"=COLUMNS(B:H)"，并按键盘上的 Enter 键。在 F4 单元格中，系统会自动统计出公司的部门数量。通过以上方法，即可完成统计公司部门数量的操作，如图 9-12 所示。

F4				fx	=COLUMNS(B:H)		
	A	B	C	D	E	F	G	H
1		财务部	人事部	技术部	生产部	信息部	运输部	公关部
2	人数	15	20	50	800	12	45	30
3	职能	财务相关	人事相关	技术相关	生产相关	企业文化	货物运送	拓展
4	公司的部门数量					7		

图 9-12

9.4.4　使用 HYPERLINK 函数添加客户的电子邮件地址

微课堂
0分19秒

HYPERLINK 函数用于创建快捷方式或跳转，以打开存储在网络服务器、Intranet 或 Internet 中的文档。当单击 HYPERLINK 函数所在的单元格时，Excel 将打开存储在 link_location 中的文件。下面将详细介绍 HYPERLINK 函数的语法结构以及使用 HYPERLINK 添加客户电子邮件地址的方法。

1　语法结构　>>>

HYPERLINK(link_location, [friendly_name])

HYPERLINK 函数语法具有下列参数。

➢ link_location：必需。表示要打开文档的路径和文件名。link_location 可以指向文档中的某个位置，如 Excel 工作表或工作簿中特定的单元格或命名区域，也可以指向 Microsoft Word 文档中的书签。路径可以是存储在硬盘驱动器上的文件的路径，也可以是服务器(URL)路径。

➢ friendly_name：可选。表示单元格中显示的跳转文本或数字值。friendly_name 显示为蓝色并带有下划线。如省略 friendly_name，单元格会将 link_location 显示为跳转文本。

2　应用举例　>>>

HYPERLINK 函数用于为指定的内容创建超链接，使用 HYPERLINK 函数可以在工作表中为客户添加相应的邮件地址。下面详细介绍其操作方法。

选择 C4 单元格，在编辑栏中输入公式"=HYPERLINK("mailto：xx@xx.xx","点击发送")"，并按键盘上的 Enter 键。在 C4 单元格中，系统会自动创建一个超链接项，单击该超链接项即可发送电子邮件。通过以上方法，即可完成添加客户电子邮件地址的操作，如

图 9-13 所示。

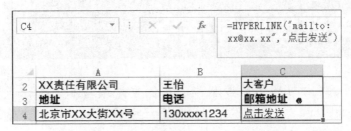

图 9–13

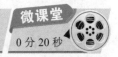

9.4.5 使用 ROW 函数快速输入 12 个月份

微课堂
0 分 20 秒

ROW 函数用于返回引用的行号，该函数与 COLUMN 函数分别返回给定引用的行号与列标。下面将详细介绍 ROW 函数的语法结构以及使用 ROW 函数快速输入 12 个月份的方法。

1 语法结构

```
ROW([reference])
```

ROW 函数语法具有下列参数。

➢ reference：可选。表示要得到其行号的单元格或单元格区域。

2 应用举例

ROW 函数可以用于返回单元格或者单元格区域首行的行号，利用 ROW 函数可以快速输入 12 个月份。下面详细介绍具体操作方法。

选择 A1 单元格，在编辑栏中输入公式“=ROW()&"月"”，并按键盘上的 Enter 键。在 A1 单元格中，系统会自动显示“1 月”。向下填充公式至其他单元格，即可完成快速输入 12 个月份的操作，如图 9-14 所示。

A1 =ROW()&"月"

	A	B	C	D	E	F	G	H	I	J	K	L	M	N	O	P	Q	R	S	T	U	V	W	X	Y	Z	AA	AB	AC	AD	AE	AF
1	1月	1	2	3	4	5	6	7	8	9	10	11	12	13	14	15	16	17	18	19	20	21	22	23	24	25	26	27	28	29	30	31
2	2月	1	2	3	4	5	6	7	8	9	10	11	12	13	14	15	16	17	18	19	20	21	22	23	24	25	26	27	28			
3	3月	1	2	3	4	5	6	7	8	9	10	11	12	13	14	15	16	17	18	19	20	21	22	23	24	25	26	27	28	29	30	31
4	4月	1	2	3	4	5	6	7	8	9	10	11	12	13	14	15	16	17	18	19	20	21	22	23	24	25	26	27	28	29	30	
5	5月	1	2	3	4	5	6	7	8	9	10	11	12	13	14	15	16	17	18	19	20	21	22	23	24	25	26	27	28	29	30	31
6	6月	1	2	3	4	5	6	7	8	9	10	11	12	13	14	15	16	17	18	19	20	21	22	23	24	25	26	27	28	29	30	
7	7月	1	2	3	4	5	6	7	8	9	10	11	12	13	14	15	16	17	18	19	20	21	22	23	24	25	26	27	28	29	30	31
8	8月	1	2	3	4	5	6	7	8	9	10	11	12	13	14	15	16	17	18	19	20	21	22	23	24	25	26	27	28	29	30	31
9	9月	1	2	3	4	5	6	7	8	9	10	11	12	13	14	15	16	17	18	19	20	21	22	23	24	25	26	27	28	29	30	
10	10月	1	2	3	4	5	6	7	8	9	10	11	12	13	14	15	16	17	18	19	20	21	22	23	24	25	26	27	28	29	30	31
11	11月	1	2	3	4	5	6	7	8	9	10	11	12	13	14	15	16	17	18	19	20	21	22	23	24	25	26	27	28	29	30	
12	12月	1	2	3	4	5	6	7	8	9	10	11	12	13	14	15	16	17	18	19	20	21	22	23	24	25	26	27	28	29	30	31
13																																

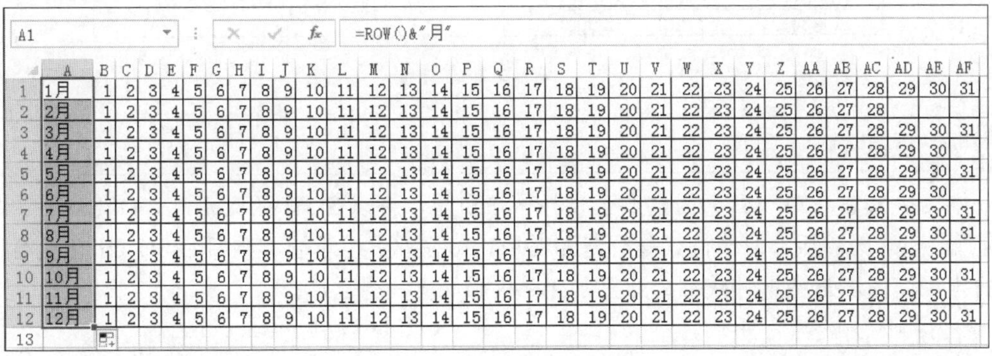

图 9–14

实践经验与技巧

在本节的学习过程中，将侧重介绍与本章知识点有关的实践经验及技巧，主要内容包括进/出库合计查询、根据产量计算员工得分和通过差旅费报销明细统计出差人数等方面的知识与操作技巧。

9.5.1 进、出库合计查询

本例中的工作表是每月月尾统计的当月进、出库数量。现需根据 E2:G2 单元格区域指定的起始月、终止月和查询项目来计算合计，其中 E2:G2 单元格区域包含下拉列表，修改下拉列表时可以汇总不同月份间的数据。

选择 F4 单元格，在编辑栏中输入公式 "=SUM(OFFSET(A1,E2,MATCH(G2&"总计",B1:C1,0),F2-E2+1))"，并按键盘上的 Enter 键。在 F4 单元格中，系统将返回 E2:G2 单元格区域指定条件的区域合计值，这样即可完成进、出库合计查询的操作，如图 9-15 所示。

F4			✕ ✓ fx	=SUM(OFFSET(A1,E2,MATCH(G2&"总计", B1:C1,0),F2-E2+1))			
▲	A	B	C	D	E	F	G	H
1	统计时间	进库总计	出库总计		起始月	终止月	查询项目	
2	1月31日	59620	53710		3	8	进库	
3	2月29日	59280	55300					
4	3月31日	52050	50000		合计：	330660		
5	4月30日	54150	61060					
6	5月31日	53960	60640					
7	6月30日	50870	63230					
8	7月31日	59780	55540					
9	8月31日	59850	62140					
10	9月30日	60530	56190					
11	10月31日	59870	63240					
12	11月30日	57720	60800					

图 9-15

➡ 一点即通

本例公式中以 OFFSET 函数产生目标区域引用，再以 SUM 函数汇总。OFFSET 函数以单元格 A1 为参照，偏移行数等于起始月数，偏移列数等于查询项目在 B1:C1 单元格区域的排位，高度是终止月减去起始月加 1，从而形成一个区域。

9.5.2 根据产量计算员工得分

在"产量与得分"工作表中有得分与产量的关系明细,如图9-16所示。现需将"产量表"中的产量转换为得分,以便用于计算奖金。

	A	B	C	D	E	F	G
1	得分	产量标准					
2	5	30万元(含)以上					
3	4.5	27万元(含)-30万元					
4	4	24万元(含)-27万元					
5	3.5	21万元(含)-24万元					
6	3	18万元(含)-21万元					
7	2.5	15万元(含)-18万元					
8	2	12万元(含)-15万元					
9	1.5	9万元(含)-12万元					
10	1	6万元(含)-9万元					
11	0.5	3万元(含)-6万元					
12	0	3万元以下					

产量表　产量与得分　(+)

图 9-16

选择 C2 单元格,在编辑栏中输入公式"=LOOKUP(B2,{3,0.5}*(ROW($1:$9)-1))",按键盘上的 Ctrl+Shift+Enter 组合键。在 C2 单元格中,将计算出第 1 名员工的产量得分,拖动 C2 单元格的填充柄,将公式向下填充,即可完成根据产量计算员工得分的操作,如图 9-17 所示。

C2		▼	⋮	×	✓	fx	{=LOOKUP(B2,{3,0.5}*(ROW($1:$9)-1))}

	A	B	C	D	E	F	G	H
1	姓名	产量	得分					
2	秦水支	25	4					
3	李念儿	26	4					
4	文彩依	18	3					
5	柳婵诗	28	4					
6	顾莫言	29	4					
7	任水寒	19.9	3					
8	金磨针	3	0.5					
9	丁玲珑	32	4					

产量表　产量与得分　(+)

图 9-17

9.5.3 通过差旅费报销明细统计出差人数

使用 ROWS 函数配合 COLUMNS 函数,可以快速统计出公司出差的人数。下面详细介绍其操作方法。

选择 C8 单元格,在编辑栏中输入公式"=ROWS(2:7)*COLUMNS(A:C)/2",并按键盘上的 Enter 键。在 C8 单元格中,系统会自动统计出出差的人数。通过以上方法即可完成

Excel 2013 公式·函数与数据分析

通过差旅费报销明细统计出差人数的操作，如图 9-18 所示。

C8	: × ✓ fx	=ROWS(2:7)*COLUMNS(A:C)/2	
	A	B	C	D
1	差旅费报销明细			
2	王怡	赵尔	刘伞	
3	1500	300	700	
4	钱思	孙武	吴琉	
5	600	900	840	
6	李琦	那巴	薛久	
7	450	720	650	
8	出差人数		9	

图 9-18

Section 9.6 有问必答

1. 如何使用 ROWS 函数统计销售人员数量?

ROWS 函数用于返回数据区域包含的行数，通过使用 ROWS 函数可以快速统计出公司共有多少名销售员。下面详细介绍其操作方法。

选择 D6 单元格，在编辑栏中输入公式"=ROWS(A3:A5)+ROWS(C3:C5)+ROWS(E3:E5)"，并按键盘上的 Enter 键。在 D6 单元格中，系统会自动计算出 3 个部门的销售人员数量总和。通过以上方法，即可完成统计销售人员数量的操作，如图 9-19 所示。

D6	: × ✓ fx	=ROWS(A3:A5)+ROWS(C3:C5)+ROWS(E3:E5)					
	A	B	C	D	E	F	G	H
1	销售一部		销售二部		销售三部			
2	姓名	销售额	姓名	销售额	姓名	销售额		
3	韩千叶	2000	统月	4000	袁冠南	3000		
4	柳辰飞	3000	苏普	5000	燕七	4000		
5	夏舒征	2500	江城子	4500	金不换	3400		
6	统计销售员人数			9				
7								
8								

图 9-19

2. 如何返回星期的中文?

通过日期函数 WEEKDAY 可以返回指定日期为一周的中第几天，因为星期日为一周的第一天，这个序号特别不直观。若在公式中需要得到星期几的中文描述，可以使用 CHOOSE 函数在一个列表中进行选择，输入公式"=CHOOSE(WEEKDAY(B3),"星期日","星期一","星期二","星期三","星期四","星期五","星期六")"。

3. 如何间接访问单元格的值?

INDIRECT 函数可以返回由文本字符串指定的引用。此函数立即对引用进行计算，并显示其内容。当需要更改公式中单元格的引用，而不更改公式本身时，可使用该函数，如图 9-20 所示。

图 9-20

在 B2 单元格中输入公式 "=INDIRECT(B1)"，而 B1 单元格的内容为 "$A$5"，公式可以转化为 "=INDIRECT($A$5)"。使用 INDIRECT 函数就相当于一个指针，指向$A$5 实际就是访问$A$5 单元格中的内容。如果将 B1 单元格中的值修改为$B$5，则公式可以返回$B$5 单元格的内容。这种就叫作间接访问，在定义公式时非常有用，先使用文本函数构造出要访问的单元格或区域，再通过 INDIRECT 函数来访问对应单元格的值，可实现动态访问的效果。

4. 如何创建一个快捷方式，打开存储在网络服务器、Internet 或 Intranet 中的文件？

在网上和客户进行交流时，若要给客户发邮件，邮件地址要用 HYPERLINK 函数来实现。选择 B5 单元格，在编辑栏中输入公式 "=HYPERLINK("wenjieshuyuan@126.com"，"文杰书院邮箱")"，然后按键盘上的 Enter 键，即可显示如图 9-21 所示的效果；单击图中的公式区域，将显示文杰书院邮箱的超链接。

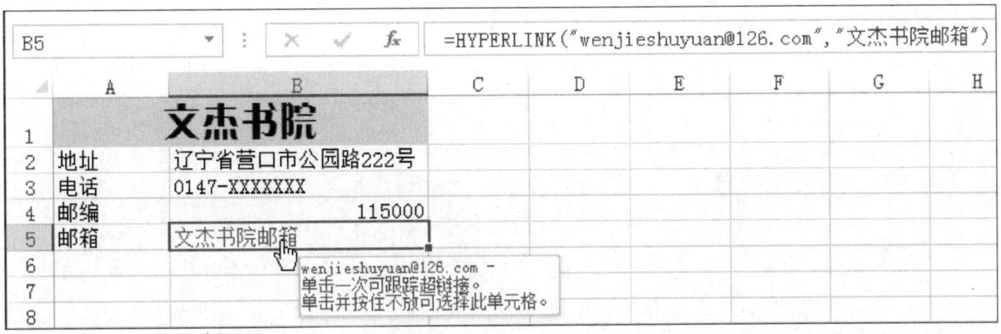

图 9-21

5. 如何统计区域总数？

本例为某食品销售公司，在全国各地都有它的分销处，同时根据地区特点及销售情况将几个分销处合并组合为一个区域，然后再分成华南区、华北区、东南区、东北区等多个区域，现在要求统计区域的总数。

选择 B2 单元格，在编辑栏中输入公式 "=AREAS((A4:B6,D4:E6,A8:B10,D8:E10))"，然后按键盘上的 Enter 键，公式将返回统计的区域总数，如图 9-22 所示。

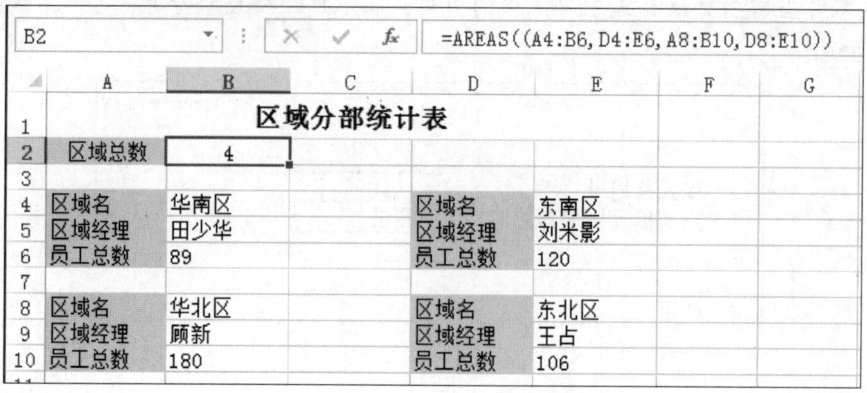

Excel 2013 公式·函数与数据分析

B2		▼ ⋮	✕ ✓	f_x	=AREAS((A4:B6,D4:E6,A8:B10,D8:E10))		
▲	A	B	C	D	E	F	G
1		区域分部统计表					
2	区域总数	4					
3							
4	区域名	华南区		区域名	东南区		
5	区域经理	田少华		区域经理	刘米影		
6	员工总数	89		员工总数	120		
7							
8	区域名	华北区		区域名	东北区		
9	区域经理	顾新		区域经理	王占		
10	员工总数	180		员工总数	106		

图 9-22

第10章

数据库函数

本章
要点

❖ 数据库函数概述

❖ 计算数据库中的数据

❖ 数据库常规统计

❖ 专题课堂——散布度统计

本章主
要内容

　　本章主要介绍数据库函数概述、计算数据库中的数据和数据库常规统计方面的知识与技巧。在本章的最后还将针对实际的工作需求，讲解散布度统计的方法。通过本章的学习，读者可以掌握数据库函数基础操作方面的知识，为深入学习 Excel 2013 公式、函数与数据分析知识奠定基础。

在处理一些数据时，经常会用到数据库函数，数据库函数可根据特定条件从数据库中筛选出所要的信息。对于每一个数据库函数，都有一个基础数据与之相对应。每一个数据库函数基本都包括数据库、字段和条件区域3部分，条件区域包括列名和条件两部分。本节将详细介绍数据函数的相关基础知识。

所谓数据库函数，是用来对表中的数据进行计算和统计的公式。数据库函数的作用包括计算数据库数据、对数据库数据进行常规统计、对数据库数据进行散布度统计等。常见的数据库函数及其功能如表10-1所示。

表10-1

函　数	说　明
DAVERAGE	返回所选数据库条目的平均值
DCOUNT	计算数据库中包含数字的单元格数量
DCOUNTA	计算数据库中非空单元格的数量
DGET	从数据库提取符合指定条件的单个记录
DMAX	返回所选数据库条目的最大值
DMIN	返回所选数据库条目的最小值
DPRODUCT	将数据库中符合条件的记录的特定字段中的值相乘
DSTDEV	基于所选数据库条目的样本估算标准偏差
DSTDEVP	基于所选数据库条目的样本总体计算标准偏差
DSUM	对数据库中符合条件的记录的字段列中的数字求和
DVAR	基于所选数据库条目的样本估算方差
DVARP	基于所选数据库条目的样本总体计算方差

Excel 2013 提供了 12 个数据库函数，它们用来对表中的数据进行计算和统计。用户可以使用 DPRODUCT 函数和 DSUM 函数计算数据库中的数据。本节将列举一些数据库函数中计算数据库中数据的函数应用，并对其进行详细讲解。

10.2.1 使用 DPRODUCT 函数统计手机的返修记录

DPRODUCT 函数用于返回列表或数据库中满足指定条件的记录字段(列)中的数值的乘积。下面将详细介绍 DPRODUCT 函数的语法结构以及使用 DPRODUCT 函数统计手机返修记录的方法。

1 语法结构 >>>

```
DPRODUCT(database, field, criteria)
```

DPRODUCT 函数语法具有以下参数。

➢ database：必需。表示构成列表或数据库的单元格区域。数据库是包含一组相关数据的列表，其中包含相关信息的行为记录，而包含数据的列为字段。列表的第 1 行包含每一列的标签。

➢ field：必需。表示函数所使用的列。输入两端带双引号的列标签，如"使用年数"或"产量"；或是代表列在列表中位置的数字(不带引号)，如 1 表示第 1 列，2 表示第 2 列，依此类推。

➢ criteria：必需。表示包含所指定条件的单元格区域。用户可以为参数 criteria 指定任意区域，只要此区域至少包含一个列标签，并且列标签下方至少包含一个指定列条件的单元格。

2 应用举例 >>>

DPRODUCT 函数用于返回满足条件的数值的乘积，通过使用 DPRODUCT 函数可以方便地统计出手机的返修情况。下面详细介绍其操作方法。

选择 C9 单元格，在编辑栏中输入公式"=DPRODUCT(A1:C7,3,D1:F3)"，并按键盘上的 Enter 键。在 C9 单元格中，系统会自动统计出该手机是否有返修记录。通过以上方法即可完成统计手机返修记录的操作，如图 10-1 所示。

	C9		▼	:	×	✓	f_x	=DPRODUCT(A1:C7,3,D1:F3)
	A	B		C	D	E	F	G
1	品牌	型号		有无返修		条件区域		
2	三星	S4		0	品牌	型号	有无返修	
3	HTC	One X		1	三星	S4		
4	LG	G Flex		0				
5	三星	S4		1				
6	HTC	One X		1				
7	LG	G Flex		0				
8								
9	返修：0	有无返修		0				
10	无返修：1							

图 10-1

Excel 2013 公式 · 函数与数据分析

10.2.2 使用 DSUM 函数统计符合条件的销售额总和

DSUM 函数用于返回列表或数据库中满足指定条件的记录字段(列)中的数字之和。下面将详细介绍 DSUM 函数的语法结构以及使用 DSUM 函数统计符合条件的销售额总和的方法。

1 语法结构

```
DSUM(database, field, criteria)
```

DSUM 函数语法具有下列参数。

- ➤ database：必需。表示构成列表或数据库的单元格区域。数据库是包含一组相关数据的列表，其中包含相关信息的行为记录，而包含数据的列为字段。列表的第 1 行包含每一列的标签。
- ➤ field：必需。表示函数所使用的列。输入两端带双引号的列标签，如"树龄"或"产量"；或是代表列在列表中位置的数字(不带引号)，如 1 表示第 1 列，2 表示第 2 列，依此类推。
- ➤ criteria：必需。表示包含指定条件的单元格区域。用户可以为参数 criteria 指定任意区域，只要此区域至少包含一个列标签，并且列标签下方至少包含一个指定列条件的单元格。

2 应用举例

DSUM 函数可以用于计算数据库中满足指定条件的指定列中数字的总和，通过使用 DSUM 函数可以方便地统计出符合条件的销售额总和。下面详细介绍其方法。

选择 C11 单元格，在编辑栏中输入公式"=DSUM(A1:D9,4,E2:G3)"，并按键盘上的 Enter 键。在 C11 单元格中，系统会自动统计出符合条件的销售额总和。通过以上方法即可完成统计符合条件的销售额总和的操作，如图 10-2 所示。

C11	▼	:	× ✓ fx	=DSUM(A1:D9,4,E2:G3)				
⬚	A	B	C	D	E	F	G	H	I
1	姓名	销售部门	职称	销售额		条件区域			
2	秦水支	销售一部	销售员	200000	销售部门	职称	销售额		
3	李念儿	销售二部	销售精英	500000	销售一部	销售精英	>400000		
4	文彩依	销售一部	销售精英	450000					
5	柳婵诗	销售二部	销售员	220000					
6	顾莫言	销售一部	销售员	180000					
7	任水寒	销售二部	销售精英	460000					
8	金磨针	销售一部	销售精英	600000					
9	丁玲珑	销售二部	销售员	210000					
10									
11	销售额总和		1050000						

图 10-2

知识拓展

使用 DSUM 函数对数据库的整个列进行操作时，需要在条件区域的相应标志下方保留一个空行。

Section
10.3 数据库常规统计

 用户可以使用 DAVERAGE 函数、DCOUNT 函数、DCOUNTA 函数、DGET 函数和 DMAX 函数来进行数据库常规统计。本节将列举一些在数据库函数中进行常规统计的函数应用，并对其进行详细讲解。

10.3.1 使用 DAVERAGE 函数统计符合条件的平均值

0 分 17 秒

DAVERAGE 函数用于对列表或数据库中满足指定条件的记录字段(列)中的数值求平均值。下面将详细介绍 DAVERAGE 函数的语法结构以及使用 DAVERAGE 统计符合条件的销售额平均值的方法。

1 语法结构 >>>

DAVERAGE(database, field, criteria)

DAVERAGE 函数语法具有以下参数。

- ➢ database：必需。表示构成列表或数据库的单元格区域。数据库是包含一组相关数据的列表，其中包含相关信息的行为记录，而包含数据的列为字段。列表的第 1 行包含着每一列的标志。
- ➢ field：必需。表示函数所使用的列。输入两端带双引号的列标签，如"使用年数"或"产量"；或是代表列表中列位置的数字(没有引号)，如 1 表示第 1 列，2 表示第 2 列，依此类推。
- ➢ criteria：必需。表示包含所指定条件的单元格区域。可以为参数 criteria 指定任意区域，只要此区域至少包含一个列标签，并且列标签下方至少包含一个指定列条件的单元格。

2 应用举例 >>>

DAVERAGE 函数可以用于计算数据库中满足指定条件的指定列中数字的平均值，使用 DAVERAGE 函数可以方便地统计符合条件的销售额平均值。下面详细介绍其操作方法。

选择 C11 单元格，在编辑栏中输入公式"=DAVERAGE(A1:D9,4,E2:G3)"，并按键盘

Excel 2013 公式·函数与数据分析

上的 Enter 键。在 C11 单元格中，系统会自动统计出符合条件的销售额平均值。通过以上方法即可完成统计符合条件的销售额平均值的操作，如图 10-3 所示。

图 10-3

10.3.2 使用 DCOUNT 函数统计销售精英人数

DCOUNT 函数用于返回列表或数据库中满足指定条件的记录字段(列)中包含数字的单元格的个数。下面将详细介绍 DCOUNT 函数的语法结构以及使用函数 DCOUNT 统计销售精英人数的方法。

1 语法结构

DCOUNT(database, field, criteria)

DCOUNT 函数语法具有以下参数。

➤ database：必需。表示构成列表或数据库的单元格区域。数据库是包含一组相关数据的列表，其中包含相关信息的行为记录，而包含数据的列为字段。列表的第 1 行包含每一列的标签。

➤ field：必需。表示函数所使用的列。输入两端带双引号的列标签，如"使用年数"或"产量"；或是代表列在列表中位置的数字(不带引号)，如 1 表示第 1 列，2 表示第 2 列，依此类推。

➤ criteria：必需。表示包含所指定条件的单元格区域。用户可以为参数 criteria 指定任意区域，只要此区域至少包含一个列标签，并且列标签下方至少包含一个指定列条件的单元格。

2 应用举例

DCOUNT 函数是用于计算满足条件的包含数字的单元格个数，通过使用函数 DCOUNT 可以方便地统计出销售精英人数。下面详细介绍其操作方法。

选择 C10 单元格，在编辑栏中输入公式"=DCOUNT(A1:D9,4,E2:G3)"，并按键盘上的 Enter 键。在 C10 单元格中，系统会自动统计出销售精英人数。通过以上方法即可完成统计销售精英人数的操作，如图 10-4 所示。

C10		▼	⋮	× ✓ ƒx	=DCOUNT(A1:D9,4,E2:G3)		
	A	B	C	D	E	F	G	H
1	姓名	销售部门	职称	销售额		条件区域	
2	秦水支	销售一部	销售员	200000	销售部门	职称	销售额
3	李念儿	销售二部	销售精英	500000		销售精英	
4	文彩依	销售一部	销售精英	450000			
5	柳婵诗	销售二部	销售员	220000			
6	顾莫言	销售一部	销售员	180000			
7	任水寒	销售二部	销售精英	460000			
8	金磨针	销售一部	销售精英	60000			
9	丁玲珑	销售二部	销售员	210000			
10	销售精英人数		4				

图 10-4

10.3.3 使用 DCOUNTA 函数计算公司使用手机的人数

微课堂
0分17秒

DCOUNTA 函数用于返回列表或数据库中满足指定条件的记录字段(列)中的非空单元格的个数。下面将详细介绍 DCOUNTA 函数的语法结构以及使用 DCOUNTA 函数计算公司使用手机人数的方法。

1 语法结构

　　　　》》》

DCOUNTA(database, field, criteria)

DCOUNTA 函数语法具有以下参数。

➢ database：必需。表示构成列表或数据库的单元格区域。数据库是包含一组相关数据的列表，其中包含相关信息的行为记录，而包含数据的列为字段。列表的第 1 行包含每一列的标签。

➢ field：必需。表示函数所使用的列。输入两端带双引号的列标签，如"使用年数"或"产量"；或是代表列在列表中位置的数字(不带引号)，如 1 表示第 1 列，2 表示第 2 列，依此类推。

➢ criteria：必需。表示包含所指定条件的单元格区域。可以为参数 criteria 指定任意区域，只要此区域至少包含一个列标签，并且列标签下方至少包含一个指定列条件的单元格。

2 应用举例

　　　　》》》

本例工作表是某公司销售部门人员表，现在要求统计该部门使用手机的员工人数。

选择 D13 单元格，在编辑栏中输入公式 "=DCOUNTA(A1:G9,7,A11:G12)"，并按键盘上的 Enter 键。在 D13 单元格中，系统将计算该部门使用手机的员工人数。通过以上方法即可完成计算公司使用手机人数的操作，如图 10-5 所示。

Excel 2013 公式·函数与数据分析

	A	B	C	D	E	F	G	H	I	J
D13				fx	=DCOUNTA(A1:G9,7,A11:G12)					
1	姓名	性别	职务	年龄	销售量	单价	手机			
2	秦水支	女	员工	22	124	90	13754754547			
3	李念儿	女	员工	21	135	90	13648732565			
4	文彩依	男	员工	35	126	90				
5	柳婵诗	男	员工	24	156	90	15936688601			
6	顾莫言	女	经理	24	203	90	15930666619			
7	任水寒	女	经理	37	224	90				
8	金磨针	男	经理	36	204	90				
9	丁玲珑	男	员工	26	143	90	13512600673			
10										
11	姓名	性别	职务	年龄	销售量	单价	手机			
12										
13	公司所有使用手机的员工:			5						

图 10-5

10.3.4　使用 DGET 函数提取指定条件的销售额

0分17秒

DGET 函数用于从列表或数据库的列中提取符合指定条件的单个值。下面将详细介绍 DGET 函数的语法结构以及使用 DGET 函数提取指定条件销售额的操作方法。

1　语法结构

DGET(database, field, criteria)

DGET 函数语法具有下列参数。

➢ database：必需。表示构成列表或数据库的单元格区域。数据库是包含一组相关数据的列表，其中包含相关信息的行为记录，而包含数据的列为字段。列表的第 1 行包含每一列的标签。

➢ field：必需。表示函数所使用的列。输入两端带双引号的列标签，如"使用年数"或"产量"；或是代表列在列表中位置的数字(不带引号)，如 1 表示第 1 列，2 表示第 2 列，依此类推。

➢ criteria：必需。表示包含所指定条件的单元格区域。用户可以为参数 criteria 指定任意区域，只要此区域至少包含一个列标签，并且列标签下方至少包含一个指定列条件的单元格。

2　应用举例

通过使用 DGET 函数可以方便地提取出指定条件的销售额，本例将提取出条件区域中符合条件的销售额。下面详细介绍其操作方法。

选择 C10 单元格，在编辑栏中输入公式"=DGET(A1:D9,4,E2:G3)"，并按键盘上的 Enter 键。在 C10 单元格中，系统会自动提取出指定条件的销售额。通过以上方法即可完成提取指定条件销售额的操作，如图 10-6 所示。

图 10-6

10.3.5　使用 DMAX 函数提取销售员中的最高销售额

DMAX 函数用于返回列表或数据库中满足指定条件的记录字段(列)中的最大数字。下面将详细介绍 DMAX 函数的语法结构以及使用 DMAX 函数提取销售员中最高销售额的操作方法。

1　语法结构

```
DMAX(database, field, criteria)
```

DMAX 函数语法具有下列参数。

➢ database：必需。表示构成列表或数据库的单元格区域。数据库是包含一组相关数据的列表，其中包含相关信息的行为记录，而包含数据的列为字段。列表的第 1 行包含每一列的标签。

➢ field：必需。表示函数所使用的列。输入两端带双引号的列标签，如"使用年数"或"产量"；或是代表列在列表中位置的数字(不带引号)，如 1 表示第 1 列，2 表示第 2 列，依此类推。

➢ criteria：必需。表示包含所指定条件的单元格区域。用户可以为参数 criteria 指定任意区域，只要此区域至少包含一个列标签，并且列标签下方至少包含一个指定列条件的单元格。

2　应用举例

DMAX 函数用于返回满足条件的最大值，通过使用 DMAX 函数可以方便地提取出销售员的最高销售额。下面详细介绍其操作方法。

选择 C10 单元格，在编辑栏中输入公式"=DMAX(A1:D9,4,E2:G3)"，并按键盘上的 Enter 键。在 C10 单元格中，系统会自动提取出销售员的最高销售额。通过以上方法，即可完成提取销售员最高销售额的操作，如图 10-7 所示。

Excel 2013 公式·函数与数据分析

	A	B	C	D	E	F	G
	姓名	销售部门	职称	销售额		条件区域	
1							
2	统月	销售一部	销售员	200000	姓名	销售部门	职称
3	苏普	销售二部	销售精英	500000			销售员
4	江城子	销售一部	销售精英	650000			
5	柳长街	销售二部	销售员	220000			
6	韦好客	销售一部	销售员	320000			
7	袁冠南	销售二部	销售精英	460000			
8	燕七	销售一部	销售精英	640000			
9	金不换	销售二部	销售员	210000			
10	提取的销售额		320000				

C10 の数式 =DMAX(A1:D9,4,E2:G3)

图 10-7

专题课堂——散布度统计

 用户可以使用 DSTDEV 函数、DSTDEVP 函数、DVAR 函数和 DVARP 函数进行数据库散布度统计。本节将详细介绍数据库散布度统计类函数的相关知识及应用。

10.4.1 使用 DSTDEV 函数计算员工的年龄标准差

 微课堂
0分15秒

DSTDEV 函数用于返回利用列表或数据库中满足指定条件的记录字段(列)中的数字作为一个样本估算出的总体标准偏差。下面将详细介绍 DSTDEV 函数的语法结构以及使用 DSTDEV 函数计算员工年龄标准差的方法。

1   语法结构   >>>

DSTDEV(database, field, criteria)

DSTDEV 函数语法具有以下参数。

➤ database：必需。表示构成列表或数据库的单元格区域。数据库是包含一组相关数据的列表，其中包含相关信息的行为记录，而包含数据的列为字段。列表的第 1 行包含每一列的标签。

➤ field：必需。表示函数所使用的列。输入两端带双引号的列标签，如"使用年数"或"产量"；或是代表列在列表中位置的数字(不带引号)，如 1 表示第 1 列，2 表示第 2 列，依此类推。

➤ criteria：必需。表示包含所指定条件的单元格区域。用户可以为参数 criteria 指定任意区域，只要此区域至少包含一个列标签，并且列标签下方至少包含一个指定列条件的单元格。

2 应用举例 >>>

本例的工作表是某公司人员表，现要求计算该公司员工的年龄标准差。

选择 D13 单元格，在编辑栏中输入公式"=DSTDEV(A1:G9,4,A11:G12)"，并按键盘上的 Enter 键。在 D13 单元格中，系统会计算出员工的年龄标准差。通过以上方法即可完成使用 DSTDEV 函数计算员工年龄标准差的操作，如图 10-8 所示。

D13		▼	:	×	✓	fx	=DSTDEV(A1:G9,4,A11:G12)		
	A	B	C	D	E	F	G	H	I
1	姓名	性别	职务	年龄	销售量	单价	手机		
2	秦水支	女	员工	22	124	90	13754754547		
3	李念儿	女	员工	21	135	90	13648732565		
4	文彩依	男	员工	35	126	90			
5	柳婵诗	男	员工	24	156	90	15936688601		
6	顾莫言	女	经理	24	203	90	15930666619		
7	任水寒	女	经理	37	224	90			
8	金磨针	男	经理	36	204	90			
9	丁玲珑	男	员工	26	143	90	13512600673		
10									
11	姓名	性别	职务	年龄	销售量	单价	手机		
12									
13	公司所有员工年龄标准差：			6.71					

图 10-8

10.4.2 使用 DSTDEVP 函数计算员工总体年龄标准差

微课堂 0分15秒

DSTDEVP 函数用于返回利用列表或数据库中满足指定条件的记录字段(列)中的数字作为样本计算出的总体标准偏差。下面将详细介绍 DSTDEVP 函数的语法结构以及使用 DSTDEVP 函数计算员工总体年龄标准差的方法。

1 语法结构 >>>

DSTDEVP(database, field, criteria)

DSTDEVP 函数语法具有以下参数。

➢ database：必需。表示构成列表或数据库的单元格区域。数据库是包含一组相关数据的列表，其中包含相关信息的行为记录，而包含数据的列为字段。列表的第 1 行包含每一列的标签。

➢ field：必需。表示函数所使用的列。输入两端带双引号的列标签，如"使用年数"或"产量"；或是代表列在列表中位置的数字(不带引号)，如 1 表示第 1 列，2 表示第 2 列，依此类推。

➢ criteria：必需。表示包含所指定条件的单元格区域。用户可以为参数 criteria 指定任意区域，只要此区域至少包含一个列标签，并且列标签下方至少包含一个指定列条件的单元格。

2 应用举例   >>>

本例的工作表是某公司人员表，现要求计算该公司员工的总体年龄标准差。

选择 D13 单元格，在编辑栏中输入公式"=DSTDEVP(A1:G9,4,A11:G12)"，并按键盘上的 Enter 键。在 D13 单元格中，系统会计算出员工的总体年龄标准差。通过以上方法即可完成使用 DSTDEVP 函数计算员工总体年龄标准差的操作，如图 10-9 所示。

D13		▼	:	✕	✓	*fx*	=DSTDEVP(A1:G9,4,A11:G12)			
▲	A	B	C	D	E	F	G	H	I	J
1	姓名	性别	职务	年龄	销售量	单价	手机			
2	统月	女	员工	22	124	90	13754754547			
3	苏昔	女	员工	21	135	90	13648732565			
4	江城子	男	员工	35	126	90				
5	柳长街	男	员工	24	156	90	15936688601			
6	韦好客	女	经理	24	203	90	15930666619			
7	袁冠南	女	经理	37	224	90				
8	燕七	男	经理	36	204	90				
9	金不换	男	员工	26	143	90	13512600673			
10										
11	姓名	性别	职务	年龄	销售量	单价	手机			
12										
13	公司所有员工总体年龄标准差:			6.27						

图 10-9

10.4.3 使用 DVAR 函数计算男员工销售量的方差

微课堂
0分17秒

DVAR 函数用于返回利用列表或数据库中满足指定条件的记录字段(列)中的数字作为一个样本估算出的总体方差。下面将详细介绍 DVAR 函数的语法结构以及使用 DVAR 函数计算男员工销售量方差的方法。

1 语法结构   >>>

DVAR(database, field, criteria)

DVAR 函数语法具有下列参数。

➢ database：必需。表示构成列表或数据库的单元格区域。数据库是包含一组相关数据的列表，其中包含相关信息的行为记录，而包含数据的列为字段。列表的第 1 行包含每一列的标签。

➢ field：必需。表示函数所使用的列。

➢ criteria：必需。表示包含所指定条件的单元格区域。可以为参数指定 criteria 任意区域，只要此区域至少包含一个列标签，并且列标签下至少有一个在其中为列指定条件的单元格。

2 应用举例   >>>

DVAR 函数可以返回满足条件的样本总体方差，通过使用 DVAR 函数可以方便地计算男员工销售量的方差。下面详细介绍其操作方法。

选择 D13 单元格，在编辑栏中输入公式 "=DVAR(A1:G9,4,A11:G12)"，并按键盘上的 Enter 键。在 D13 单元格中，系统会自动计算出男员工销售量的方差。这样即可完成使用 DVAR 函数计算男员工销售量方差的操作，如图 10-10 所示。

D13			⌄	⋮ × ✓	*fx*	=DVAR(A1:G9,4,A11:G12)				
◢	A	B	C	D	E	F	G	H	I	J
1	姓名	性别	职务	年龄	销售量	单价	手机			
2	统月	女	员工	22	124	90	13754754547			
3	苏普	女	员工	21	135	90	13648732565			
4	江城子	男	员工	35	126	90				
5	柳长街	男	员工	24	156	90	15936688601			
6	韦好客	女	经理	24	203	90	15930666619			
7	袁冠南	女	经理	37	224	90				
8	燕七	男	经理	36	204	90				
9	金不换	男	员工	26	143	90	13512600673			
10										
11	姓名	性别	职务	年龄	销售量	单价	手机			
12		男								
13	男员工销售量的方差:			37.6						

图 10-10

10.4.4　使用 DVARP 函数计算男员工销售量的总体方差

微课堂 0 分 20 秒

DVARP 函数用于通过使用列表或数据库中满足指定条件的记录字段(列)中的数字计算样本的总体方差。下面将详细介绍 DVARP 函数的语法结构以及使用 DVARP 函数计算男员工销售量总体方差的方法。

1 　语法结构

DVARP(database, field, criteria)

DVARP 函数语法具有以下参数。

➤ database：必需。表示构成列表或数据库的单元格区域。数据库是包含一组相关数据的列表，其中包含相关信息的行为记录，而包含数据的列为字段。列表的第 1 行包含每一列的标签。

➤ field：必需。表示函数所使用的列。输入两端带双引号的列标签，如"使用年数"或"产量"；或是代表列表中列位置的数字(不带引号)，如 1 表示第 1 列，2 表示第 2 列，依此类推。

➤ criteria：必需。表示包含所指定条件的单元格区域。可以为参数指定 criteria 任意区域，只要此区域包含至少一个列标签，并且列标签下至少有一个在其中为列指定条件的单元格。

2 　应用举例

DVARP 函数可以返回满足条件的总体方差，通过使用 DVARP 函数可以方便地计算男员工销售量的总体方差。下面详细介绍其操作方法。

选择 D13 单元格，在编辑栏中输入公式"=DVARP(A1:G9,4,A11:G12)"，并按键盘上的 Enter 键。在 D13 单元格中，系统会自动计算出部门男员工销售量的总体方差。这样即可完成使用 DVARP 函数计算男员工销售量总体方差的操作，如图 10-11 所示。

	A	B	C	D	E	F	G	H
1	姓名	性别	职务	年龄	销售量	单价	手机	
2	统月	女	员工	22	124	90	13754754547	
3	苏菁	女	员工	21	135	90	13648732565	
4	江城子	男	员工	35	126	90		
5	柳长街	男	员工	24	156	90	15936688601	
6	韦好客	女	经理	24	203	90	15930666619	
7	袁冠南	女	经理	37	224	90		
8	燕七	男	经理	36	204	90		
9	金不换	男	员工	26	143	90	13512600673	
10								
11	姓名	性别	职务	年龄	销售量	单价	手机	
12		男						
13	男员工销售量的总体方差：			28.2				

D13　＝DVARP(A1:G9,4,A11:G12)

图 10—11

Section 10.5　实践经验与技巧

在本节的学习过程中，将侧重介绍与本章知识点有关的实践经验及技巧，主要内容包括统计文具类和厨具类产品的最低单价、统计公司员工销售额、计算语文成绩大于 90 分者的最高总成绩等方面的知识与操作技巧。

10.5.1　统计文具类和厨具类产品的最低单价

微课堂 0 分 24 秒

DMIN 函数用于返回满足条件的最小值，通过使用 DMIN 函数可以很方便地统计出文具类和厨具类产品的最低单价。下面详细介绍其操作方法。

选择 D4 单元格，在编辑栏中输入公式"=DMIN(A1:B11,2,D1:D2)"，并按键盘上的 Enter 键。在 D4 单元格中，系统会自动统计出文具类和厨具类产品的最低单价，这样即可完成统计文具类和厨具类产品最低单价的操作，如图 10-12 所示。

→ **一点即通**

本例通过 DMIN 函数计算厨具类和文具类产品的最低单价。为了缩短公式长度，利用通配符同时表达出两种产品都符合的条件。

使用 DMIN 函数时，如果需要填充公式以计算不同项目的值，第 2 参数通常使用数字会更灵活。例如 COLUMN(A1) 或者 ROW(A1)，当公式向右或者向下填充时，公式计算的列（字符）会产生动态的变化。

D4		f_x	=DMIN(A1:B11,2,D1:D2)			
	A	B	C	D	E	F
1	产品	单价		产品		
2	洗衣机（家电类）	937		*（?具类）		
3	电炒锅（厨具类）	89				
4	笔筒（文具类）	25		5		
5	电视（家具类）	722				
6	洗衣粉（洗涤具类）	12				
7	菜刀（厨具类）	15				
8	文具盒（文具类）	5				
9	毛笔（文具类）	8				
10	收音机（家电类）	25				
11	香皂（洗涤具类）	50				

图 10-12

10.5.2　计算公司员工销售额

微课堂　0 分 23 秒

本例工作表是某公司销售部门的人员表，需要计算该部门每名员工的总销售额。下面详细介绍使用 DPRODUCT 函数配合 COLUMN 函数计算公司员工销售额的操作方法。

选择 B8 单元格，输入公式"=DPRODUCT($A$1:$I$3,COLUMN(B1),$A$5:$I$7)"，并按键盘上的 Enter 键。在 B8 单元格中，系统会自动计算出部门第 1 名员工的总销售额。拖动单元格填充柄将公式向右填充，即可完成计算公司全部员工销售额的操作，如图 10-13 所示。

B8		f_x	=DPRODUCT($A$1:$I$3,COLUMN(B1),$A$5:$I$7)						
	A	B	C	D	E	F	G	H	I	J
1	姓名	统月	苏昔	江城子	柳长街	韦好客	袁冠南	金不换	燕七
2	销售量	124	135	126	156	203	224	204	143
3	单价	90	90	90	90	90	90	90	90
4									
5	姓名								
6	销售量								
7	单价								
8	总销售额	11160	12150	11340	14040	18270	20160	18360	12870

10-13

→ 一点即通

本例公式中，COLUMN 函数用于指定 DPRODUCT 函数使用的数据列。当公式向右填充时，函数使用的数据列也相应地发生变化。

10.5.3　计算语文成绩大于 90 分者的最高总成绩

微课堂　0 分 21 秒

本例将计算数据库中第 5 列数据的最高分，但前提是该语文成绩大于 90 分。下面详细介绍其操作方法。

选择 G4 单元格，在编辑栏中输入公式"=DMAX(A1:E11,5,G1:G2)"，并按键盘上的

Enter 键。在 G4 单元格中，系统会计算出语文成绩大于 90 分者对应的最高总分，这样即可完成计算语文成绩大于 90 分者的最高总成绩的操作，如图 10-14 所示。

G4			✕ ✓ fx	=DMAX(A1:E11,5,G1:G2)			
	A	B	C	D	E	F	G	H
1	姓名	性别	语文	数学	总分		语文	
2	柳兰歌	男	94	94	188		>90	
3	秦水支	女	77	76	153			
4	李念儿	女	58	51	109		188	
5	文彩依	男	89	100	189			
6	柳婵诗	女	95	64	159			
7	顾莫言	女	87	73	160			
8	任水寒	男	72	80	152			
9	金磨针	女	53	81	134			
10	丁玲珑	女	80	70	150			
11	李灵黛	女	67	77	144			

图 10—14

Section 10.6 有问必答

1. 如何提取销售二部的最低销售额？

DMIN 函数是用于返回满足条件的最小值，通过使用 DMIN 函数可以方便地提取出销售二部的最低销售额。下面详细介绍操作方法。

选择 C10 单元格，在编辑栏中输入公式"=DMIN(A1:D9,4,E2:G3)"，并按键盘上的 Enter 键。在 C10 单元格中，系统会自动提取出销售二部的最低销售额。通过以上方法，即可完成提取销售二部最低销售额的操作，如图 10-15 所示。

C10			✕ ✓ fx	=DMIN(A1:D9,4,E2:G3)		
	A	B	C	D	E	F	G
1	姓名	销售部门	职称	销售额		条件区域	
2	韩千叶	销售一部	销售员	200000	姓名	销售部门	职称
3	柳辰飞	销售二部	销售精英	500000		销售二部	
4	夏舒征	销售一部	销售精英	650000			
5	慕容冲	销售二部	销售员	220000			
6	萧合凰	销售一部	销售员	320000			
7	阮停	销售二部	销售精英	460000			
8	西鹓宿	销售一部	销售精英	640000			
9	孙祈钒	销售二部	销售员	210000			
10	提取的销售额		210000				

图 10—15

2. 如何统计符合多条件的销售额总和？

使用 DSUM 函数可以同时对多条件进行统计。下面以统计销售额总和为例，详细介绍统计符合多条件销售额总和的操作方法。

选择 G7 单元格，在编辑栏中输入公式"=DSUM(A1:E10,4,F2:H4)"，并按键盘上的 Enter 键。在 G7 单元格中，系统会自动统计出符合多条件的销售额总和。通过以上方法，即可完成统计符合多条件销售额总和的操作，如图 10-16 所示。

图 10-16

3. 如何计算销售精英的平均月销售额？

使用 DAVERAGE 函数可以计算指定条件的平均值。下面详细介绍计算销售精英平均月销售额的方法。

选择 C14 单元格，在编辑栏中输入公式"=DAVERAGE(A1:D9,4,A11:C12)/12"，并按键盘上的 Enter 键。在 C14 单元格中，系统会自动计算出销售精英的平均月销售额。通过以上方法，即可完成计算销售精英平均月销售额的操作，如图 10-17 所示。

图 10-17

4. 如何使用 DCOUNT 函数忽略 0 值统计数据？

如果准备实现忽略 0 值统计记录条数，其关键仍在于条件的设置。要忽略 0 值统计成绩小于 60 分的人数，下面详细介绍其操作方法。

首先在本例的 D4:E5 单元格区域中设置条件，其条件包含列标识"成绩"，区间为"<60"

Excel 2013 公式·函数与数据分析

"<>0"。选中 D8 单元格,在编辑栏中输入公式"=DCOUNT(A1:B10,2,D4:E5)",按键
盘上的 Enter 键,即可统计出成绩小于 60 且不为 0 值的人数,如图 10-18 所示。

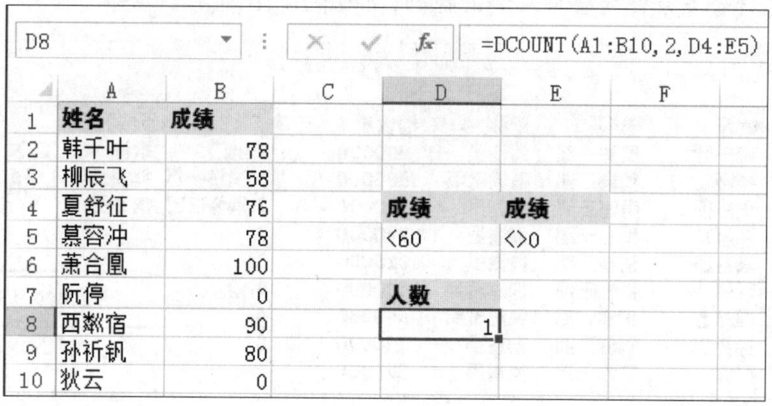

D8			× ✓ fx	=DCOUNT(A1:B10,2,D4:E5)		
	A	B	C	D	E	F
1	姓名	成绩				
2	韩千叶	78				
3	柳辰飞	58				
4	夏舒征	76		成绩	成绩	
5	慕容冲	78		<60	<>0	
6	萧合凰	100				
7	阮停	0		人数		
8	西燚宿	90		1		
9	孙祈钒	80				
10	狄云	0				

图 10-18

第 **11** 章

图 表 应 用

本章要点

❖ 认识图表
❖ 创建图表的方法
❖ 设置图表
❖ 创建各种类型的图表
❖ 专题课堂——美化图表

本章主要内容

　　本章主要介绍认识图表、创建图表的方法、设置图表和创建各种类型的图表方面的知识与技巧。在本章的最后还将针对实际的工作需求，讲解美化图表的方法。通过本章的学习，读者可以掌握图表应用基础操作方面的知识，为深入学习 Excel 2013 公式、函数与数据分析知识奠定基础。

导读　　图表是指对数据和信息可以直观展示起到关键作用的图形结构。应用图表，可以使数据更直观、更清晰地显示各个数据之间的关系和数据的变化情况，从而方便用户快速而准确地获得信息。本节将详细介绍图表的类型以及图表的组成相关知识。

11.1.1　图表的类型

微课堂
0分24秒

按照 Microsoft Excel 2013 对图表类型的分类，图表可分为柱形图、折线图、饼图、条形图、面积图、散点图、股价图、曲面图、雷达图和组合图表 10 种。不同类型的图表具有不同的构成要素。下面详细介绍图表的类型。

1　柱形图

柱形图用于显示一段时间内数据变化或各项数据之间的比较情况。通常绘制柱形图时，水平轴表示组织类型，垂直轴表示数值。柱形图种类包括簇状柱形图、堆积柱形图、百分比堆积柱形图、三维簇状柱形图、三维堆积柱形图、三维百分比堆积柱形图和三维柱形图 7 个子类型。如图 11-1 所示为簇状柱形图。

2　折线图

折线图可以显示随时间(根据常用比例设置)而变化的连续数据。通常绘制折线图时，类别数据沿水平轴均匀分布，所有值数据沿垂直轴均匀分布。折线图包括折线图、堆积折线图、百分比堆积折线图、带数据标记的折线图、带标记的堆积折线图、带数据标记的百分比堆积折线图和三维折线图 7 个子类型。如图 11-2 所示为三维折线图。

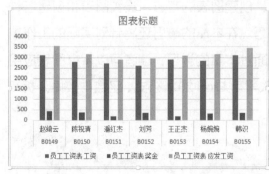

图 11-1　　　　　　　　　　　　图 11-2

3　饼图　>>>

饼图可以清晰、直观地反映数据中各项所占的百分比或某个单项占总体的比例，能够很方便地查看整体与个体之间的关系。饼图的特点是只能将工作表中的一列或一行绘制到饼图中。饼图包括饼图、三维饼图、复合饼图、复合条饼图和圆环图 5 个子类型。如图 11-3 所示为三维饼图。

4　条形图　>>>

条形图是用来描绘各个项目之间数据差别情况的一种图表，它重点强调的是在特定时间点上分类轴和数值之间的比较。条形图主要包括簇状条形图、堆积条形图、百分比堆积条形图、三维簇状条形图、三维堆积条形图和三维百分比堆积条形图 6 个子类型。如图 11-4 所示为簇状条形图。

图 11-3

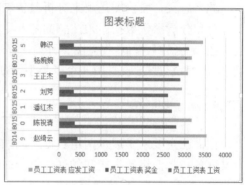

图 11-4

5　面积图　>>>

面积图用于显示某个时间阶段总数与数据系列的关系，强调数量随时间而变化的程度，还可以使观看图表的人更加注意总值趋势的变化。面积图包括面积图、堆积面积图、百分比堆积面积图、三维面积图、三维堆积面积图和三维百分比堆积面积图 6 种子类型。如图 11-5 所示为三维面积图。

6　散点图　>>>

散点图又称为 XY 散点图，用于显示若干数据系列中各数值之间的关系。利用散点图，可以绘制函数曲线。散点图通常用于显示和比较数值，如科学数据、统计数据或工程数据等。XY 散点图中包括 7 种子类型，包括散点图、带平滑线和数据标记的散点图、带平滑线的散点图、带直线和数据标记的散点图、带直线的散点图、气泡图和三维气泡图等。如图 11-6 所示为带平滑线的散点图。

Excel 2013 公式·函数与数据分析

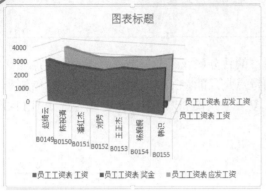

图 11-5   图 11-6

7 股价图

顾名思义，股价图是用来分析股价波动和走势的图表，在实际工作中，股价图也可用于计算和分析科学数据。须注意的是，用户必须按正确的顺序组织数据才能创建股价图。股价图分为盘高-盘低-收盘图、开盘-盘高-盘低-收盘图、成交量-盘高-盘低-收盘图和成交量-开盘-盘高-盘低-收盘图4个子类型。如图 11-7 所示为开盘-盘高-盘低-收盘图。

8 曲面图

曲面图主要用于展示两组数据之间的最佳组合，如果 Excel 工作表中数据较多，而用户又准备找到两组数据之间的最佳组合时，可以使用曲面图。曲面图包含4种子类型，分别为曲面图、曲面图(俯视框架)、三维曲面图和三维曲面图(框架图)。如图 11-8 所示为三维曲面图。

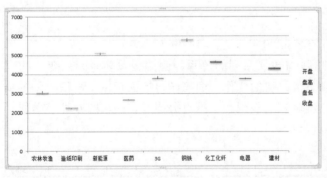

图 11-7

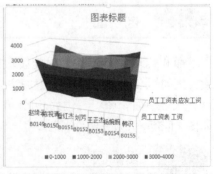

图 11-8

9 雷达图

雷达图可以比较若干数据系列的聚合值，用于显示数据中心点以及数据类别之间的变化趋势，也可以将覆盖的数据系列用不同的演示显示出来。雷达图主要包括雷达图、带数据标记的雷达图和填充雷达图3种子类型。如图 11-9 所示为填充雷达图。

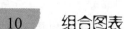

10　　组合图表

　　组合图表是 Excel 2013 中的新功能，用户可以便捷地自由组合图表类型，它包括簇状柱形图-折线图、簇状柱形图-次坐标轴上的折线图、堆积面积图-簇状柱形图和自定义组合4 个子类型，并且可以自由选择哪个数据需要更换图表类型，自由度很高。如图 11-10 所示为簇状柱形图-折线图。

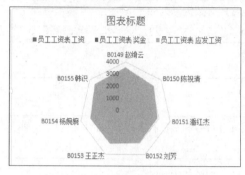

图 11-9

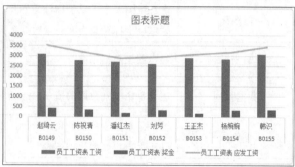

图 11-10

11.1.2　图表的组成

微课堂
0 分 13 秒

　　在 Excel 2013 中，创建完成的图表由图表区、绘图区、图表标题、数据系列、图例项和坐标轴等多个部分组成，如图 11-11 所示。

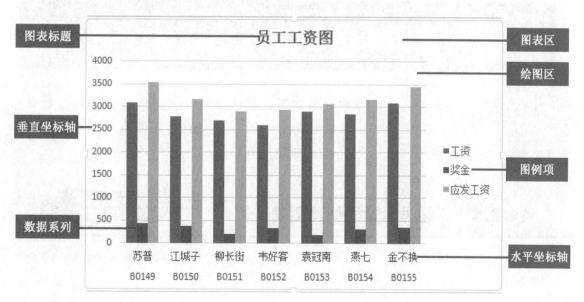

图 11-11

　　不同的图表构成的元素是不同的，如表 11-1 所示为 Excel 图表各组成元素的功能以及说明。

表 11-1

名　称	功能以及说明
图表标题	显示图表的名称，可以自动与坐标轴对齐或在图表顶部居中
图表区	显示图表的背景颜色，当插入的图表被激活后，就可以对该区域进行颜色填充或添加边框线了
绘图区	在二维图表中，以坐标轴为界并包含所有数据系列的区域。在三维图表中，此区域以坐标轴为界并包含数据系列、分类名称、刻度线标签和坐标轴标题
垂直坐标轴	显示图表数据刻度
数据系列	表示每个类别数据的值
图例项	图例是集中于图表一角或一侧，用各种符号和颜色代表内容与指标的说明，有助于用户更好地认识图表
水平坐标轴	显示各类别的名称，可对其进行修改、删除或添加

知识拓展

　　图表是依托于数据自动生成的，生成图表的数据称为图表的"数据源"，数据源改变了，图表也会随之改变。简而言之，图表和数据其实是同一种事物的不同存在形式。

Section
11.2　创建图表的方法

　　在 Excel 2013 中，创建图表的方法有 3 种，包括通过对话框创建图表、使用功能区创建图表和使用快捷键创建图表。本节将详细介绍创建图表的相关知识及操作方法。

11.2.1　通过对话框创建图表

微课堂
0 分 38 秒

　　通过对话框创建图表，是指在【插入图表】对话框中选择准备创建图表的类型。下面详细介绍在 Excel 2013 工作表中通过对话框创建图表的操作方法。

操作步骤 >> **Step by Step**

第1步　打开工作表，*1.* 选中准备创建图表的单元格区域，*2.* 选择【插入】选项卡，*3.* 在【图表】组中单击【创建图表启动器】按钮 ，如图 11-12 所示。

图 11-12

第2步　弹出【插入图表】对话框，*1.* 选择【所有图表】选项卡，*2.* 在图表类型列表框中，选择准备应用的图表类型，*3.* 选择准备应用的图表样式，*4.* 单击【确定】按钮 ，如图 11-13 所示。

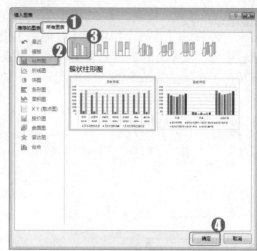

图 11-13

第3步　返回到工作表界面，可以看到已经创建了一个图表，这样即可完成使用【插入图表】对话框创建图表的操作，如图 11-14 所示。

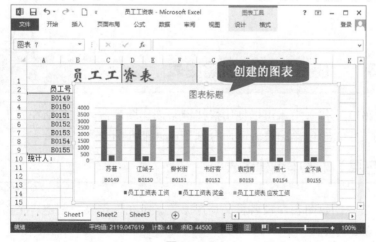

图 11-14

■ 指点迷津

　　在【插入图表】对话框中，左侧显示了图表的所有分类，右侧显示了所有图表样式。

Excel 2013 公式·函数与数据分析

11.2.2 使用功能区创建图表

微课堂
0分30秒

通过功能区创建图表，是指在【插入】选项卡的【图表】组中选择准备创建的图表类型。下面以创建柱形图为例，介绍通过功能区创建图表的操作方法。

操作步骤 >> **Step by Step**

第1步 打开工作表，*1.* 选择【插入】选项卡，*2.* 单击【图表】组中的【柱形图】按钮 ，*3.* 在弹出的下拉列表中，选择准备应用的图表类型，如图 11-15 所示。

第2步 可以看到在工作表界面中，系统会自动添加一个柱形图表，并以柱形图表的形式显示表格中的数据。通过以上步骤，即可完成使用功能区创建图表的操作，如图 11-16 所示。

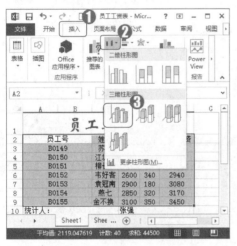

图 11-15

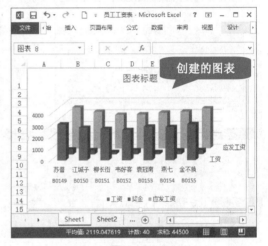

图 11-16

11.2.3 使用快捷键创建图表

微课堂
0分18秒

在 Excel 2013 工作表中，可以使用快捷键来创建图表，其中包括在原工作表中创建图表和在新建的工作表中创建图表。下面分别予以详细介绍。

1 在原工作表中创建图表

在原工作表中创建图表，顾名思义是在原数据所在工作表中创建一个图表。下面详细介绍其操作方法。

操作步骤 >> **Step by Step**

第1步 单击工作表中数据区域任意单元格，按键盘上的 Alt+F1 组合键，如图 11-17 所示。

图 11-17

第2步 可以看到，在工作表中已经创建好一个图表。通过以上步骤即可完成在原工作表中创建图表的操作，如图 11-18 所示。

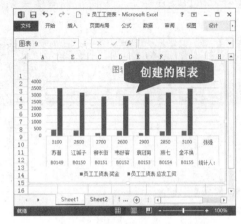

图 11-18

2 在新建的工作表中创建图表

除了在原工作表中创建图表之外，用户还可以通过快捷键在新建的工作表中创建图表。下面详细介绍其操作方法。

操作步骤 >> **Step by Step**

第1步 单击工作表中数据区域任意单元格，按键盘上的 F11 键，如图 11-19 所示。

图 11-19

第2步 可以看到在工作簿中，系统会新建一个工作表，并在其中显示创建好的图表。这样即可完成在新建的工作表中创建图表的操作，如图 11-20 所示。

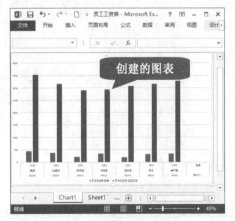

图 11-20

Excel 2013 公式·函数与数据分析

知识拓展

　　在 Excel 2013 工作表中，把鼠标指针移动至已创建图表的右边框上，待鼠标指针变为 ↔ 形状时，按住并向右拖动鼠标指针，可以完成在水平方向上调整图表宽度的操作；把鼠标指针移动至已创建图表的下边框上，带鼠标指针变为 ↕ 形状时，按住并向下拖动鼠标指针，可以完成在垂直方向上调整图表高度的操作。

Section 11.3　设置图表

 　　创建完图表后，如果图表不能明确地把数据表现出来，那么可以重新设计图表类型。本节将介绍设置图表方面的知识及操作方法。

11.3.1　更改图表类型

微课堂　0分32秒

　　在 Excel 2013 工作表中，如果对已经创建的图表类型不满意，那么可以对表类型进行更改。下面详细介绍更改图表类型的操作方法。

操作步骤 >> **Step by Step**

第1步　打开工作表，**1.** 选择已创建的图表，**2.** 选择【设计】选项卡，**3.** 在【类型】组中，单击【更改图表类型】按钮，如图 11-21 所示。

第2步　弹出【更改图表类型】对话框，**1.** 在图表类型列表框中，选择更改的图表类型，**2.** 选择更改的图表样式，**3.** 单击【确定】按钮，如图 11-22 所示。

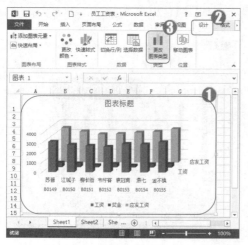

图 11-21

图 11-22

第 3 步 返回到工作表界面，可以看到图表类型已经发生改变。这样即可完成更改图表类型的操作，如图 11-23 所示。

■ 指点迷津

在创建图表时，要注意选择适当的图表类型。不过如果用户在创建了图表后，发现需要对图表进行更改时，也可以在后期的设置过程中更改图表的类型或数据源。

图 11-23

11.3.2 更改数据源

微课堂 0 分 50 秒

在 Excel 中，用户可以对图表中的数据源进行选择，从而在图表中展示准备显示的数据信息。下面以显示一组、二组数据为例，来详细介绍更改图表数据源的操作方法。

操作步骤 >> Step by Step

第 1 步 打开工作表，**1.** 选择已创建的图表，**2.** 选择【设计】选项卡，**3.** 在【数据】组中单击【选择数据】按钮，如图 11-24 所示。

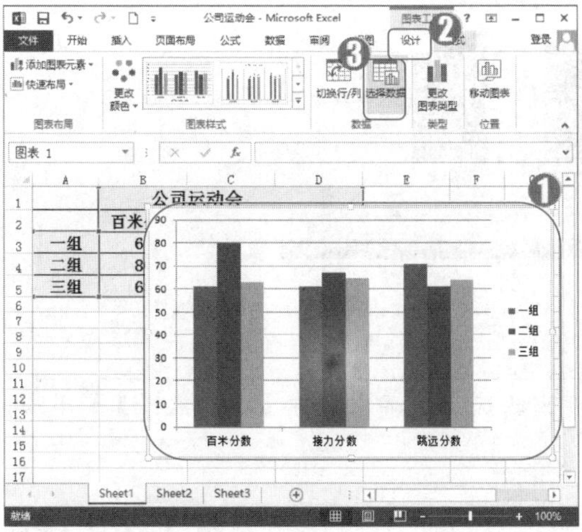

图 11-24

第 2 步 弹出【选择数据源】对话框，单击【图表数据区域】文本框右侧的【折叠】按钮，如图 11-25 所示。

图 11-25

Excel 2013 公式·函数与数据分析

第3步 返回工作表，**1.** 选择准备重新设置图表的数据源，如选择准备显示的一组、二组数据，**2.** 单击【展开】按钮，如图 11-26 所示。

第4步 返回至【选择数据源】对话框，单击对话框右下方的【确定】按钮，如图 11-27 所示。

图 11-26

图 11-27

第5步 返回工作表界面，可以看到图表中的数据显示已经发生改变，显示一组和二组的数据。这样即可完成更改图表数据源的操作，如图 11-28 所示。

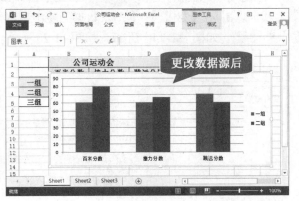

图 11-28

■ 指点迷津

选中所创建的图表后，单击鼠标右键，在弹出的快捷菜单中选择【选择数据】菜单项，也可以打开【选择数据源】对话框。

11.3.3 设计图表布局

0分26秒

在选择完数据之后，用户可以对图表的布局进行设计，以达到美化图表的目的。不同的图表类型，其布局的方式也不同。下面详细介绍设计图表布局的操作方法。

操作步骤 >> **Step by Step**

第1步　打开工作表，**1.** 选择准备更改布局的图表，**2.** 选择【设计】选项卡，**3.** 在【图表布局】组中单击【快速布局】下拉按钮 快速布局，**4.** 在弹出的下拉列表中，选择准备应用的图表布局，如图 11-29 所示。

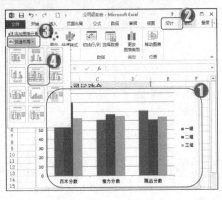

图 11-29

第2步　返回到工作表界面，可以看到工作表中图表的布局样式已经发生改变。通过以上方法，即可完成设计图表布局的操作，如图 11-30 所示。

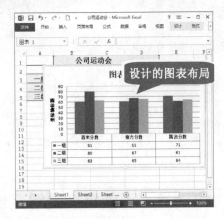

图 11-30

11.3.4　设计图表样式

微课堂
0 分 24 秒

在 Excel 2013 工作表中，不同的图表类型，其样式也不同。图表样式包括图表中的绘图区、背景、系列、标题等一系列元素的样式。下面详细介绍设计图表样式的操作方法。

操作步骤 >> **Step by Step**

第1步　打开工作表，**1.** 选择准备更改样式的图表，**2.** 选择【设计】选项卡，**3.** 在【图表样式】组中单击【快速样式】下拉按钮，**4.** 在弹出的下拉列表中，选择准备应用的图表样式，如图 11-31 所示。

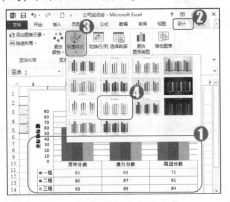

图 11-31

第2步　返回到工作表界面，可以看到工作表中图表的样式已经发生改变。通过以上方法，即可完成改变图表样式的操作，如图 11-32 所示。

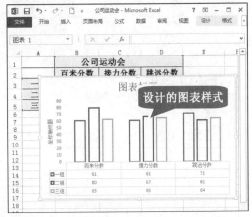

图 11-32

Excel 2013 公式·函数与数据分析

知识拓展

选中图表后，单击鼠标右键，在弹出的快捷菜单中选择【移动图表】菜单项，系统会弹出【移动图表】对话框，用户可以在该对话框中设置放置图表的位置。

Section 11.4 创建各种类型的图表

导读 图表是一种形象、直观的表达形式，使用图表显示数据，可以使结果一目了然，让用户快速抓到报表所要表达的核心信息。本节将讲解创建各种类型图表的相关知识以及操作方法。

11.4.1 使用折线图显示产品销量

微课堂
0 分 27 秒

折线图非常适用于显示在相同时间间隔内数据的变化趋势。下面详细介绍使用折线图显示产品销量的操作方法。

操作步骤 >> Step by Step

第 1 步 打开工作表，**1.** 单击工作表中的任意单元格，**2.** 选择【插入】选项卡，**3.** 单击【图表】组中的【折线图】下拉按钮 ，**4.** 在弹出的下拉列表中，选择准备应用的折线图样式，如图 11-33 所示。

第 2 步 返回到工作表中，可以看到已经插入了一个以折线图显示产品销量的图表。通过以上操作步骤即可完成使用折线图显示产品销量，如图 11-34 所示。

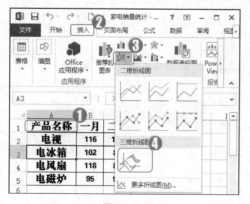

图 11-33

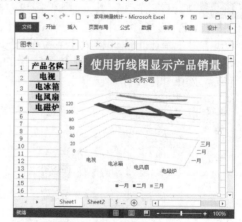

图 11-34

11.4.2 使用饼图显示人口比例

饼图可以清晰、直观地反映统计数据中各项所占的百分比或是某个单项占总体的比例。下面详细介绍使用饼图显示人口比例的操作方法。

操作步骤 >> Step by Step

第1步 打开工作表，**1.** 单击工作表中的任意单元格，**2.** 选择【插入】选项卡，**3.** 单击【图表】组中的【饼图】下拉按钮，**4.** 在弹出的下拉列表中，选择准备应用的饼图样式，如图 11-35 所示。

第2步 返回到工作表中，可以看到已插入了一个饼图以显示人口比例。通过以上操作步骤即可完成使用饼图显示人口比例的操作，如图 11-36 所示。

图 11-35

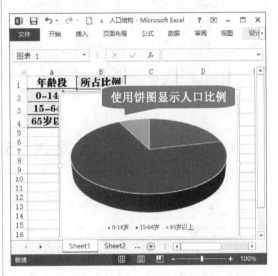

图 11-36

11.4.3 使用柱形图显示学生成绩差距

使用柱形图可以显示工作表中列或行中的数据，其主要功能是显示一段时间内的数据变化或显示各项之间的比较情况。下面将介绍使用柱形图显示学生成绩差距的操作方法。

知识拓展

创建完图表后，如果用户不需要图表中的某个元素，那么可以直接选中该元素，按键盘上的 Delete 键对其进行删除。

Excel 2013 公式·函数与数据分析

操作步骤 >> **Step by Step**

第1步 打开工作表，**1.** 单击工作表中的任意单元格，**2.** 选择【插入】选项卡，**3.** 单击【图表】组中的【柱形图】下拉按钮，**4.** 在弹出的下拉列表中，选择准备应用的柱形图样式，如图 11-37 所示。

第2步 返回到工作表中，可以看到已插入了一个柱形图以显示学生成绩差距。通过以上操作步骤即可完成使用柱形图显示学生成绩差距的操作，如图 11-38 所示。

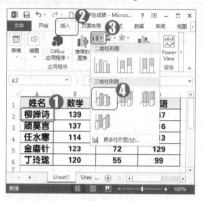

图 11-37

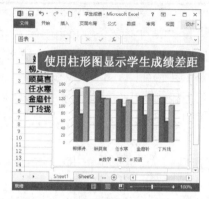

图 11-38

11.4.4 使用 XY 散点图显示人口分布

微课堂 0分29秒

散点图用于显示和比较数值。下面详细介绍使用 XY 散点图显示人口分布的操作方法。

操作步骤 >> **Step by Step**

第1步 打开工作表，**1.** 单击工作表中的任意单元格，**2.** 选择【插入】选项卡，**3.** 单击【图表】组中的【散点图】下拉按钮，**4.** 在弹出的下拉列表中，选择准备应用的散点图样式，如图 11-39 所示。

第2步 返回到工作表中，可以看到已插入了一个 XY 散点图以显示人口分布。通过以上操作步骤即可完成使用 XY 散点图显示人口分布的操作，如图 11-40 所示。

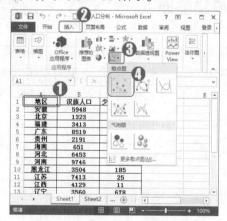

图 11-39

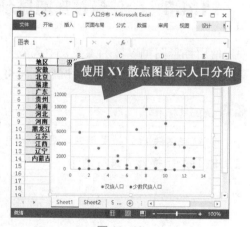

图 11-40

导读 在 Excel 2013 工作表中，用户可以对已创建的图表进行美化，如设置图表标题、设置图表背景、设置图例、设置数据标签、设置坐标轴标题和设置网格线等。本节将详细介绍美化图表的相关知识及操作方法。

11.5.1 设置图表标题

微课堂 0 分 35 秒

图表的标题一般是放置在图表的上方，用来概括图表中的数据内容。下面详细介绍设置图表标题的操作方法。

操作步骤 >> Step by Step

第 1 步 打开准备设置图表标题的工作表，**1.** 选择需要设置标题的图表，**2.** 选择【设计】选项卡，**3.** 单击【图表布局】组中的【添加图表元素】下拉按钮 ，**4.** 在弹出的下拉菜单中，选择【图表标题】菜单项，**5.** 在子菜单中选择【图表上方】菜单项，如图 11-41 所示。

第 2 步 在选择的图表上方，会弹出【图表标题】文本框，将文本框中的文字选中，如图 11-42 所示。

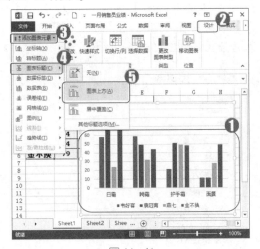

图 11-41

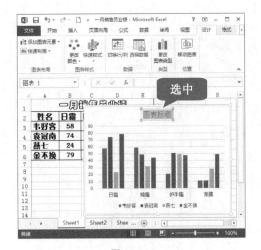

图 11-42

Excel 2013 公式·函数与数据分析

第3步 使用 Backspace 键将文本删除，并输入标题名称，如图 11-43 所示。

第4步 通过以上步骤即可完成设置图表标题的操作，效果如图 11-44 所示。

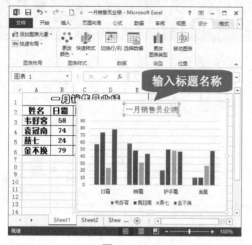

图 11-43

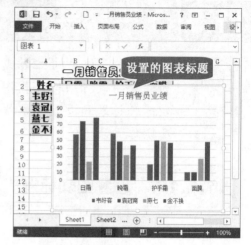

图 11-44

11.5.2 设置图表背景

完成创建图表后，用户可以通过【设置图表区格式】窗格设置图表背景，从而达到美化图表的效果。下面详细介绍设置图表背景的操作方法。

操作步骤 >> Step by Step

第1步 打开准备设置图表背景的工作表，**1.** 使用鼠标右击准备设置背景的图表，**2.** 在弹出的快捷菜单中，选择【设置图表区域格式】菜单项，如图 11-45 所示。

第2步 弹出【设置图表区格式】窗格，**1.** 单击【填充线条】按钮 ，**2.** 单击【填充】下拉按钮 填充，**3.** 选中【图案填充】单选按钮，如图 11-46 所示。

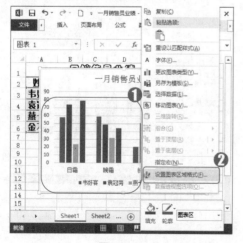

图 11-45

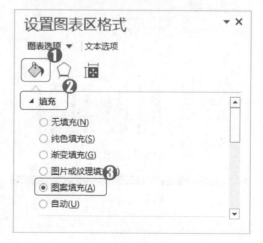

图 11-46

第 3 步　拖动右侧的滚动条滑块到下方，**1.** 在【图案】区域选择准备应用的背景样式，**2.** 在【背景】右侧，单击【背景】下拉按钮 ，**3.** 在弹出的列表框中，选择准备应用的背景颜色，如图 11-47 所示。

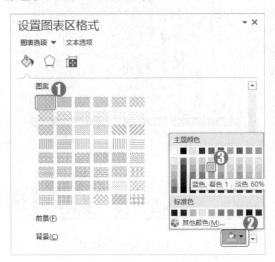

图 11—47

第 4 步　返回到工作表界面，可以看到已经为图表设置了背景。这样即可完成设置图表背景的操作，效果如图 11-48 所示。

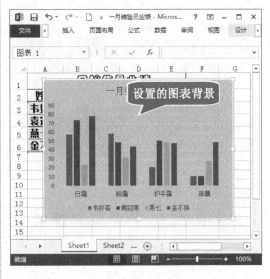

图 11—48

11.5.3　设置图例

微课堂

0 分 26 秒

图例包含对图表中每个类别的说明，即图例项。图例始终包含一个或多个图例项，下面以顶部显示图例为例，详细介绍设置图例的操作。

☕ **专家解读**

在使用图表的过程中，当需要隐藏图表中相应的元素时，如标题、图例等，用户可以选择【图表工具】中的【设计】选项卡，然后在【图表布局】组中单击【添加图表元素】下拉按钮 添加图表元素 ，在弹出的下拉菜单中，选择相应的菜单项，在展开的子菜单中选择【无】菜单项即可。

操作步骤　**>>**　**Step by Step**

第 1 步　打开准备设置图例的工作表，**1.** 选择准备设置图例的图表，**2.** 选择【设计】选项卡，**3.** 单击【图表布局】组中的【添加图表元素】下拉按钮 添加图表元素 ，**4.** 在弹出的下拉菜单中，选择【图例】菜单项，**5.** 在子菜单中选择【顶部】菜单项，如图 11-49 所示。

第 2 步　可以看到图例已显示在图表的上方。通过以上步骤即可完成在顶部显示图例的操作，效果如图 11-50 所示。

Excel 2013 公式·函数与数据分析

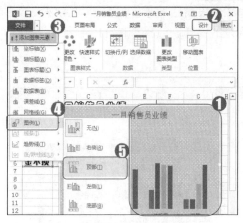

图 11-49

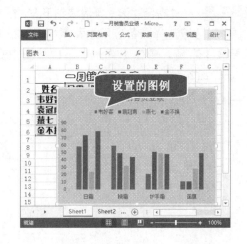

图 11-50

11.5.4　设置数据标签

微课堂
0分29秒

　　使用数据标签，可将图标元素的实际值放置在数据点上，以方便查看图表中的数据。下面详细介绍设置数据标签的操作方法。

操作步骤 >> Step by Step

第1步　打开准备设置数据标签的工作表，**1.** 选择准备设置数据标签的图表，**2.** 选择【设计】选项卡，**3.** 单击【图表布局】组中的【添加图表元素】下拉按钮 添加图表元素▾，**4.** 在弹出的下拉菜单中，选择【数据标签】菜单项，**5.** 在子菜单中选择【居中】菜单项，如图 11-51 所示。

第2步　可以看到在图表中的各个数据点上，分别显示相应的数据值。通过以上步骤即可完成设置数据标签的操作，效果如图 11-52 所示。

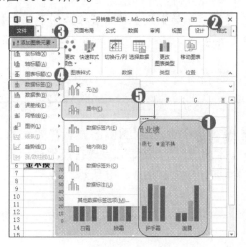

图 11-51

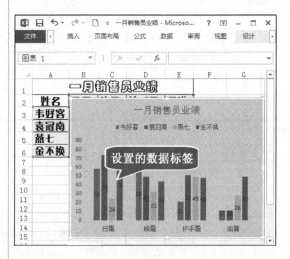

图 11-52

11.5.5　设置坐标轴标题

微课堂
0分28秒

坐标轴分为横坐标轴和纵坐标轴两种，用户可以设置坐标轴标题的放置方向。下面以横排显示纵坐标轴标题为例，详细介绍设置坐标轴标题的操作方法。

操作步骤 >> Step by Step

第1步　打开准备设置坐标轴标题的工作表，**1.** 选择准备设置坐标轴标题的图表，**2.** 选择【设计】选项卡，**3.** 单击【图表布局】组中的【添加图表元素】下拉按钮，**4.** 在弹出的下拉菜单中，选择【坐标轴】菜单项，**5.** 在子菜单中选择【主要纵坐标轴】菜单项，如图 11-53 所示。

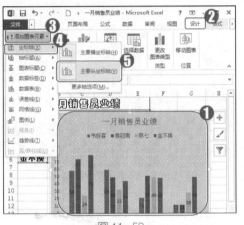

图 11-53

第2步　可以看到纵坐标轴标题以纵排的方式显示，同时变为可编辑的文本框状态。将文本框中的文本选中，如图 11-54 所示。

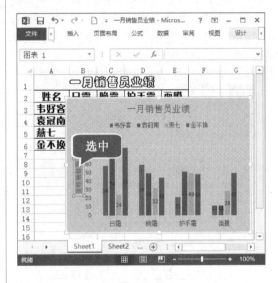

图 11-54

第3步　使用 Backspace 键将选中的文本删除，并重新输入准备作为坐标轴标题的名称，如图 11-55 所示。

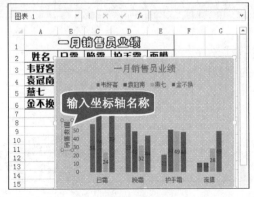

图 11-55

第4步　可以看到纵坐标轴的标题已经设置完成，这样即可完成设置坐标轴标题的操作，效果如图 11-56 所示。

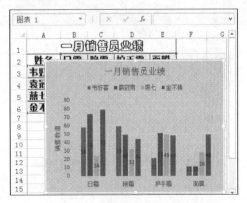

图 11-56

微课堂
0 分 29 秒

11.5.6　设置网格线

网格线在图表中的作用是显示刻度单位，以方便用户查看图表。下面以显示主要竖网格线为例，详细介绍设置网格线的操作方法。

操作步骤　>>　Step by Step

第1步　打开准备设置网格线的工作表，**1.** 选择准备设置网格线的图表，**2.** 选择【设计】选项卡，**3.** 单击【图表布局】组中的【添加图表元素】下拉按钮 📊 添加图表元素▾，**4.** 在弹出的下拉菜单中，选择【网格线】菜单项，**5.** 在子菜单中选择【主轴主要垂直网格线】菜单项，如图 11-57 所示。

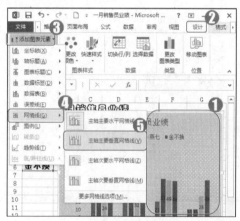

图 11-57

第2步　可以看到图表中已经显示了所设置的主轴主要垂直网格线，这样即可完成设置网格线操作，效果如图 11-58 所示。

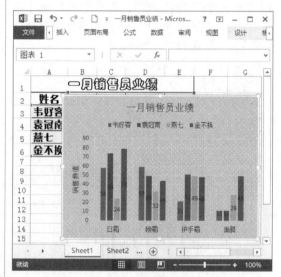

图 11-58

Section
11.6　实践经验与技巧

导读

在本节的学习过程中，将侧重介绍与本章知识点有关的实践经验及技巧，主要内容包括插入迷你图、为图表添加趋势线和添加数据系列等方面的知识与操作技巧。

11.6.1　插入迷你图

微课堂
1 分 04 秒

迷你图是工作表单元格中的一个微型图表，可提供数据的直观表示。迷你图共分为折线图、柱形图和盈亏 3 种表达形式，用户可以根据实际的工作情况，选择相应的迷你图形式。下面以插入折线图为例，来详细介绍插入迷你图的操作方法。

操作步骤 >> Step by Step

第1步 打开准备插入迷你图的工作表，**1.** 选择【插入】选项卡，**2.** 单击【迷你图】下拉按钮，**3.** 在弹出的下拉列表中选择准备进行插入的迷你图类型，如单击【折线图】按钮，如图 11-59 所示。

第2步 弹出【创建迷你图】对话框，单击【数据范围】右侧的【折叠】按钮，如图 11-60 所示。

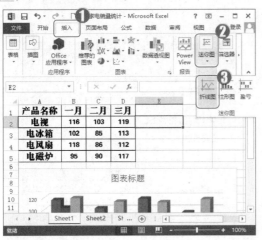

图 11-59

图 11-60

第3步 【创建迷你图】对话框变为折叠状态，**1.** 在工作表中选择准备应用数据范围的单元格区域，**2.** 单击【创建迷你图】对话框中的【展开】按钮，如图 11-61 所示。

第4步 返回到【创建迷你图】对话框，单击【位置范围】右侧的【折叠】按钮，如图 11-62 所示。

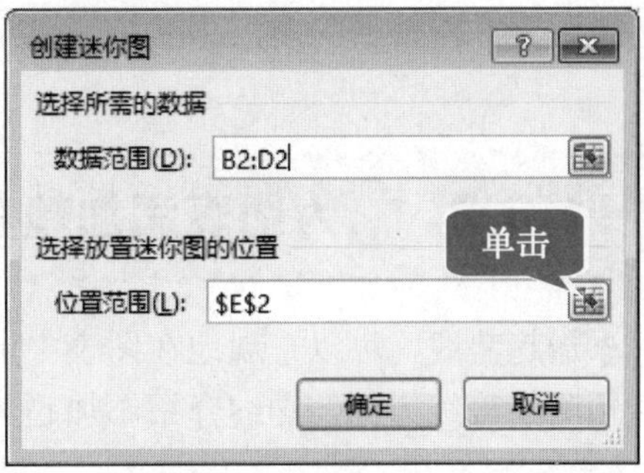

图 11-61

图 11-62

Excel 2013 公式·函数与数据分析

第5步 【创建迷你图】对话框变为折叠状态，*1.* 在工作表中选择准备插入迷你图的单元格，*2.* 单击【创建迷你图】对话框中的【展开】按钮，如图 11-63 所示。

第6步 返回到【创建迷你图】对话框，可以看到数据范围和位置范围都已选择，单击【确定】按钮，如图 11-64 所示。

图 11-63

图 11-64

第7步 返回到工作表中，可以看到在选择的位置范围单元格中已经插入了一个迷你图，这样即可完成插入迷你图的操作，如图 11-65 所示。

■ 指点迷津

　　迷你图可以通过清晰、简明的图形表示方法显示相邻数据的趋势，且只需要占用少量的空间，通过在数据旁边插入迷你图，即可为这些数字提供上下文。

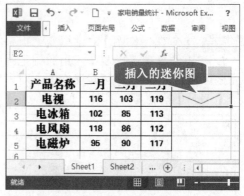

图 11-65

11.6.2　为图表添加趋势线

微课堂
0 分 37 秒

　　添加趋势线，可以直观地在图表中展示出具有同一属性数据的发展趋势。下面以添加线性预测趋势线为例，详细介绍添加趋势线的操作方法。

操作步骤　>>　**Step by Step**

第1步　打开准备为图表添加趋势线的工作表，*1.* 选择准备添加趋势线的图表，*2.* 选择【设计】选项卡，*3.* 单击【图表布局】组中的【添加图表元素】下拉按钮，*4.* 在弹出的下拉菜单中，选择【趋势线】菜单项，*5.* 在子菜单中选择【线性预测】菜单项，如图 11-66 所示。

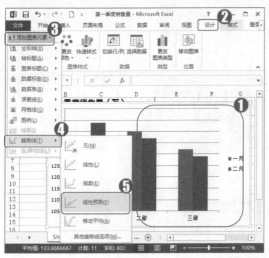

图 11-66

第3步　可以看到图表中已经添加了趋势线。通过以上步骤即可完成添加趋势线的操作，效果如图 11-68 所示。

■ 指点迷津

使用鼠标右击图表，在弹出的快捷菜单中，选择【添加趋势线】菜单项，也可以打开【添加趋势线】对话框。

第2步　弹出【添加趋势线】对话框，*1.* 在【添加基于系列的趋势线】列表框中，选择准备添加趋势线的数据系列，*2.* 单击【确定】按钮，如图 11-67 所示。

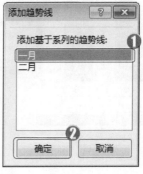

图 11-67

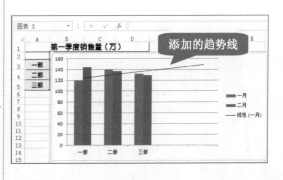

图 11-68

11.6.3　添加数据系列

微课堂　1分14秒

在使用图表的过程中，如果有新增的数据系列，用户可以将其添加至图表中，以丰富图表中的数据信息。下面详细介绍添加数据系列的操作方法。

Excel 2013 公式·函数与数据分析

操作步骤 >> **Step by Step**

第1步 打开准备添加数据系列的工作表，**1.** 使用鼠标右击图表中的任意位置，**2.** 在弹出的快捷菜单中，选择【选择数据】菜单项，如图 11-69 所示。

第2步 弹出【选择数据源】对话框，单击【图例项】区域中的【添加】按钮，如图 11-70 所示。

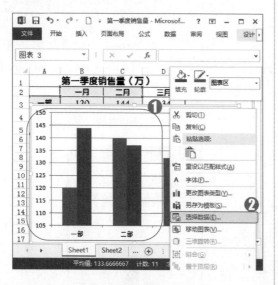

图 11-69

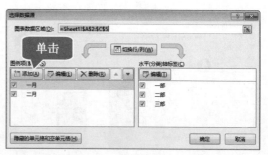

图 11-70

第3步 弹出【编辑数据系列】对话框，单击【系列名称】右侧的【折叠】按钮，如图 11-71 所示。

第4步 【编辑数据系列】对话框变为折叠状态，**1.** 选择 D2 单元格，**2.** 单击【编辑数据系列】对话框右侧的【展开】按钮，如图 11-72 所示。

图 11-71

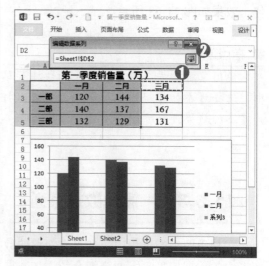

图 11-72

第5步 返回到【编辑数据系列】对话框，单击【系列值】右侧的【折叠】按钮，如图 11-73 所示。

图 11-73

第6步 【编辑数据系列】对话框再次变为折叠状态，**1.** 选择准备添加的数据系列值区域，**2.** 单击【编辑数据系列】对话框右侧的【展开】按钮，如图 11-74 所示。

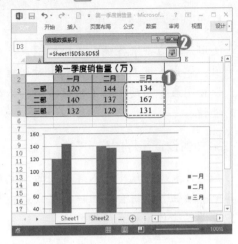

图 11-74

第7步 返回到【编辑数据系列】对话框，单击【确定】按钮，如图 11-75 所示。

图 11-75

第9步 返回到工作表界面，可以看到在图表中已经添加了新的数据系列，这样即可完成添加数据系列的操作，如图 11-77 所示。

■ 指点迷津

　　以上方法只适用于一次性添加一个数据系列。如果更新的数据系列是多个，用户可以在【选择数据源】对话框中，单击【图表数据区域】右侧的【折叠】按钮，将整张工作表中的数据系类全部选中。然后返回【选择数据源】对话框，单击【确定】按钮，即可完成添加多个数据系列的操作。

第8步 返回到【选择数据源】对话框，可以看到选择的数据系列已经在【图例项】区域下方显示，单击【确定】按钮，如图 11-76 所示。

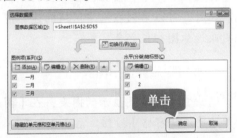

图 11-76

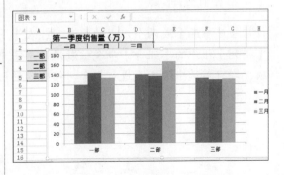

图 11-77

Section
11.7 有问必答

1. 如何调整图表大小?

使用鼠标右击准备调整大小的图表,在弹出的快捷菜单中选择【设置图表区域格式】菜单项,弹出【设置图表区格式】对话框。选择【大小】选项卡,在【尺寸和旋转】区域中,设置图表【高度】和【宽度】的具体数值。单击【关闭】按钮,即可完成调整图表大小的操作。

2. 如何设置迷你图样式?

在工作表中,选中插入迷你图的单元格,选择【设计】选项卡,单击【样式】组中的【其他】按钮。系统会弹出一个样式库,用户可以在其中选择准备应用的迷你图样式,即可完成设置迷你图样式的操作。

3. 如何显示并更改迷你图标记颜色?

选中需要添加标记的迷你图所在的单元格区域,选择【设计】选项卡,在【显示】组中选择要显示的点,如选中【标记】复选框。此时,可以看到在选中区域的迷你图中显示出了标记点。选中准备添加迷你图标记颜色所在的单元格区域,选择【设计】选项卡,单击【标记颜色】下拉按钮,在弹出的下拉菜单中选择【标记】菜单项,选择准备应用的颜色。此时,可以看到在选中区域的迷你图已经添加了标记点并改变了颜色,这样即可显示并更改迷你图标记颜色。

4. 如何隐藏或显示图表?

选中需要隐藏或显示的图表,在【图表工具】中选择【格式】选项卡,在【排列】组中单击【选择窗格】按钮。系统会打开一个【选择】面板,单击图表名称右侧的眼睛图标,即可隐藏图表,此时眼睛图标将变为一条横线图标;再次单击即可显示图表。

5. 如何组合图表?

当选中两个或两个以上的图表时,在【图表工具】中选择【格式】选项卡,可以看到【排列】组中的【组合】命令被激活。单击【组合】按钮,在下拉菜单中选择适当的菜单项,即可对选中的图表进行组合。组合后的图表,还可通过相同的步骤取消组合。

第12章

数据处理与分析

本章要点

- ❖ 数据的筛选
- ❖ 数据的排序
- ❖ 数据的分类汇总
- ❖ 合并计算
- ❖ 专题课堂——分级显示

本章主要内容

本章主要介绍数据的筛选、数据的排序、数据的分类汇总和合并计算方面的知识与技巧。在本章的最后还将针对实际的工作需求，讲解分级显示的方法。通过本章的学习，读者可以掌握数据处理与分析基础操作方面的知识，为深入学习 Excel 2013 公式、函数与数据分析知识奠定基础。

Excel 2013 公式·函数与数据分析

导读

　　筛选数据是一个隐藏所有除了符合用户指定条件之外的行的过程。例如，对于一个员工数据表，用户可以通过筛选只显示指定部门员工的数据。对于筛选得到的数据，不需要重新排列或者移动，即可执行复制、查找、编辑、打印等相关操作。

12.1.1　自动筛选

微课堂
0分35秒

　　自动筛选可以在当前工作表中快速地保留筛选项，而隐藏其他数据。下面详细介绍自动筛选的操作方法。

操作步骤　>>　**Step by Step**

第1步　打开准备进行自动筛选的工作表 **1.** 将准备进行自动筛选的单元格区域选中，**2.** 选择【数据】选项卡，**3.** 单击【排序和筛选】组中的【筛选】按钮，如图12-1所示。

第2步　在每个标题处，系统会自动添加一个下拉按钮，单击准备进行筛选项目的下拉按钮，如图12-2所示。

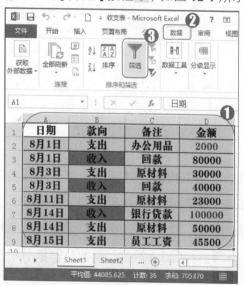

图 12-1

图 12-2

第3步　在弹出的下拉列表中，**1.** 选择准备进行筛选的复选项，**2.** 单击【确定】按钮，如图12-3所示。

第4步　系统会自动筛选出选择的数据，这样即可完成自动筛选的操作，如图12-4所示。

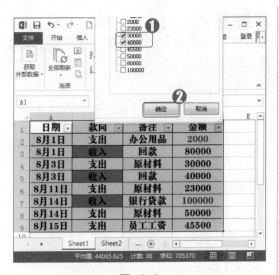

图 12-3

图 12-4

12.1.2　高级筛选

微课堂
1 分 38 秒

　　如果用户准备通过详细的筛选条件来筛选数据列表，那么可以使用 Excel 中的高级筛选功能。下面详细介绍使用高级筛选的操作方法。

操作步骤　>>　Step by Step

第 1 步　打开准备进行高级筛选的工作表
1. 在空白区域中，输入高级筛选的详细条件，*2.* 选择【数据】选项卡，*3.* 在【排序和筛选】组中，单击【高级】按钮，如图 12-5 所示。

第 2 步　系统会弹出【高级筛选】对话框，*1.* 选中【将筛选结果复制到其他位置】单选按钮，*2.* 单击【列表区域】右侧的【折叠】按钮，如图 12-6 所示。

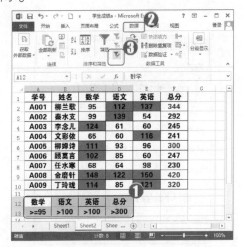

图 12-5

图 12-6

第 3 步 返回到工作表中，并弹出【高级筛选-列表区域】对话框，**1.** 拖动鼠标选择列表区域，**2.** 单击【高级筛选-列表区域】对话框右下方的【展开】按钮，如图 12-7 所示。

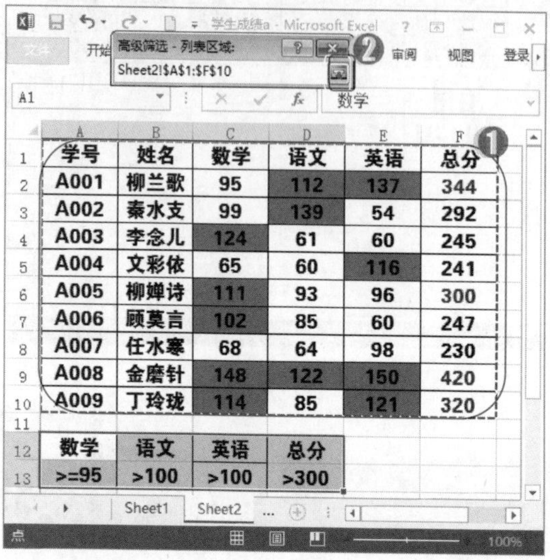

学生成绩a - Microsoft Excel
高级筛选 - 列表区域:
Sheet2!$A$1:$F$10
A1
数学
学号 姓名 数学 语文 英语 总分
A001 柳兰歌 95 112 137 344
A002 秦水支 99 139 54 292
A003 李念儿 124 61 60 245
A004 文彩依 65 60 116 241
A005 柳婵诗 111 93 96 300
A006 顾莫言 102 85 60 247
A007 任水寒 68 64 98 230
A008 金磨针 148 122 150 420
A009 丁玲珑 114 85 121 320
数学 语文 英语 总分
>=95 >100 >100 >300
Sheet1 Sheet2

图 12-7

第 4 步 返回到【高级筛选】对话框，单击【条件区域】右侧的【折叠】按钮，如图 12-8 所示。

高级筛选
方式
在原有区域显示筛选结果(F)
将筛选结果复制到其他位置(O)
列表区域(L): t2!$A$1
条件区域(C):
复制到(T):
单击
选择不重复的记录(R)
确定
取消

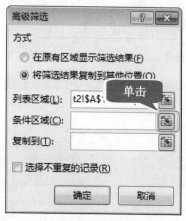

图 12-8

第 5 步 弹出【高级筛选-条件区域】对话框，**1.** 拖动鼠标选择刚刚在空白区域输入的高级筛选条件的单元格区域，**2.** 单击【高级筛选-条件区域】对话框右下方的【展开】按钮，如图 12-9 所示。

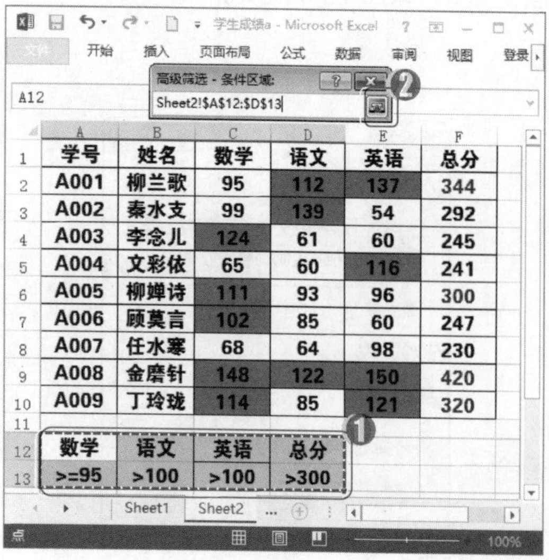

学生成绩a - Microsoft Excel
开始 插入 页面布局 公式 数据 审阅 视图 登录
高级筛选 - 条件区域:
Sheet2!$A$12:$D$13
A12
学号 姓名 数学 语文 英语 总分
A001 柳兰歌 95 112 137 344
A002 秦水支 99 139 54 292
A003 李念儿 124 61 60 245
A004 文彩依 65 60 116 241
A005 柳婵诗 111 93 96 300
A006 顾莫言 102 85 60 247
A007 任水寒 68 64 98 230
A008 金磨针 148 122 150 420
A009 丁玲珑 114 85 121 320
数学 语文 英语 总分
>=95 >100 >100 >300
Sheet1 Sheet2

图 12-9

第 6 步 返回到【高级筛选】对话框，单击【复制到】文本框右侧的【折叠】按钮，如图 12-10 所示。

高级筛选
方式
在原有区域显示筛选结果(F)
将筛选结果复制到其他位置(O)
列表区域(L): t2!$A$1:$F$10
条件区域(C): !$A$12:$D$13
复制到(T):
选择不重复的记录(
单击
确定
取消

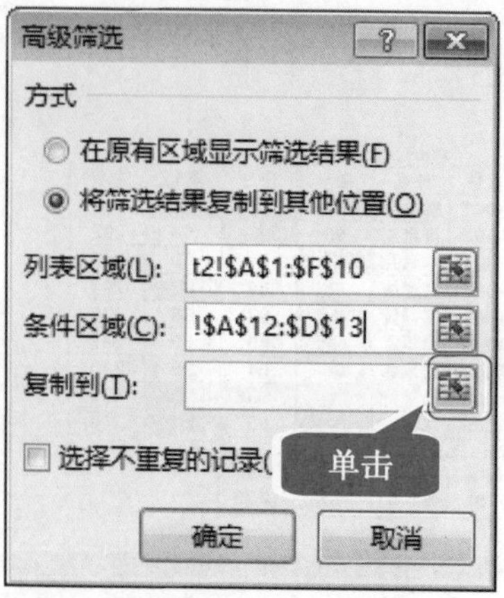

图 12-10

第 7 步 弹出【高级筛选-复制到】对话框，*1.* 在表格空白位置选中任意单元格，如选择 F12 单元格，*2.* 单击【高级筛选 - 复制到】对话框右侧的【展开】按钮，如图 12-11 所示。

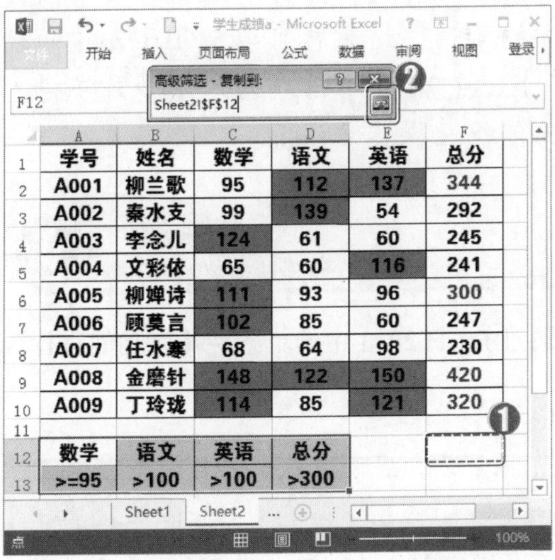

第 8 步 返回到【高级筛选】对话框，单击【确定】按钮，如图 12-12 所示。

图 12-11

图 12-12

第 9 步 返回到工作表中，可以看到从单元格 F12 起始，显示所筛选的结果。这样即可完成高级筛选操作，如图 12-13 所示。

■ 指点迷津

如果两个条件在同一行上，则必须同时满足这两个条件；如果两个条件在不同的行上，则需满足其中一个条件即可。对于多行条件，也按照这种规则。

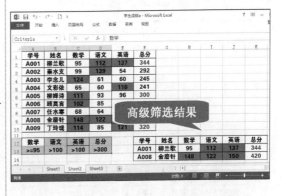

图 12-13

⊗ 知识拓展

在筛选数据列表后，状态栏会显示一条信息，告知用户共有多少记录符合条件。此外，下拉按钮会改变，提醒用户已经通过某列的值筛选了数据列表。对于 Excel 2013 的表格，在创建时就自动在标题行中添加了自动筛选的按钮，可以直接进行筛选操作。

对于 Excel 表格中的数据，不同的用户因其关注的方面不同，可能需要对这些数据进行不同的排列，这时就可以使用 Excel 的数据排序功能对数据进行分析。Excel 2013 中排序的方法多种多样。本节详细介绍数据排序的相关知识及操作方法。

12.2.1 单条件排序

微课堂
0分39秒

如果准备排序工作表中的数据，那么可以通过 Excel 2013 中的单条件排序功能进行数据排序。下面详细介绍其操作方法。

操作步骤 >> Step by Step

第1步 在 Excel 2013 工作表中，**1.** 将准备进行单条件排序的单元格选中，**2.** 选择【数据】选项卡，**3.** 单击【排序和筛选】组中的【排序】按钮，如图 12-14 所示。

第2步 弹出【排序】对话框，**1.** 在【主要关键字】下拉列表中选择【数学】选项，**2.** 在【排序依据】下拉列表中选择【数值】选项，**3.** 在【次序】下拉列表中选择【升序】选项，**4.** 单击【确定】按钮，如图 12-15所示。

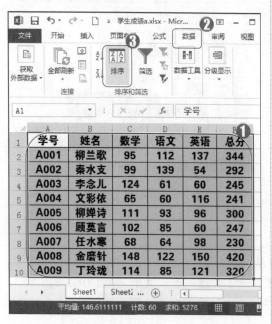

图 12-14

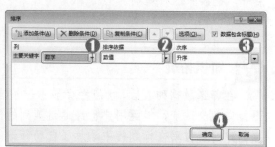

图 12-15

第3步 返回到工作表中，可以看到数据已按照单条件"数学"的数值升序排序，这样即可完成单条件排序的操作，如图 12-16 所示。

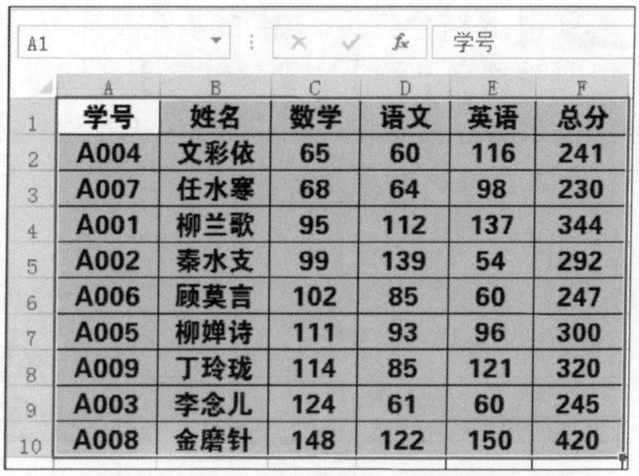

■ 指点迷津

选中需要排序的文本后，在【数据】选项卡的【排序和筛选】组中，单击【升序】按钮即可进行升序排列，单击【降序】按钮即可进行降序排列。

	A	B	C	D	E	F
1	学号	姓名	数学	语文	英语	总分
2	A004	文彩依	65	60	116	241
3	A007	任水寒	68	64	98	230
4	A001	柳兰歌	95	112	137	344
5	A002	秦水支	99	139	54	292
6	A006	顾莫言	102	85	60	247
7	A005	柳婵诗	111	93	96	300
8	A009	丁玲珑	114	85	121	320
9	A003	李念儿	124	61	60	245
10	A008	金磨针	148	122	150	420

图 12-16

12.2.2 多条件排序

微课堂 0分38秒

如果准备精确地排序工作表中的数据，那么可以通过 Excel 2013 中的多条件排序功能进行数据排序。下面详细介绍其操作方法。

操作步骤 >> Step by Step

第1步 在 Excel 2013 工作表中，**1.** 将准备进行多条件排序的单元格区域选中，**2.** 选择【数据】选项卡，**3.** 单击【排序和筛选】组中的【排序】按钮，如图 12-17 所示。

图 12-17

第2步 弹出【排序】对话框，单击【添加条件】按钮，如图 12-18 所示。

图 12-18

Excel 2013 公式·函数与数据分析

第3步 系统会自动添加新的条件选项，*1.* 在【主要关键字】和【次要关键字】区域中，分别设置排序所需的条件，*2.* 单击【确定】按钮，如图 12-19 所示。

第4步 返回到工作表中，可以看到工作表中的数据已按照多条件排序，这样即可完成多条件排序操作，如图 12-20 所示。

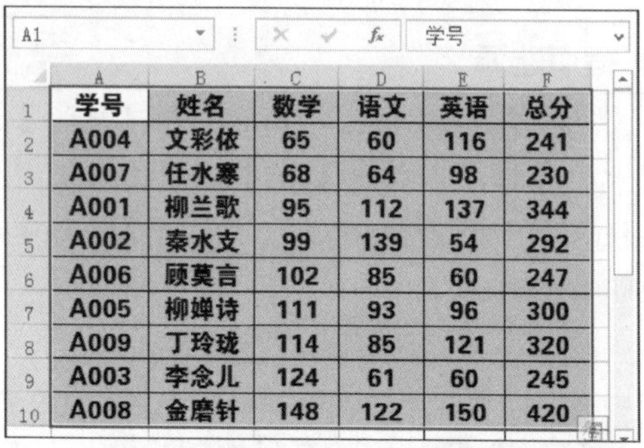

图 12-19

图 12-20

12.2.3 按行排序

微课堂 0分51秒

在默认的情况下，排序一般都是按列进行排序。但是如果表格中的数值是按行分布的，那么在进行数据的排序时，可以将排序的选项更改为按行排序。下面详细介绍其操作方法。

操作步骤 >> Step by Step

第1步 在 Excel 2013 工作表中，*1.* 选中准备进行按行排序的单元格区域，*2.* 选择【数据】选项卡，*3.* 单击【排序和筛选】组中的【排序】按钮，如图 12-21 所示。

第2步 系统会弹出【排序】对话框，单击【选项】按钮，如图 12-22 所示。

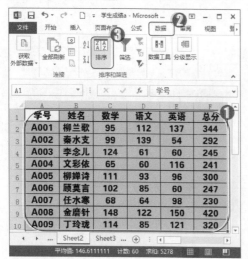

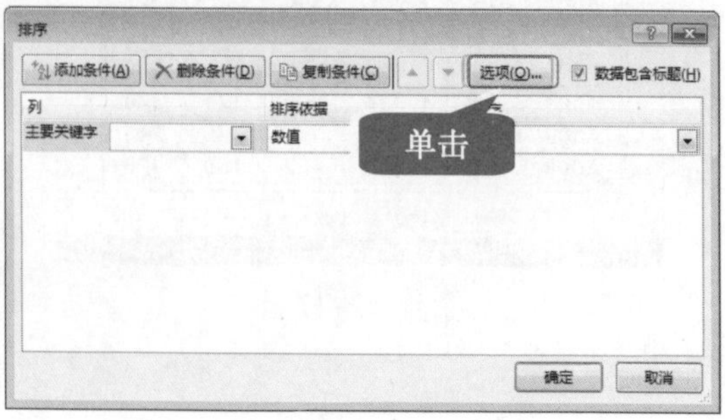

图 12-21

图 12-22

第 3 步　弹出【排序选项】对话框，**1.** 在【方向】区域选中【按行排序】单选按钮，**2.** 单击【确定】按钮，如图 12-23 所示。

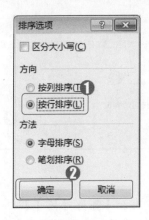

图 12-23

第 4 步　返回到【排序】对话框，**1.** 单击【主要关键字】右侧的下三角按钮▾，**2.** 在展开的下拉列表中选择【行 4】选项，**3.** 单击【确定】按钮，如图 12-24 所示。

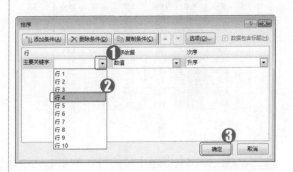

图 12-24

第 5 步　返回到工作表界面，可以看到在选中的单元格区域中，第 4 行已经按行进行升序排序。这样即可完成按行排序的操作，如图 12-25 所示。

■ 指点迷津

　　如果进行排序的数据行是工作表分级显示的一部分，Excel 将对最高级分组(第一级)进行排序。这时即使明细数据行或列是隐藏的，它们也会集中在一起。

图 12-25

12.2.4　按笔画排序

微课堂
0分 59 秒

　　在 Excel 2013 工作表中，用户可以按照文字的笔画对工作表内容进行排序。下面详细介绍按笔画排序的操作方法。

操作步骤　>> Step by Step

第 1 步　在 Excel 2013 工作表中，**1.** 选中准备进行笔画排序的单元格区域，**2.** 选择【数据】选项卡，**3.** 单击【排序和筛选】组中的【排序】按钮，如图 12-26 所示。

第 2 步　弹出【排序提醒】对话框，**1.** 选中【扩展选定区域】单选按钮，**2.** 单击【排序】按钮，如图 12-27 所示。

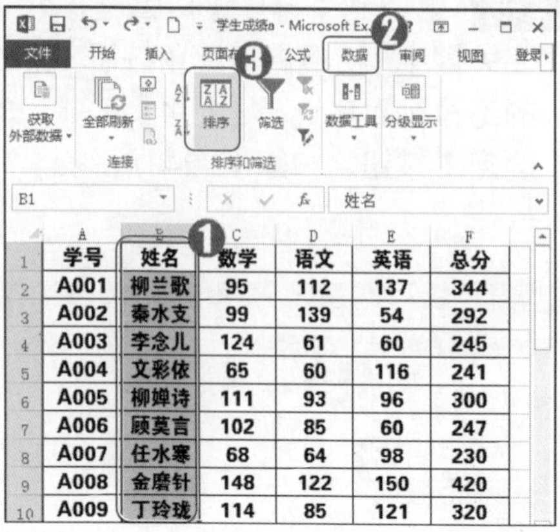

Excel 2013 公式·函数与数据分析

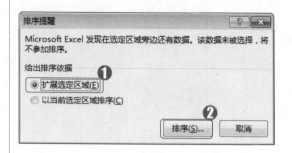

图 12-26

图 12-27

第3步 弹出【排序】对话框,单击【选项】按钮,如图 12-28 所示。

第4步 弹出【排序选项】对话框,*1.* 在【方法】区域选中【笔划排序】单选按钮,*2.* 单击【确定】按钮,如图 12-29 所示。

图 12-28

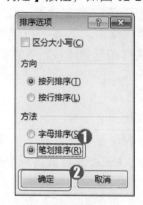

图 12-29

第5步 返回到【排序】对话框,*1.* 在【主要关键字】下拉列表中,选择【姓名】选项,并设置排序依据和次序条件,*2.* 单击【确定】按钮,如图 12-30 所示。

第6步 返回到工作表界面,可以看到工作表中的内容按照笔画重新排序。通过以上步骤,即可完成按笔画排序的操作,如图 12-31 所示。

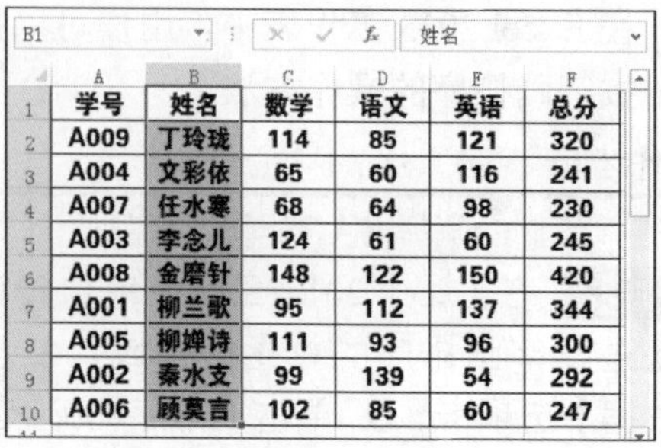

图 12-30

图 12-31

知识拓展

添加了过多的条件后,需要对其进行删除时,首先选中要删除的关键字,然后单击【删除条件】按钮,即可将该条件删除。

Section
12.3 数据的分类汇总

Excel 中的分类汇总功能是一个很便捷的特性,能为用户节省大量时间。分类汇总是对表格中同一类字段进行汇总。汇总时,可以根据需要选择汇总的方式;对数据进行汇总后,会将该类字段组合为一组,并可以进行隐藏。本节介绍分类汇总的相关知识及操作方法。

12.3.1 创建分类汇总

微课堂
0 分 36 秒

在 Excel 2013 工作表中,使用 Excel 的分类汇总功能,可以不必手动创建公式来进行分级显示。下面详细介绍简单分类汇总的操作方法。

操作步骤 >> Step by Step

第 1 步 在 Excel 2013 工作表中,**1.** 选择准备进行简单分类汇总的单元格区域,**2.** 选择【数据】选项卡,**3.** 在【分级显示】组中,单击【分类汇总】按钮,如图 12-32 所示。

第 2 步 弹出【分类汇总】对话框,**1.** 在【分类字段】下拉列表中选择【日期】选项,**2.** 在【选定汇总项】列表框中,选中【金额】复选框,**3.** 单击【确定】按钮,如图 12-33 所示。

图 12-32

图 12-33

Excel 2013 公式·函数与数据分析

第3步 返回到工作表界面，可以看到选中的单元格区域已按"日期"进行简单的分类汇总。这样即可完成简单分类汇总的操作，如图12-34所示。

■ **指点迷津**

在工作表中创建分类汇总之前，先要对汇总关键字所在列进行排序，升序或降序都可以，主要目的是将具有相同关键字的行排列在相邻行中。

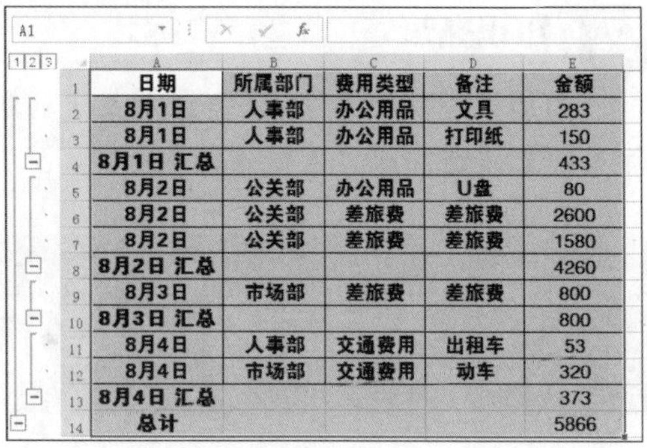

图12-34

知识拓展

对数据进行分类汇总时，程序默认将汇总方式设置为"求和"。当需要更改时，可以在打开的【分类汇总】对话框中单击【汇总方式】下拉按钮，然后在展开的下拉列表中选择要使用的汇总方式即可。

12.3.2 删除分类汇总

微课堂 0分25秒

将数据进行分类汇总后，当不再需要汇总时，用户可以直接将其删除。下面详细介绍删除分类汇总的操作方法。

操作步骤 >> Step by Step

第1步 在 Excel 2013 工作表中，1. 选中准备删除分类汇总的单元格区域，2. 选择【数据】选项卡，3. 在【分级显示】组中，单击【分类汇总】按钮，如图12-35所示。

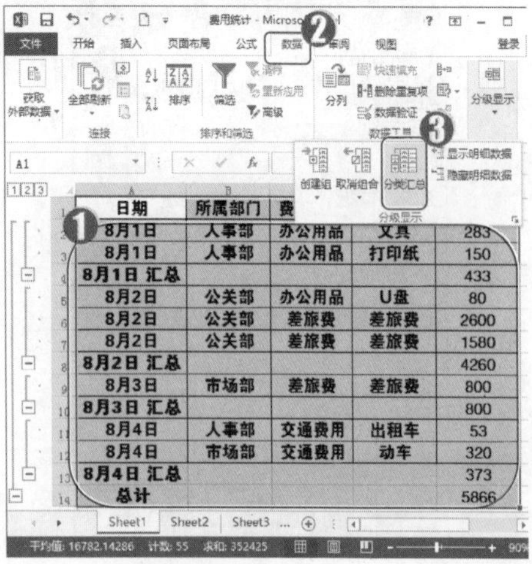

第2步 弹出【分类汇总】对话框，单击【全部删除】按钮，如图12-36所示。

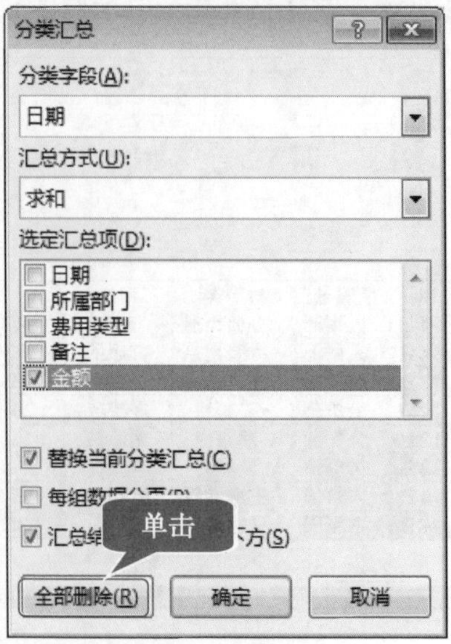

图12-35

图12-36

第 3 步 返回到工作表界面，可以看到所有的汇总方式都已经删除，这样即可完成删除分类汇总的操作，如图 12-37 所示。

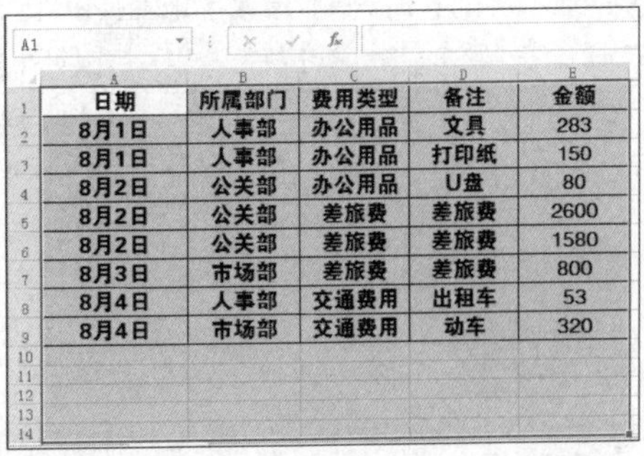

■ 指点迷津

在【分类汇总】对话框的【汇总方式】下拉列表中，有多种汇总方式供用户选择，如求和、计数、平均值、最大值、最小值、乘积、数值计数、标准偏差、总体标准偏差、方差和总体方差等。

日期	所属部门	费用类型	备注	金额
8月1日	人事部	办公用品	文具	283
8月1日	人事部	办公用品	打印纸	150
8月2日	公关部	办公用品	U盘	80
8月2日	公关部	差旅费	差旅费	2600
8月2日	公关部	差旅费	差旅费	1580
8月3日	市场部	差旅费	差旅费	800
8月4日	人事部	交通费用	出租车	53
8月4日	市场部	交通费用	动车	320

图 12-37

Section 12.4 合并计算

在 Excel 2013 工作表中，合并计算是指把单张工作表中的数据合并计算到一张工作表。合并计算数据分为按位置合并计算和按类别合并计算两种方法。本节详细介绍合并计算的相关知识及操作方法。

12.4.1 按位置合并计算

微课堂 1分13秒

按位置合并计算，是指在 Excel 中不会核对数据列表的行列标题是否相同，只是将数据列表中相同位置的数据合并。下面详细介绍按位置合并计算的操作方法。

操作步骤 >> Step by Step

第 1 步 在 Excel 2013 工作表中，**1.** 选中 J3:L3 单元格区域，**2.** 选择【数据】选项卡，**3.** 单击【数据工具】组中的【合并计算】按钮，如图 12-38 所示。

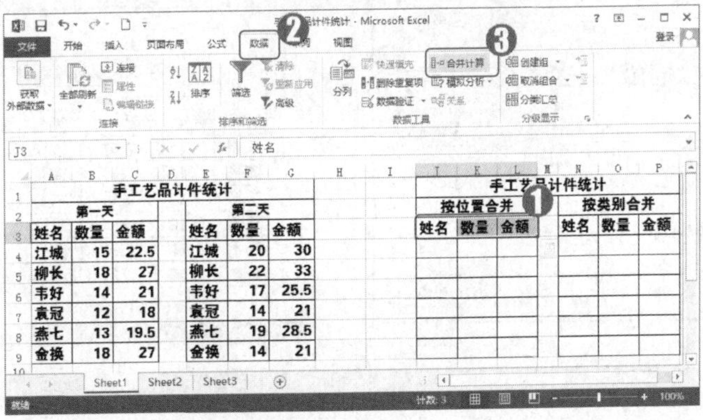

图 12-38

Excel 2013 公式·函数与数据分析

第2步 弹出【合并计算】对话框，单击【引用位置】右侧的【折叠】按钮，如图 12-39 所示。

第3步 返回到工作表界面，并弹出【合并计算 - 引用位置】对话框，**1.** 选择第一个需要引用的位置，**2.** 单击【合并计算 - 引用位置】对话框右下方的【展开】按钮，如图 12-40 所示。

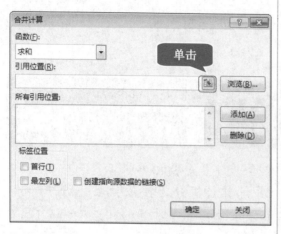

图 12-39

图 12-40

第4步 返回到【合并计算】对话框，**1.** 单击【添加】按钮，**2.** 单击【引用位置】右侧的【折叠】按钮，如图 12-41 所示。

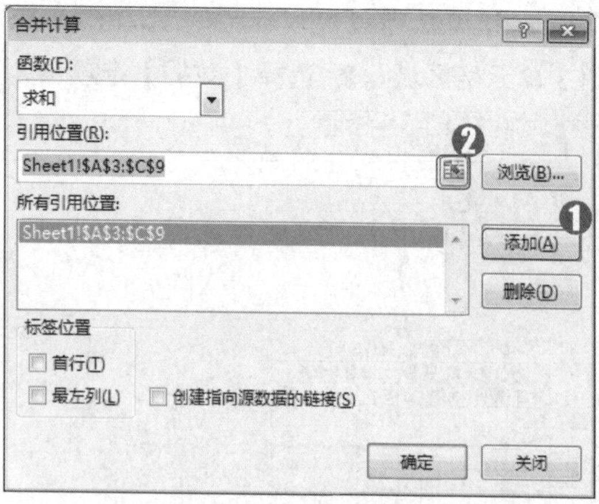

第5步 返回到工作表界面，并弹出【合并计算 - 引用位置】对话框，**1.** 选择第二个需要引用的位置，**2.** 单击【合并计算 - 引用位置】对话框右下方的【展开】按钮，如图 12-42 所示。

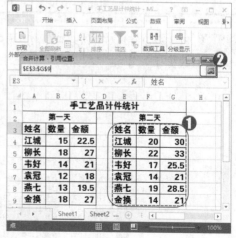

图 12-41

图 12-42

第6步　返回到【合并计算】对话框，**1.** 单击【添加】按钮，**2.** 单击【确定】按钮，如图 12-43 所示。

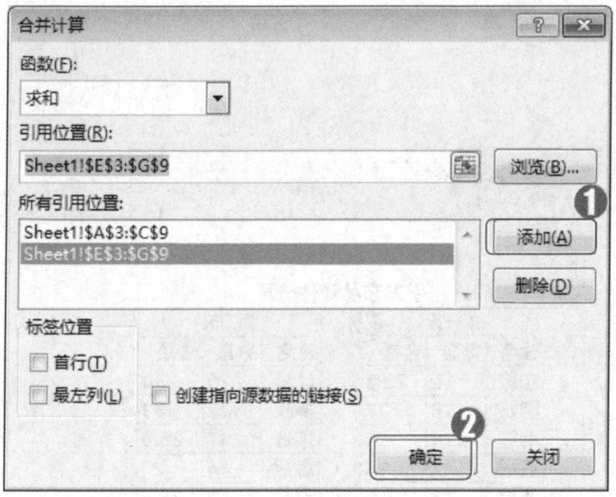

第7步　返回到工作表界面，可以看到已经将两次选中的数据进行了合并计算，这样即可完成按位置合并计算的操作，如图 12-44 所示。

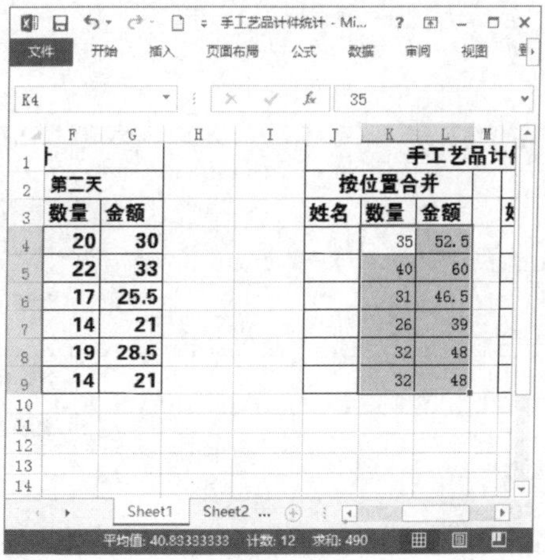

图 12-43

图 12-44

12.4.2　按类别合并计算

微课堂
1 分 21 秒

　　按类别合并计算是指在 Excel 中，系统会核对数据列表的行列标题是否相同，然后将数据列表中具有相同行或列标题的数据合并。下面详细介绍按类别合并计算的操作方法。

操作步骤　>>　Step by Step

第1步　在 Excel 2013 工作表中，**1.** 选中 N3:P3 单元格区域，**2.** 选择【数据】选项卡，**3.** 单击【数据工具】组中的【合并计算】按钮，如图 12-45 所示。

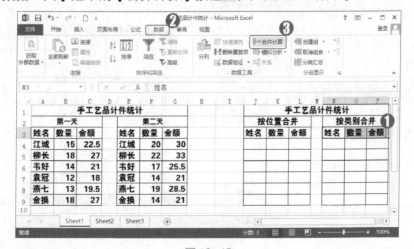

图 12-45

Excel 2013 公式·函数与数据分析

第2步 弹出【合并计算】对话框，单击【引用位置】右侧的【折叠】按钮，如图 12-46 所示。

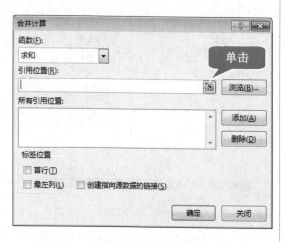

图 12-46

第3步 返回到工作表界面，并弹出【合并计算 - 引用位置】对话框，*1.* 选择第一个需要引用的位置，*2.* 单击【合并计算 - 引用位置】对话框右下方的【展开】按钮，如图 12-47 所示。

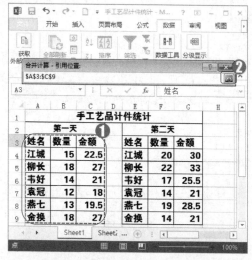

图 12-47

第4步 返回到【合并计算】对话框，*1.* 单击【添加】按钮，*2.* 单击【引用位置】右侧的【折叠】按钮，如图 12-48 所示。

图 12-48

第5步 返回到工作表界面，并弹出【合并计算 - 引用位置】对话框，*1.* 选择第二个需要引用的位置，*2.* 单击【合并计算 - 引用位置】对话框右下方的【展开】按钮，如图 12-49 所示。

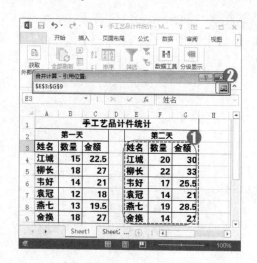

图 12-49

第6步　返回到【合并计算】对话框，**1.** 单击【添加】按钮，**2.** 在【标签位置】区域中，分别选中【首行】、【最左列】复选框，**3.** 单击【确定】按钮，如图 12-50 所示。

第7步　返回到工作表界面，可以看到已经将两次选中的数据进行了合并计算，并引用了"姓名"一列中的列标题，这样即可完成按类别合并计算的操作，如图 12-51 所示。

图 12-50

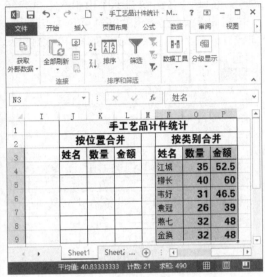

图 12-51

 知识拓展

在【合并计算】对话框中添加了引用位置后，需要将其删除时，首先在【所有引用位置】列表框中选中要删除的引用位置，然后单击【删除】按钮。

Section 12.5　专题课堂——分级显示

导读　　如果有一个要进行组合和汇总的数据列表，则可以创建分级显示，用每个内部级别显示前一外部级别的明细数据。使用分级显示，可以快速显示摘要行或摘要列，或者显示每组的明细数据。本节详细介绍分级显示的相关知识及操作方法。

12.5.1　新建分级显示

微课堂　0分25秒

在使用 Excel 工作表的过程中，为了方便查看数据信息，用户可以新建分级显示，使工作表按一定的要求进行分级显示。下面详细介绍新建分级显示的操作方法。

操作步骤 >> **Step by Step**

第1步 在 Excel 2013 工作表中，**1.** 单击数据列表中的任意单元格，**2.** 选择【数据】选项卡，**3.** 单击【分级显示】组中的【创建组】下拉按钮，**4.** 在弹出的下拉菜单中，选择【自动建立分级显示】菜单项，如图 12-52 所示。

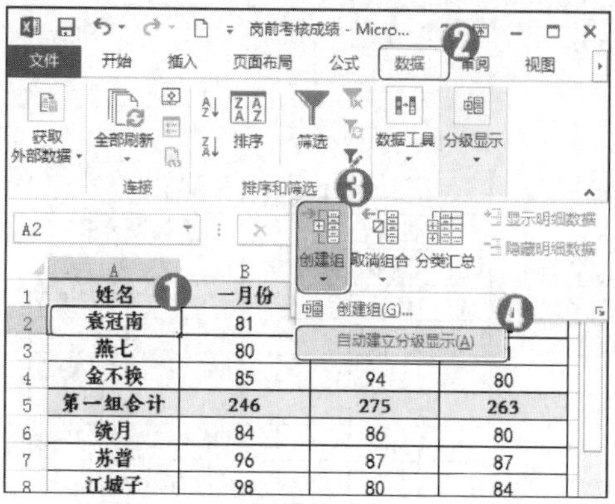

第2步 可以看到系统会自动在数据列表中建立分组。通过以上步骤即可完成新建分级显示的操作，如图 12-53 所示。

图 12-52

图 12-53

12.5.2 隐藏与显示明细数据

微课堂

0 分 35 秒

在 Excel 2013 工作表中，用户可以根据实际的工作需要，对分级显示的数据进行隐藏与显示。下面将详细介绍。

1 隐藏明细数据

在日常工作中，可以根据实际情况对暂时不需要查看的分级显示数据进行隐藏。下面详细介绍隐藏明细数据的操作方法。

操作步骤 >> **Step by Step**

第1步 在已经创建分级显示的工作表中，单击左侧窗格中的【折叠】按钮，如图 12-54 所示。

第2步 将工作表中的【折叠】按钮都单击完后，可以看到数据已经隐藏。通过以上步骤，即可完成将明细数据隐藏的操作，如图 12-55 所示。

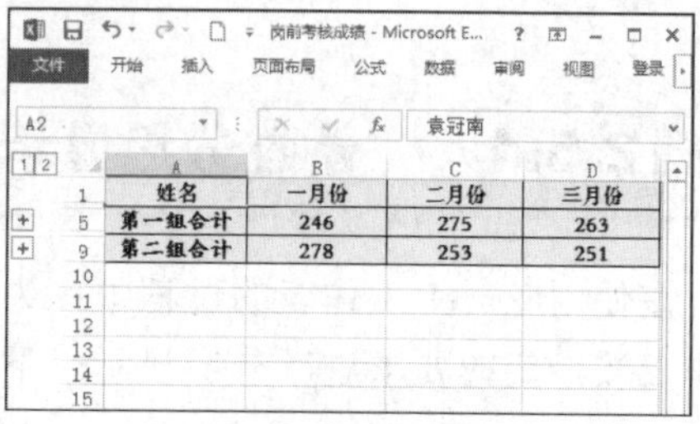

图 12-54

图 12-55

2 显示隐藏的明细数据

如果用户准备查看隐藏的明细数据，可以选择将隐藏的数据显示出来。下面详细介绍显示隐藏明细数据的操作方法。

操作步骤 >> Step by Step

第1步 在隐藏明细数据的工作表中，单击左侧窗格中的【展开】按钮+，如图 12-56 所示。

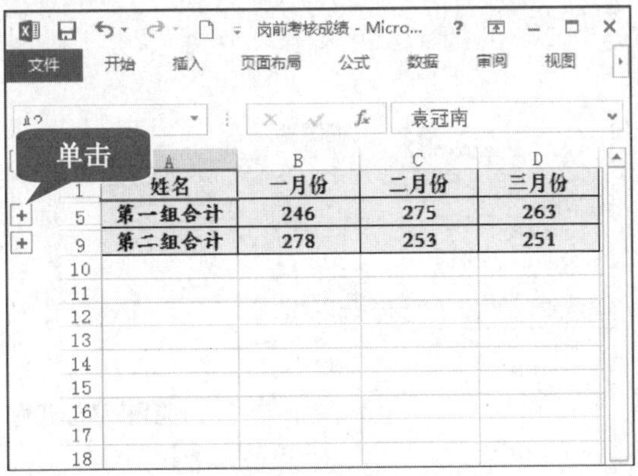

第2步 将工作表中的【展开】按钮+都单击后，可以看到隐藏的数据会显示出来。这样即可完成显示隐藏明细数据的操作，如图 12-57 所示。

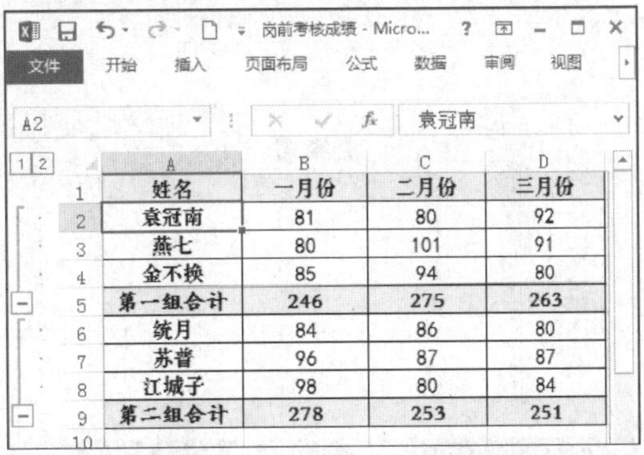

图 12-56

图 12-57

专家解读

单击分级显示工作表中的一个单元格，在【数据】选项卡的【分级显示】组中单击【取消组合】下拉按钮，在弹出的下拉菜单中，选择【清除分级显示】菜单项即可。

Section
12.6 实践经验与技巧

在本节的学习过程中，将侧重介绍与本章知识点有关的实践经验及技巧，主要内容包括使用通配符进行模糊筛选、按颜色排序、取消和替换当前的分类汇总等方面的知识与操作技巧。

12.6.1 使用通配符进行模糊筛选

微课堂
0分54秒

通配符是一种特殊语句，主要运用星号 "*" 代表任意多个字符，或问号 "?" 来代替

Excel 2013 公式·函数与数据分析

单个字符。下面详细介绍使用通配符进行模糊筛选的操作方法。

操作步骤 >> Step by Step

第1步 在 Excel 2013 工作表中，**1.** 选中准备模糊筛选的单元格区域，**2.** 选择【数据】选项卡，**3.** 单击【排序和筛选】组中的【筛选】按钮，如图 12-58 所示。

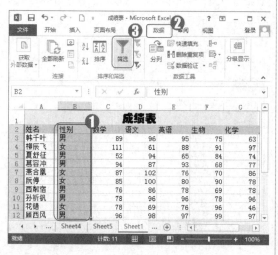

图 12-58

第2步 系统会自动在单元格区域的第一行添加下拉按钮，**1.** 单击【性别】下拉按钮，**2.** 在弹出的下拉菜单中，选择【文本筛选】菜单项，**3.** 在子菜单中，选择【自定义筛选】菜单项，如图 12-59 所示。

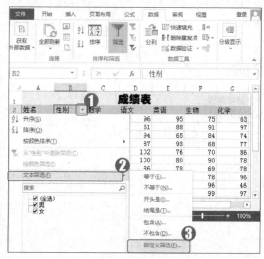

图 12-59

第3步 弹出【自定义自动筛选方式】对话框，**1.** 在【性别】下拉列表中，选择【包含】选项，**2.** 在【包含】文本框中输入"*男"，**3.** 单击【确定】按钮，如图 12-60 所示。

图 12-60

第4步 返回到工作表界面，可以看到工作表中，只显示包含"男"的内容。通过以上方法，即可完成使用通配符进行模糊筛选的操作，如图 12-61 所示。

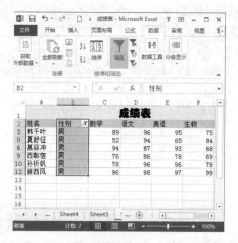

图 12-61

12.6.2　按颜色排序

当表格中的内容多为文本内容并且不同的内容被不同的颜色表示后，在排序时就可以使用颜色进行排序。下面详细介绍按颜色排序的操作方法。

操作步骤　>>　Step by Step

第 1 步　在 Excel 2013 工作表中，**1.** 选中准备按颜色排序的单元格区域，**2.** 选择【数据】选项卡，**3.** 单击【排序和筛选】组中的【排序】按钮，如图 12-62 所示。

学号	姓名	数学	语文	英语	总分
A001	文彩依	95	112	137	344
A002	统月	99	139	54	292
A003	苏普	124	61	60	245
A004	江城子	65	60	116	241
A005	柳长街	111	93	96	300
A006	韦好客	102	85	60	247
A007	袁冠南	68	64	98	230
A008	燕七	148	122	150	420
A009	金不换	114	85	121	320

图 12-62

第 2 步　弹出【排序】对话框，**1.** 在【主要关键字】下拉列表中，选择【学号】选项，**2.** 在【排序依据】下拉列表中，选择【单元格颜色】选项，**3.** 在【次序】下拉列表中，选择准备进行排序的颜色，**4.** 单击【确定】按钮，如图 12-63 所示。

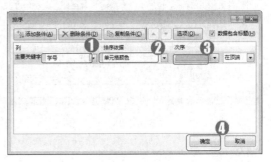

图 12-63

第 3 步　返回到工作表界面，可以看到工作表中的内容已按照所选的颜色排序。通过以上步骤，即可完成按颜色排序的操作，如图 12-64 所示。

■ 指点迷津

在【排序】对话框中，单击【复制条件】按钮，可以复制一个相同的条件到下一个关键字中。

学号	姓名	数学	语文	英语	总分
A003	苏普	124	61	60	245
A006	韦好客	102	85	60	247
A001	文彩依	95	112	137	344
A002	统月	99	139	54	292
A004	江城子	65	60	116	241
A005	柳长街	111	93	96	300
A007	袁冠南	68	64	98	230
A008	燕七	148	122	150	420
A009	金不换	114	85	121	320

图 12-64

12.6.3　取消和替换当前的分类汇总

如果当前工作表中存在分类汇总，而又想取消并替换为其他分类汇总，用户可以使用

Excel 2013 公式·函数与数据分析

替换当前分类汇总功能。下面详细介绍取消和替换当前分类汇总的操作方法。

操作步骤 >> **Step by Step**

第1步 在 Excel 2013 工作表中，**1.** 选中准备进行取消并替换分类汇总的单元格区域，**2.** 选择【数据】选项卡，**3.** 在【分级显示】组中，单击【分类汇总】按钮，如图 12-65 所示。

第2步 弹出【分类汇总】对话框，**1.** 选择【计数】为汇总方式，**2.** 取消选中当前汇总项复选框，**3.** 选中准备使用的汇总项复选框，**4.** 选中【替换当前分类汇总】复选框，**5.** 单击【确定】按钮，如图 12-66 所示。

图 12-65

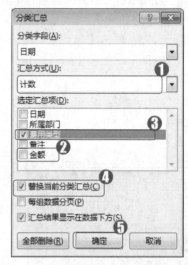

图 12-66

第3步 返回到工作表界面，可以看到已经取消并替换了分类汇总，这样即可完成取消和替换当前分类汇总的操作，如图 12-67 所示。

■ **指点迷津**

选择【数据】选项卡，单击【数据工具】组中的【删除重复项】按钮，即可弹出【删除重复项】对话框，选择需要删除的项目，然后单击【确定】按钮即可删除重复数据。

图 12-67

➡ **一点即通**

设置了多个次要关键字后，需要移动关键字的位置时，可在【排序】对话框中选中要移动的关键字选项，然后单击对话框上方的【上移】或【下移】按钮即可。

Section
12.7　有问必答

1. 如何使用【搜索】文本框搜索文本和数字?

对数据进行筛选时，通过【搜索】文本框也可以完成操作，但是通过该文本框只能筛选出一个数据。具体方法为：将准备进行筛选的工作表区域选中，选择【数据】选项卡，单击【排序和筛选】组中的【筛选】按钮。系统在标题处会自动添加一个下拉按钮，单击下拉按钮，弹出下拉列表，在【搜索】文本框中输入搜索条件，则下方列表框中就会显示出相关数据，单击【确定】按钮，即可完成使用【搜索】文本框搜索文本和数字的操作。

2. 如何重新筛选和排序?

对于表来说，筛选和排序条件会随工作簿一起保存。因此，用户每次在打开工作簿时都可以重新筛选和排序。但是，对单元格区域来说，只有筛选条件才随工作簿一起保存，而排序条件则不会随之保存。如果用户希望保存排序条件，以便在打开工作簿时可以定期重新应用排序，那么最好使用表，对于多列排序或者需要很长时间才能创建的排序来说尤其重要。要确定是否应用了筛选，应注意列标题中的图标。

3. 如何使用记录单添加数据?

用户可以在数据列表的第一个空行内输入数据，来添加新的信息，例如使用记录单功能，可以方便地添加数据。具体方法为：选中数据列表中任意单元格，并按 Alt+D+O 组合键，弹出 Sheet1 对话框，单击对话框右侧的【新建】按钮。进入【新建记录】界面，在左侧的文本框中，输入相关的数据信息，单击【关闭】按钮，即可完成使用记录单添加数据的操作。

4. 如何按照日期的特征筛选?

在包含日期的工作表中，用户可以通过指定日期的特征对数据列表进行筛选。具体方法为：选中准备按日期筛选的单元格区域，选择【数据】选项卡，在【排序和筛选】组中单击【筛选】下拉按钮，在弹出的下拉菜单中，选择【日期筛选】菜单项；在子菜单中，选择【自定义筛选】菜单项，弹出【自定义自动筛选方式】对话框，在【日期】区域设置筛选条件，单击【确定】按钮，即可完成按照日期特征筛选的操作。

5. 如何按照字体颜色或单元格颜色筛选?

在 Excel 2013 工作表中，用户可以通过字体的颜色，对工作表内容进行筛选。具体方法为：选中准备按照字体颜色筛选的单元格区域，选择【数据】选项卡，在【排序和筛选】组中单击【筛选】按钮。在选中单元格区域的第一个单元格中，系统会自动添加一个下拉按钮。单击下拉按钮，在弹出的下拉菜单中，选择【按颜色筛选】菜单项；在子菜单中，选择准备筛选的字体颜色。返回到工作表界面，可以看到工作表中只显示指定字体颜色的

Excel 2013 公式·函数与数据分析

内容。通过以上方法即可完成按照字体颜色筛选的操作。

在 Excel 2013 工作表中，用户还可以对指定的单元格颜色进行筛选。具体方法为：选中准备按照字体颜色筛选的单元格区域，选择【数据】选项卡，在【排序和筛选】组中单击【筛选】按钮。在选中单元格区域的第一个单元格中，系统会自动添加一个下拉按钮。单击下拉按钮，在弹出的下拉菜单中，选择【按颜色筛选】菜单项；在子菜单中，选择准备筛选的单元格颜色。返回到工作表界面，可以看到工作表中，只显示指定单元格颜色的内容。通过以上方法即可完成按照单元格颜色筛选的操作。

第13章

数据透视表和数据透视图

本章要点

- ❖ 认识数据透视表与数据透视图
- ❖ 创建与编辑数据透视表
- ❖ 操作数据透视表中的数据
- ❖ 创建与操作数据透视图
- ❖ 专题课堂——美化数据透视表

本章主要内容

　　本章主要介绍认识数据透视表与数据透视图、创建与编辑数据透视表、操作数据透视表中的数据和创建与操作数据透视图方面的知识与技巧。在本章的最后还将针对实际的工作需求，讲解美化数据透视表的方法。通过本章的学习，读者可以掌握数据透视表和数据透视图基础操作方面的知识，为深入学习 Excel 2013 公式、函数与数据分析知识奠定基础。

Section 13.1 认识数据透视表与数据透视图

导读　　在 Excel 2013 中，使用数据透视表可以汇总、分析、浏览和提供摘要数据。而数据透视图可以将数据透视表中的数据图形化，并且可以方便地查看、比较、分析数据的模式和趋势。本节详细介绍数据透视表与数据透视图的相关知识。

13.1.1　认识数据透视表

数据透视表是一种交互式的表，可以进行计算，如求和与计数等。所进行的计算与数据在数据透视表中的排列有关。使用数据透视表，可以深入分析数值数据，并且可以解决一些预计不到的数据问题。数据透视表有以下几个特点。

➢ 能以多种方式查询大量数据。

➢ 可以对数值数据进行分类汇总和聚合，按分类和子分类对数据进行汇总，创建自定义计算和公式。

➢ 展开或折叠要关注结果的数据级别，查看感兴趣区域的明细数据。

➢ 将行移动到列或将列移动到行(或"透视")，以进行查看源数据的不同汇总结果。

➢ 对最有用和最关注的数据子集进行筛选、排序、分组和有条件地设置格式。

➢ 提供简明、有吸引力并且带有批注的联机报表或打印表。

13.1.2　认识数据透视图

数据透视图是以图形形式表示的数据透视表，和图表与数据区域之间的关系相同，与各数据透视表之间的字段相互对应。如果更改了某一报表的某个字段位置，则另一报表中的相应字段位置也会改变。

在数据透视图中，除具有标准图表的系列、分类、数据标记和坐标轴以外，数据透视图还有特殊的元素，如报表筛选字段、值字段、系列字段、项、分类字段等。

➢ 报表筛选字段用来根据特定项筛选数据的字段。使用报表筛选字段是在不修改系列和分类信息的情况下，汇总并快速集中处理数据子集的捷径。

➢ 值字段来自基本源数据的字段，提供进行比较或计算的数据。

➢ 系列字段是数据透视图中为系列方向指定的字段。在字段中的项提供单个数据系列即系列字段。

➢ 项代表一个列或行字段中的唯一条目，且出现在报表筛选字段、分类字段和系列字段的下拉列表中。

➢ 分类字段是分配到数据透视图分类方向上的源数据中的字段。分类字段为那些用来绘图的数据点提供单一分类。

首次创建数据透视表时，可以自动创建数据透视图，也可以通过数据透视表中现有的数据创建数据透视图。

13.1.3　数据透视图与标准图表之间的区别

微课堂
0 分 16 秒

数据透视图中的大多数操作和标准图表一样，但是二者之间也存在差别。下面详细介绍数据透视图与标准图表之间的区别。

1　交互

对于标准图表，需要为每个数据视图创建一张图表，且不能交互；而对于数据透视图，只要创建单张图，就可以通过更改报表布局或显示的明细数据，以不同的方式交互查看数据。

2　图表类型

标准图表的默认类型为簇状柱形图，按分类比较值；而数据透视图的默认图表类型为堆积柱形图，比较各个值在整体分类总计中所占有的比例。可以将数据透视图类型更改为除 XY 散点图、股价图和气泡图之外的其他任何图表类型。

3　图表位置

在默认情况下，标准图表是嵌入在工作表中；而数据透视图在默认情况下是创建在图表工作表上的。数据透视图创建后，还可以将其重新定位在工作表上。

4　源数据

标准图表可直接链接到工作表单元格中，而数据透视图可以基于相关联的数据透视表中的几种不同数据类型。

5　图表元素

数据透视图除包含与标准图表相同的元素外，还包括字段和项，可以添加、旋转或删除字段和项来显示数据的不同视图；标准图表中的分类、系列和数据分别对应于数据透视图中的分类字段、系列字段和值字段，而这些字段中都包含项，这些项在标准图表中显示为图例中的分类标签或系列名称。

6　格式

刷新数据透视图时，会保留大多数格式(包括元素、布局和样式)，但是不保留趋势线、数据标签、误差线及对数据系列的其他更改；标准图表只要应用了这些格式，就不会将其

Excel 2013 公式·函数与数据分析

丢失。

7 移动或调整项的大小 　　　　　　　　　　　　>>>

在数据透视图中，即便可为图例选择一个预设位置并可更改标题的字体大小，但是无法移动或重新调整绘图区、图例、图表标题或坐标轴标题的大小；而在标准图表中，可移动和重新调整这些元素的大小。

Section 13.2 创建与编辑数据透视表

导读 　在 Excel 2013 中，数据透视表是一种对大量数据进行快速汇总和建立交叉列表的交互式表格。它不仅可以转换行和列以查看源数据的不同汇总结果，还可以根据需要显示区域中的细节数据。本节详细介绍创建与编辑数据透视表的相关知识及操作方法。

13.2.1 创建数据透视表 【微课堂 0分52秒】

创建数据透视表，首先要保证工作表中数据的正确性，要具有列标签，其次工作表中必须含有数字文本。下面详细介绍创建数据透视表的操作方法。

操作步骤 >> Step by Step

第1步 在工作表中，*1.* 单击数据表中的任意一个单元格，如 D4 单元格，*2.* 选择【插入】选项卡，*3.* 单击【表格】组中的【数据透视表】按钮，如图 13-1 所示。

第2步 弹出【创建数据透视表】对话框，*1.* 在【选择放置数据透视表的位置】区域选中【新工作表】单选按钮，*2.* 单击【确定】按钮，如图 13-2 所示。

图 13-1

图 13-2

320

第 3 步　弹出【数据透视表字段】窗格，**1.** 在【选择要添加到报表的字段】区域选中准备添加字段的复选框，**2.** 单击【关闭】按钮 ✕，如图 13-3 所示。

图 13-3

第 4 步　可以看到在工作簿中新建了一张工作表，并创建了一张数据透视表。这样即可完成在 Excel 2013 工作表中创建数据透视表的操作，如图 13-4 所示。

图 13-4

13.2.2　设置数据透视表字段

微课堂

0 分 40 秒

　　在创建好数据透视表之后，系统默认对数字文本进行求和运算。下面以求三月份的平均值为例，来详细介绍设置数据透视表中字段的操作方法。

操作步骤　>>　**Step by Step**

第 1 步　在 Excel 2013 工作表中，**1.** 选择准备求平均值的单元格，如 D3 单元格，**2.** 在【数据透视表工具】中选择【分析】选项卡，**3.** 在【活动字段】组中，单击【字段设置】按钮 ，如图 13-5 所示。

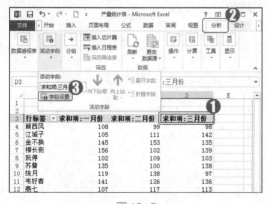

图 13-5

第 2 步　弹出【值字段设置】对话框，**1.** 选择【值汇总方式】选项卡，**2.** 在【计算类型】列表框中选择【平均值】选项，**3.** 单击【确定】按钮，如图 13-6 所示。

图 13-6

Excel 2013 公式 · 函数与数据分析

第 3 步 返回到工作表，可以看到在选中的 D3 单元格中，系统会显示"平均值项"。这样即可完成设置数据透视表中字段的操作，如图 13-7 所示。

图 13-7

■ **指点迷津**

如果用户在字段列表中看不到要使用的字段，可以刷新数据透视表或数据透视图，以显示自上次操作以来所添加的新字段、计算字段、度量、计算度量或维数。

 知识拓展

在【数据透视表字段】窗格中，使用鼠标右击字段名称，在弹出的快捷菜单中选择【添加到报表筛选】、【添加到列标签】【添加到行标签】和【添加到值】菜单项，以将该字段放置在布局部分的某个特定区域中。

13.2.3 删除数据透视表

微课堂 0 分 27 秒

如果不再需要使用数据透视表，用户可以选择将其删除。下面详细介绍删除数据透视表的操作。

操作步骤 >> Step by Step

第 1 步 在数据透视表中，*1.* 在【数据透视表工具】中选择【分析】选项卡，*2.* 在【操作】组中单击【选择】下拉按钮，*3.* 在弹出的下拉菜单中选择【整个数据透视表】菜单项，如图 13-8 所示。

图 13-8

第 2 步 系统会将整个数据透视表选中，然后按 Delete 键，即可完成删除数据透视表的操作，如图 13-9 所示。

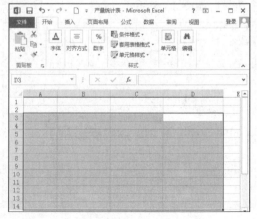

图 13-9

Section

13.3 操作数据透视表中的数据

掌握了数据透视表的创建和编辑后,用户可以对数据透视表中的数据进行一些基本操作,如刷新数据透视表、数据透视表的排序以及筛选数据透视表中的数据等。本节详细介绍操作数据透视表中数据的相关知识及操作方法。

13.3.1 刷新数据透视表

微课堂 0分27秒

在创建数据透视表之后,如果对数据源进行了修改,用户可以对数据透视表进行刷新操作,以显示正确的数值。下面详细介绍刷新数据透视表的操作方法。

操作步骤 >> Step by Step

第1步 在数据透视表中,**1.** 在【数据透视表工具】中选择【分析】选项卡,**2.** 在【数据】组中单击【刷新】下拉按钮,**3.** 在弹出的下拉菜单中选择【全部刷新】菜单项,如图 13-10 所示。

图 13-10

第2步 可以看到数据透视表中已显示刷新后的数据。通过以上步骤即可完成刷新数据透视表的操作,如图 13-11 所示。

图 13-11

13.3.2 数据透视表的排序

微课堂 0分18秒

对数据进行排序是数据分析不可缺少的组成部分。对数据进行排序,可以快速、直观地显示数据并更好地理解数据。下面详细介绍数据透视表排序的操作方法。

Excel 2013 公式·函数与数据分析

操作步骤 >> **Step by Step**

第1步 在数据透视表中，**1.** 单击【行标签】下拉按钮 ▼，**2.** 在弹出的下拉菜单中，选择【降序】菜单项，如图 13-12 所示。

图 13-12

第2步 可以看到数据透视表中的数据按照降序排列。通过以上步骤即可完成数据透视表排序的操作，如图 13-13 所示。

图 13-13

13.3.3 筛选数据透视表中的数据

微课堂
0分39秒

在 Excel 2013 数据透视表中，用户可以根据实际工作需要，筛选符合要求的数据。下面详细介绍筛选数据透视表中数据的操作方法。

操作步骤 >> **Step by Step**

第1步 在 Excel 2013 工作表中，**1.** 单击【行标签】下拉按钮 ↓，**2.** 在弹出的下拉菜单中，选择【值筛选】菜单项，**3.** 在子菜单中，选择【大于】菜单项，如图 13-14 所示。

图 13-14

第2步 弹出【值筛选(员工姓名)】对话框，**1.** 在【显示符合以下条件的项目】下拉列表中，选择【三月份】选项，**2.** 在文本框中输入数值，如 120，**3.** 单击【确定】按钮，如图 13-15 所示。

图 13-15

第3步 返回到工作表中，可以看到数据已按照所要求的条件进行筛选。这样即可完成筛选数据透视表中数据的操作，如图 13-16 所示。

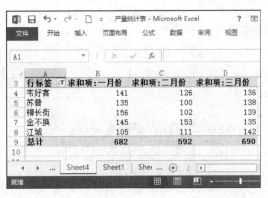

图 13-16

■ 指点迷津

单击【行标签】下拉按钮，在弹出的下拉菜单中，选择【值筛选】菜单项，在子菜单中，共有 9 个值筛选条件，用户可以根据需要选择适合的条件进行筛选。

知识拓展

对值区域中的数据进行排序，可以选择数据透视表中的值字段，选择【数据】选项卡，在【排序和筛选】组中单击【升序】或者【降序】按钮即可。

Section 13.4　创建与操作数据透视图

 虽然数据透视表具有较全面的分析汇总功能，但是对一般使用人员来说，它的布局显得太凌乱，很难一目了然。而采用数据透视图，则可以让用户非常直观地了解所需要的数据信息。本节详细介绍创建与操作数据透视图的相关知识及操作方法。

13.4.1　使用数据区域创建数据透视图

0分57秒

在 Excel 2013 工作表中，用户可以使用数据区域来创建数据透视图。下面详细介绍使用数据区域创建透视图的操作方法。

操作步骤 >> Step by Step

第1步 打开准备创建数据透视图的工作表，1. 选中准备创建数据透视图的单元格区域，即数据区域，2. 选择【插入】选项卡，3. 在【图表】组中，单击【数据透视图】下拉按钮 ，4. 在弹出的下拉菜单中，选择【数据透视图】菜单项，如图 13-17 所示。

第2步 弹出【创建数据透视图】对话框，1. 在【选择放置数据透视图的位置】区域中，选中【新工作表】单选按钮，2. 单击【确定】按钮，如图 13-18 所示。

Excel 2013 公式·函数与数据分析

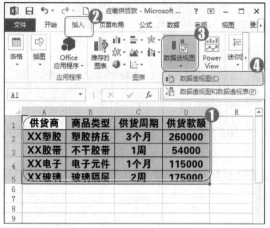

图 13-17

图 13-18

第 3 步 系统会自动新建一张工作表，在工作表内会有【数据透视表】、【图表 1】以及【数据透视图字段】窗格，如图 13-19 所示。

图 13-19

第 4 步 在【数据透视图字段】窗格中，选择准备使用的字段复选项，即可完成使用数据源创建透视图的操作，如图 13-20 所示。

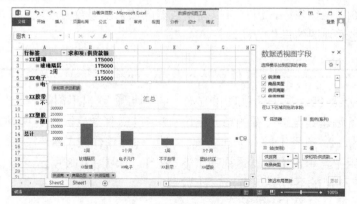

图 13-20

13.4.2　更改数据透视图类型

微课堂

0分42秒

对于创建好的数据透视图，若用户觉得图表的类型不能很好地展现其所表达的含义，此时可以重新更改图表的类型。下面详细介绍更改数据透视图类型的方法。

操作步骤　>>　Step by Step

第1步 在数据透视图中，**1.** 右击准备更改类型的数据透视图，**2.** 在弹出的快捷菜单中，选择【更改图表类型】菜单项，如图 13-21 所示。

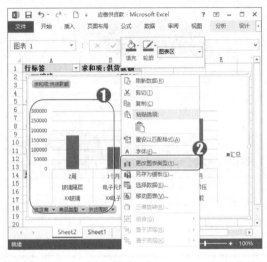

图 13-21

第2步 弹出【更改图表类型】对话框，**1.** 在左侧列表框中选择准备使用的图表类型，如选择"饼图"，**2.** 在右侧的图表样式库中选择准备使用的饼图样式，如选择"三维饼图"，**3.** 单击【确定】按钮，如图 13-22 所示。

图 13-22

第3步 可以看到数据透视图中的柱形图已经被改变为三维饼图。通过以上步骤即可完成更改数据透视图类型的操作，如图 13-23 所示。

■ 指点迷津

创建数据透视图时，不能使用 XY 散点图、气泡图和股价图等图表类型。

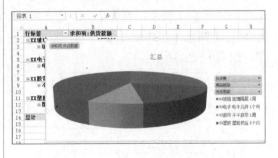

图 13-23

13.4.3　筛选数据

微课堂

0分21秒

在创建完毕的数据透视图中，包含了很多筛选器。利用这些筛选器，可以筛选不同的

Excel 2013 公式·函数与数据分析

字段，从而在数据透视图中显示不同的数据效果。下面详细介绍筛选数据的方法。

操作步骤 >> **Step by Step**

第1步 在创建好的数据透视图中，**1.** 单击准备进行数据筛选的下拉按钮 ▼，**2.** 在弹出的下拉列表中，选中准备进行筛选的数据复选框，**3.** 单击【确定】按钮，如图 13-24 所示。

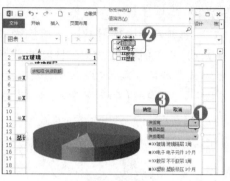

图 13-24

第2步 可以看到，已经将所选择的数据筛选出来。通过以上步骤即可完成筛选数据的操作，如图 13-25 所示。

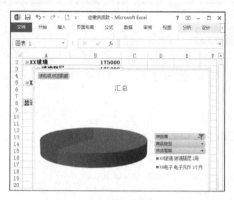

图 13-25

13.4.4 分析数据透视图

微课堂
0分42秒

在 Excel 2013 工作表中，可以使用切片器对透视图中的数据进行分析。下面以供货商查看数据为例，来详细介绍分析数据透视图的操作方法。

操作步骤 >> **Step by Step**

第1步 在创建好数据透视图的工作表中，**1.** 选择准备进行分析数据的透视图，**2.** 在【数据透视表工具】中选择【分析】选项卡，**3.** 单击【筛选】组中的【插入切片器】按钮 ，如图 13-26 所示。

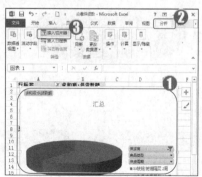

图 13-26

第2步 弹出【插入切片器】对话框，**1.** 在列表框中，选中【供货商】复选框，**2.** 单击【确定】按钮，如图 13-27 所示。

图 13-27

第3步 弹出【供货商】窗格，选择任意列表项，即可查看相应的数据，如选择"XX玻璃"，如图 13-28 所示。

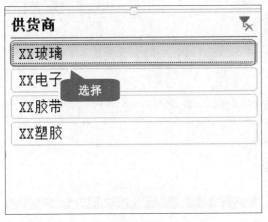

图 13-28

第4步 此时在工作表中，就可以看到在图表中显示"XX玻璃"的数据。通过以上步骤即可完成分析数据透视图的操作，如图 13-29 所示。

图 13-29

Section 13.5 专题课堂——美化数据透视表

在创建数据透视表之后，用户可以通过更改数据透视表布局和应用数据透视表样式的操作，达到美化数据透视表的目的。本节详细介绍美化数据透视表的相关知识及操作方法。

13.5.1 更改数据透视表布局

微课堂
0分52秒

在创建完数据透视表之后，用户可以通过在【数据透视表字段】窗格中拖动字段更改字段所在区域，也可以从相应字段所展开的下拉列表中选择要移动到的位置。下面详细介绍更改数据透视表布局的操作方法。

操作步骤 >> **Step by Step**

第1步 创建完数据透视表后，**1.** 打开【数据透视表字段】窗格，依次将【员工编号】、【员工姓名】和【所属部门】复选项拖曳至下方的【筛选器】列表框中，**2.** 单击【关闭】按钮，如图 13-30 所示。

第2步 可以看到，数据透视表的布局已经发生改变，【员工编号】、【员工姓名】和【所属部门】字段已移动至工作表的顶部，如图 13-31 所示。

图 13-30

图 13-31

第3步 在数据透视表中，**1.** 单击【员工编号】右侧的下拉按钮 ▼，**2.** 在弹出的下拉列表中，选择准备查看的数据，如选择 A001，**3.** 单击【确定】按钮，如图 13-32 所示。

第4步 系统会自动显示 A001 员工的数据，这样即可完成更改数据透视表布局的操作，如图 13-33 所示。

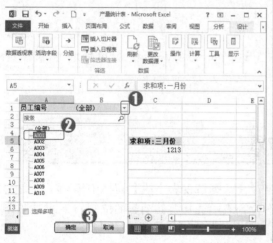

图 13-32

图 13-33

13.5.2 应用数据透视表样式

微课堂 0分33秒

  Excel 提供了多种自动套用格式，用户可以从中选择某种样式，将数据透视表的格式设置为需要的报表样式。下面详细介绍应用数据透视表样式的操作方法。

操作步骤 >> **Step by Step**

第1步 在 Excel 2013 工作表中，*1.* 单击数据透视表中的任意单元格，*2.* 在【数据透视表工具】中选择【设计】选项卡，*3.* 在【数据透视表样式】组中，单击【其他】按钮 ，如图 13-34 所示。

图 13-34

第3步 可以看到数据透视表的样式已经发生改变。通过以上步骤即可完成应用数据透视表样式的操作，如图 13-36 所示。

■ 指点迷津

如果系统提供的样式不能满足需要，可以创建自定义数据透视表样式。选择样式库底部的【新建数据透视表样式】菜单项，将打开【新建数据透视表样式】对话框，在该对话框中进行适当的设置后，单击【确定】按钮即可新建样式。

第2步 系统会展开一个样式库，用户可以在其中选择准备应用的数据透视表样式，如选择【中等深浅】区域中的一个样式，如图 13-35 所示。

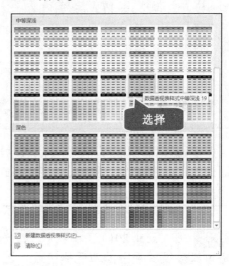

图 13-35

图 13-36

专家解读

如果需要将数据透视表的所有格式设置删除，可以使用以下方法进行操作：单击数据透视表，在【数据透视表工具】中【设计】选项卡的【数据透视表样式】组中，单击滚动条底部的【其他】按钮以查看所有可用的样式，选择样式列表底部的【清除】菜单项即可。

Excel 2013 公式·函数与数据分析

实践经验与技巧

　　　　在本节的学习过程中，将侧重介绍与本章知识点有关的实践经验及技巧，主要内容包括使用数据透视表创建数据透视图、设置数据透视表的显示方式和对数据透视表中的项目进行组合等方面的知识与操作技巧。

13.6.1 　使用数据透视表创建数据透视图

微课堂
0分35秒

　　在 Excel 2013 工作表中，用户还可以使用已经创建好的数据透视表来创建数据透视图。下面详细介绍使用数据透视表创建数据透视图的操作方法。

操作步骤 　>> 　**Step by Step**

第1步　在 Excel 2013 工作表中，**1.** 选中准备创建数据透视图的单元格区域，**2.** 在【数据透视表工具】中选择【分析】选项卡，**3.** 在【工具】组中，单击【数据透视图】按钮，如图 13-37 所示。

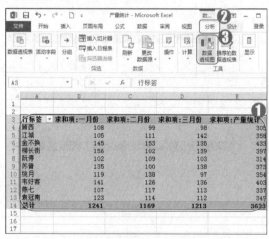

图 13-37

第2步　弹出【插入图表】对话框，**1.** 选择【柱形图】选项，**2.** 选择准备应用的图表类型，如"簇状柱形图"，**3.** 单击【确定】按钮，如图 13-38 所示。

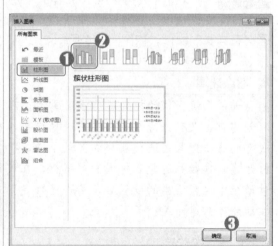

图 13-38

第3步 系统会自动弹出刚刚选择样式的图表，并显示选中单元格区域中的数据信息。通过以上步骤即可完成使用数据透视表创建数据透视图的操作，如图 13-39 所示。

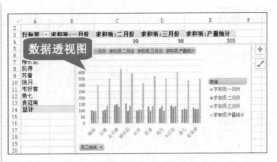

图 13-39

■ 指点迷津

删除与数据透视图相关联的数据透视表，会创建一个静态图表。

13.6.2 设置数据透视表的显示方式

0分37秒

在默认情况下，数据透视表中的汇总结构都是以"无计算"方式显示的。根据用户的不同需求，可以更改这些汇总结果的显示方式，如将汇总结构以百分比的形式显示。下面详细介绍设置数据透视表显示方式的操作方法。

操作步骤 >> Step by Step

第1步 在 Excel 2013 工作表中，**1.** 选择准备更改显示方式的单元格区域，**2.** 在【数据透视表工具】中选择【分析】选项卡，**3.** 在【活动字段】组中，单击【字段设置】按钮，如图 13-40 所示。

第2步 弹出【值字段设置】对话框，**1.** 选择【值显示方式】选项卡，**2.** 在【值显示方式】下拉列表中选择【总计的百分比】选项，**3.** 单击【确定】按钮，如图 13-41 所示。

图 13-40

图 13-41

Excel 2013 公式·函数与数据分析

第3步 返回到工作表，可以看到选中的单元格区域中，其数据都已经按照百分比的形式显示。这样即可完成设置数据透视表显示方式的操作，如图 13-42 所示。

■ 指点迷津

在【数据透视表工具】中选择【分析】选项卡，在【工具】组中单击【推荐的数据透视表】按钮，可以快速选择要创建的数据透视表。

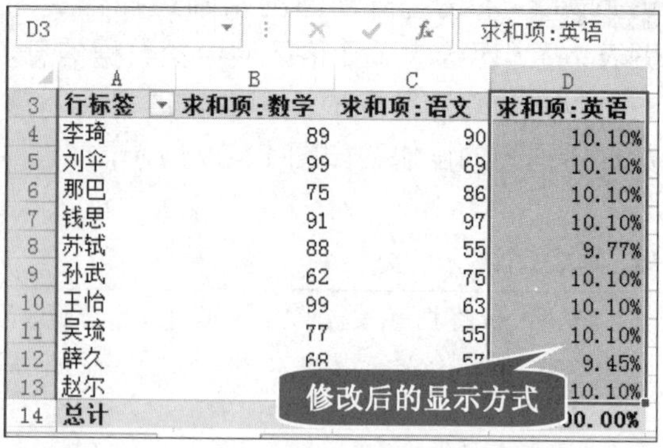

D3	:	× ✓	fx	求和项:英语
	A	B	C	D
3	行标签	求和项:数学	求和项:语文	求和项:英语
4	李琦	89	90	10.10%
5	刘伞	99	69	10.10%
6	那巴	75	86	10.10%
7	钱思	91	97	10.10%
8	苏轼	88	55	9.77%
9	孙武	62	75	10.10%
10	王怡	99	63	10.10%
11	吴琼	77	55	10.10%
12	薛久	68	57	9.45%
13	赵尔			10.10%
14	总计			00.00%

修改后的显示方式

图 13-42

13.6.3　对数据透视表中的项目进行组合

微课堂　0 分 29 秒

用户可以采用自定义的方式对字段中的项目进行组合，以帮助满足用户个人需要却无法采用其他方式(如排序和筛选)轻松组合的数据子集。下面详细介绍对数据透视表中的项目进行组合的操作方法。

操作步骤　>>　Step by Step

第1步 在 Excel 2013 工作表中，**1.** 选择数据透视表中要分为一组的区域，**2.** 在【数据透视表工具】中选择【分析】选项卡，**3.** 在【分组】组中，单击【组选择】按钮→，如图 13-43 所示。

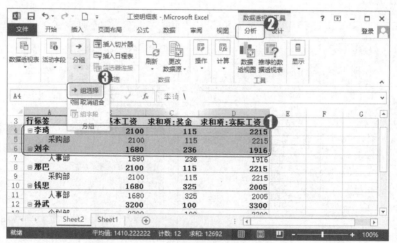

图 13-43

第 2 步　此时，可以看到选择区域上方出现了"数据组 1"，即表示所选择的区域自动分为了一组，该组名称为"数据组 1"，如图 13-44 所示。

第 3 步　利用同样的方法将其他的项目进行组合，即可完成对数据透视表中的项目进行组合的操作，效果如图 13-45 所示。

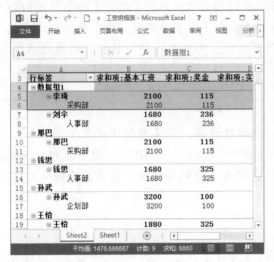

图 13-44

图 13-45

Section

13.7　有问必答

1. 如何清除数据透视图？

如果准备不再查看数据透视图中的数据信息，可以选择将其删除。具体方法为：选择准备删除的数据透视图，然后按 Delete 键，即可完成清除数据透视图的操作。

2. 如何移动数据透视表？

如果用户需要移动数据透视表，可以通过【移动数据透视表】按钮来实现。具体方法为：选择准备移动的数据透视表，在【数据透视表工具】中选择【选项】选项卡，单击【操作】组中的【移动数据透视表】按钮，弹出【移动数据透视表】对话框，选中【新工作表】单选按钮，单击【确定】按钮，可以看到系统会自动创建一张工作表，并将选择的数据透视表移动至该工作表中。这样即可完成移动数据透视表的操作。

3. 如何导入外部数据创建数据透视表？

创建数据透视表时，可以应用本工作簿中的数据资料，也可以导入外部的数据用于创建数据透视表。具体方法为：选择【插入】选项卡，单击【数据透视表】下拉按钮，在弹出的下拉菜单中选择【数据透视表】菜单项，弹出【创建数据透视表】对话框，选中【现有工作表】单选按钮，选中【使用外部数据源】单选按钮，单击【选择连接】按钮。弹出

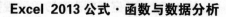
【现有连接】对话框，选择要连接的文件。若需要浏览更多文件，可以单击【浏览更多】按钮，弹出【选择数据源】对话框，在【查找范围】下拉列表中选择要导入数据保存的位置，并选择要导入的文件，单击【打开】按钮，弹出【选择表格】对话框，选择要导入的数据所在的工作表，单击【确定】按钮，返回到【创建数据透视表】对话框中，可以看到在【选择连接】按钮下方会显示已经连接的外部数据源名称，单击【确定】按钮，返回到最开始的工作表中，在工作表内会有【数据透视表】和【数据透视表字段】窗格。在【数据透视表字段】窗格中，选中准备使用的字段复选框，即可完成使用数据源创建数据透视图的操作。

4. 如何绑定数据透视表样式选项？

绑定数据透视表选项的具体操作为：选择数据透视表，在【数据透视表工具】中选择【设计】选项卡，在【数据透视表样式选项】组中，选择不同的选项，将绑定相应项目的样式。在选择这些选项时，右边【数据透视表样式】组中的样式也将随着选择而发生变化。

5. 如何重新设置数据来源？

创建好数据透视表或数据透视图后，用户还可以改变数据来源。具体方法为：选择数据透视表，在【数据透视表工具】中选择【分析】选项卡，在【数据】组中单击【更改数据源】按钮，弹出【更改数据透视表数据源】对话框，要使用其他的 Excel 表或单元格区域，在【表/区域】文本框中输入数据源区域，也可以单击【折叠】按钮进行拾取表或区域。最后单击【确定】按钮，完成重新设置数据来源的操作。